U0244723

1999年，作者主持了《21世纪初期首都水资源可持续利用规划（2001—2005）》、《黑河流域近期治理规划》、《塔里木河流域近期综合治理规划》等第一批国家级生态修复规划的制定和实施工作，共投入351亿元，与《黄河重新分水方案》一起被时任国务院总理朱镕基批示为："这是一曲绿色的颂歌，值得大书而特书。建议将黑河、黄河、塔里木河调水成功，分别写成报告文学在报上发表。"时任国务院副总理温家宝批示："黑河分水的成功，黄河在大旱之年实现全年不断流，博斯腾湖两次向塔里木河输水，这些都为河流水量的统一调度和科学管理提供了宝贵经验。"

1980年6月16日在法国原子能委员会参加受控热核聚变研究时，作者作为访问学者的代表在巴黎受到邓颖超同志的接见。她把作者（前排左五）拉到身前坐下，在会见讲话中说："高崇民同志（原东北抗日救亡总会负责人、第四届全国政协副主席）的外甥就在这里，是历史的见证。高崇民同志和周恩来及其他同志一起，为西安事变做出了重要贡献。今后我们的国家就要靠你们这一代了。"（新华社有记录稿）当时的场景至今历历在目。因此一定要为受控热核聚变能的商用，为解决中国和人类缺水的问题再尽绵薄之力。

作者当选瑞典皇家工程科学院外籍院士后，由瑞典皇家工程科学院主席团主席
T·莉娜（左二）和瑞典皇家科学院院长B·尼尔森（左一）陪同与瑞典国王（右一）
见面，并介绍说："吴先生是国际知识经济的主创意者和中国第一批国家级生态修
复规划的制定和实施组织者。"

2010年作者获"全国优秀科技工作者"称号，主要表彰作者"以复合型生态工
程的理论与实践在申办和保证北京奥运以及首都供水方面做出的突出贡献"。

1999年4月9日在朱镕基总理出席开幕式、于美国国务院举行的"第二届中美环境与发展论坛"上,作者(前排左一)做首席发言阐述对修建三峡大坝的观点,此后的美方发言再没有指谪中国的大坝问题,会后美国海洋和气象局局长找到作者说:"您讲得精彩。"朱丽兰部长事后说:"吴季松司长的发言对后来的会议做了导向。"

作者(左一)于1992年在巴黎联合国教科文组织总部与蔡方柏大使(左三)、联合国教科文组织总干事马约尔(左四)、助理总干事扎尼哥(左五)参加签署中国加入《关于特别是作为水禽栖息地的国际重要湿地公约》。扎尼哥先生对作者说:"我最清楚您积极有效的贡献。"

1990—1993年作者在巴黎联合国教科文组织工作时，与提出"清洁生产3R原则"、创意"循环经济"的联合国环境计划署工业生产局（设在巴黎）局长拉德瑞尔（J. A. de. Larderel）女士多次在一起探讨清洁生产和"循环经济"。

WU JISONG

**RECYCLE ECONOMY**

KNOWLEDGE ECONOMY  EFFEELLE EDITORI

作者的著作*Recycle Economy*（《新循环经济学》）于2006年4月由世界第一所大学——意大利波伦亚大学Effeelle出版社全文出英译本，全球发行。据查是我国经济学家在发达国家全文出版译著的第四本。

　　1997年作者在肯尼亚内罗毕联合国环境规划署总部会见执行主任E·道德斯维尔女士，她充分肯定作者创意"新循环经济学"的主要观点。

　　2000年在英国布莱顿苏塞克斯大学与世界著名经济学家、国际"国家创新体系"首创者弗里曼教授在一起，他热情鼓励作者创意"新循环经济学"。

北京申奥成功后中国代表团在莫斯科现场欢呼,这是国内外播报的第一个镜头(作者为左起第一人)

2002年水利部在张掖考察黑河节水灌溉,左起第四人为水利部部长汪恕诚,第二人为作者,第三人为张掖市市长田宝忠,至今恢复的额济纳旗东居延海已成为旅游热点。

2001年作者向塔里木河尾闾英苏村109岁的维吾尔族老人阿不提·贾拉里询问当地的生态历史,据此以生态史追溯法制定塔里木河尾闾生态修复规划,至今台特玛湖已经蓄水,因缺水迁出的维吾尔族居民早已返回安居。

# 生态文明建设

## The Construction of Ecological Civilization

### 卅年研究 / 百国考察 / 廿省实践

30 years' research, 100 countries' investigation, performances in 20 provinces

吴季松 著

Wu Jisong

北京航空航天大学出版社

**图书在版编目(CIP)数据**

生态文明建设 / 吴季松著.--北京 : 北京航空航
天大学出版社,2015.12

ISBN 978-7-5124-2024-3

Ⅰ.①生… Ⅱ.①吴… Ⅲ.①生态环境建设—研究—
中国 Ⅳ.①X321.2

中国版本图书馆 CIP 数据核字(2016)第 005552 号

## 生态文明建设

吴季松 著

责任编辑 陈守平

\*

北京航空航天大学出版社出版发行

北京市海淀区学院路 37 号(邮编 100191) http://www.buaapress.com.cn
发行部电话:(010)82317024 传真:(010)82328026
读者信箱:goodtextbook@126.com 邮购电话:(010)82316936
北京泽宇印刷有限公司印装 各地书店经销

\*

开本:710×1 000 1/16 印张:18.25 字数:389 千字
2016 年 1 月第 1 版 2016 年 1 月第 1 次印刷 印数:2 000 册
ISBN 978-7-5124-2024-3 定价:58.00 元

# About the Author

Wu Jisong, was born on August 1944, Manchu, Ph. D. Consulting Professor of BUAA (Beijing University of Aeronautics and Astronautics), Professor of doctoral researcher, Director of the Center of Circular Economy Research, National Outstanding Scientific and Technological Workers, Foreign Member of Royal Swedish Academy of Engineering Sciences, Vice-director of the Academic Committee of the China Association of Technical Economics Studies, the Member of the Expert Advisory Committee of Beijing Municipal Government, General Director of the advisory Committee of the International Ecological Safety Collaborative Organization(IESCO), President of Beijing Association of Circular Economy Development, General Executive Vice-director of National Water Saving Office, General Director of Department of Water Resources, Ministry of Water Resources of China, Special Assistant of the President of Applicant Committee of Beijing 2008 Olympic Games, deputy representative, Counselor of Chinese Permanent Delegation to UNESCO, in charge of the work of Intangible Cultural Heritage, High-tech and Environmental Consultant of Science Sector of UNESCO.

The author proposed "Knowledge Economy" for the first time around the world and he was the first one who introduced the concepts of "Circular Economy" to China. Dr. Wu Jisong has published more than 26 books about Economy and Ecological restoration. The author initiated the study on the global ecosystems and urbanization of 101 countries in the past 37 years. Working as the director of Ministry of Water Resource of China for more than 6 years, the author presided over four National Ecological Restoration Plans in China, all of which won high recognitions and had got obvious result.

# Introduction

The author, one of the first batch of visiting scholars abroad after the open door of China, has done the field study on the world civilization, urbanization and ecosystems of more than 100 countries in the 37 years. In 1984, the author presided over the project "Multidisciplinary Researches Applied to the Development" of UNESCO and studied the ecosystems over 32 years since that; From 1998 to 2004, he was mainly in charge of ecological restoration programs as executive director of national Water-saving Office. He also made planning and guided the ecological restoration of 20 provinces.

The author explained the ecology using the ecosystem theory as the guide, and the civilization by contrasting with the different countries. He pointed out that the ecological civilization differs from the industrial civilization by its innovative idea of sustainable development which was translated and introduced to Chinese people from UNESCO by the author in 1982. The core of the ecological civilization is the harmony between human and nature. This needs the mutual promotion between ecological restoration and economic development which requires the transition of the way of economy development under the theory of knowledge economy and circular economy, in addition to the systematical theory, ecological history and international comparison. Thus the ecological construction can lead our human beings into the new era of ecological civilization.

# 序

吴季松教授新作付梓,邀我作序。初读文稿,颇有收益,写了以下文字,就教于各位同仁。

近年来,国家把生态文明建设摆到了"五位一体"总体布局的战略高度,在实现"两个一百年"奋斗目标的全局中谋划设计,推进实践,各项决策部署和制度安排相继落地,力度前所未有,成效逐步显现。习近平同志强调"绿水青山就是金山银山"等一系列生态文明新理念、新思想,体现了对中华民族永续发展的历史责任,对人民热切期盼的积极回应,对全球生态安全的中国担当。生态文明是人类社会发展的必由之路,步入社会主义生态文明新时代是中国人民的必然选择。

中国是生态文明建设的积极倡导者和实践者。自生态文明的概念提出以来,各个领域专家学者在生态文明的内涵、哲学基础、历史渊源,以及生态文明与经济发展、生态文明与制度建设、生态文明与道德文化、生态文明与环境保护等方面进行了深入研究和广泛探讨,取得了可喜的成果,生态文明理念与理论体系逐渐确立和形成。同时,针对一些地方和部门忽视资源环境承载能力造成的严重问题,国家有关部门从国情实际出发,结合职能定位相继开展了各类推进生态文明建设的实践活动,国家发改委、财政、科技、环保、住建、农业、水利、林业、海洋等有关部委以生态文明、可持续发展、生态环境保护、低碳经济、海绵城市等为主题,先后开展了有效的试点示范,涌现了一批创建成果;一些地区就推进生态文明建设做出决定、出台意见、制定规划、实施工程,涌现出大量各具特色的先进典型;生态文明贵阳国际论坛、中国生态文明论坛等高层次常设性论坛和年会连续举办,各行业在创建实践工作中也产生了很多创新思路和经验做法,这都为生态文明理论研究提供了丰富的实践基础。

我们也要看到,我国生态文明建设水平仍滞后于经济社会发展,资源约束趋紧,环境污染严重,生态系统退化,发展与人口资源环境之间的矛盾日益突出,已成为经济社会可持续发展的重大瓶颈制约。放眼全球,世界各国仍然受到气候变化、生物多样性锐减、土地荒漠化扩展、湿地不断退化、垃圾日益增多、水土严重流失等全球性生态环境问题的困扰。因此,我国应进一步加快生态文明建设,坚持推进绿色发展,在一些重大战略实施中应与世界各国通力合作,这是解决我国资源环境困局和全球生态危机的希望所在。

生态文明是人类迄今可以预期的新型文明形态,生态文明建设是一个需持之以恒为之奋斗的大业,需要制度创新、科技创新和理论创新,需要吸收人类一切优秀文明成果。中国传统文化的"天人合一"、"民胞物与"等体现人与自然和谐的思想是生态文明理论的重要源头。这些思想尽管带有某种朴素的直观和顿悟的性质,但都是人类生态文明智慧的一部分,被全世界学者和思想家所认同。生态文明是对可持续发展理念与实践的凝练与升华。在生态文明建设中,也要汲取西方发达国家在环境保护、资源利用以及生态修复等方面的科学理念、技术体系、管理方法和成功经验。同时,生态保护、环境治理、资源开发问题的空间地域性很强,因此,不同地域空间的生态文明建设实践需要认真参考借鉴,因地制宜地合理布局生产、生活、生态空间具有重要理论和实践意义。

吴季松教授家学渊源、博学力行,几十年从事生态环境保护与可持续发展相关事业,专业理论功底深厚,实际工作经验丰富,具有一定的社会知名度和国际影响力。多年来,作者以强烈的责任感和忧患意识,撰写了大量高水平的研究成果,包括专著和调研报告等,为国家科学发展建言献策,成绩显著。《生态文明建设》是他站在全球视角,审视可持续发展与生态文明,深入研究生态文明理论基本问题、总结梳理世界生态文明建设案例的最新论著,学术性、创新性、系统性和实践性都很强。初读书稿,感到此书有如下几个明显特点:一是内容丰富,理论与案例相结合。特别是结合多年来在全国各地、世界各国家考察研究,从理论和实践两个层面,对生态文明一系列重要问题进行了探讨,填补了一些空白,并以长期实践验证、指导对生态文明理论的理解。二是把握规律。全书系统阐述了经济发展与生态环境保护的辩证关系,倡导发展必须是遵循经济规律的科学发展,必须是遵循自然规律的可持续发展,必须是遵循社会规律的包容性发展。三是注重创新。从生态系统视角,强调生态修复在人类社会与自然生态和谐中的地位,以"生命共同体"的理念、思维来推进生态文明建设,提倡走绿色化之路,化解生态危机,努力为全人类福祉做贡献,树立负责任大国形象。本书的出版正逢其时,为推进我国乃至全球生态文明与可持续发展理论研究和实践探索无疑是做了一件大好事。该书对于从事生态文明理论研究和实践工作的广大读者不失为一本很有价值的读本。

十一届全国政协副主席
中国生态文明研究与促进会会长　陈宗兴

2016 年 1 月于北京

# 前　言

　　从"文明"的视角来看,经过37年来的百国实地考察、理论研究和20省工作实践,作者对生态与文明进行了世界范围宽度、历史长河长度和创新理论深度的多年考察、思考、研究和实践,得出了人类必将进入世界文明新时代的结论。

　　在写以下这段文字时正值圣诞节前夕。历史上以基督教文明为主流创造了工业文明时代,基督教文明对生态文明做出了重大贡献。到今天,信奉基督教文明的人据粗略统计达15亿之多,是信教者中人数最多的。我们提倡的生态文明是一个创新,它不仅源自中华文明,也源自基督教文明和人类的其他文明。基督教文明不仅对生态文明做出了重大贡献,而且越来越多的基督教信奉者认为生态文明与基督教文明并不矛盾,将会共存,互相促进走向人类的新文明。

　　基督教回答了"人"的三个基本问题"你是谁?""你从哪里来?""你到哪里去?"赢得数以亿计的信徒。以下,我们可以给出生态新文明对这三个问题的回答。

　　"你是谁?"人是地球生命共同体的一个分子,而且有创造力。但是不管你是谁,信仰如何,成就多大,都要遵循生老病死的自然规律和"实践是检验真理的唯一标准"的社会规律。

　　"你从哪里来?"追根溯源,人从"水"里来,水是生命之源。现代人则是从非洲走出来的,这已被基因科学所证实。人生来并不带"原罪",但人成年就要履行对社会与自然界的责任。

　　"你到哪里去?"今天,人不管信仰如何,不管生命长短,最终都应走上生态文明的可持续发展之路,中国人的"中国梦"就是走进生态文明的"天堂"。人要少走弯路,在正确的生命之路上做力所能及的"善事",为生态文明的世界大同做出贡献,回馈社会。这样就会按诺贝尔奖的评选标准:

"以自己的知识创造性地对人类做出（重大）贡献"，从而得到人生的"诺贝尔奖"。

从生态视角来看，在原始社会人类更多的是对自然生态的崇拜，世界各地最早的宗教都是"拜物教"，崇拜自然，感恩自然给予人类的一切。同时也视"洪水猛兽"为灭顶之灾，恐惧自然。

在农业社会里，人类对自然的企盼是"风调雨顺"，尊重自然。同时也认识到"天人合一"，有了"生命共同体"的原始概念，感到"天无绝人之路"，希望有所作为。

在工业社会里，人类掌握了更多的知识、科学和技术，开始向自然更多地索取，一直发展到无度的掠夺，要征服自然，改造生态，开始蔑视自然生态规律。

在今天，人类要进入生态文明的新时代，就是认识到人是地球生命共同体的一分子，要科学认识自然生态，尊重自然、顺应自然、保护自然，承认自然生态系统是除社会产品外的第二财富，充分考虑自然生态对社会经济发展的承载力。节约资源，保护环境，修复生态，达到人与自然生态和谐，创新、协调、绿色、开放、共享，实现人与自然共同的"可持续发展"。

再次深切感谢在 37 年来百国考察中给予我支持帮助的联合国相关组织，各国政府要员、教授、专家直至非洲司机的所有人；在我的 31 年研究中指导、支持我的全国和国际上的大师、院士，帮助我的同事、学生直至沙漠中的维吾尔族百岁老汉；在我的 6 年半实践中指引、支持我的国务院和相关省市领导，各级官员、同事、水利职工直至守在黄河重新分水改口处的应聘农民。

特别感谢为本书作序的陈宗兴主席的不吝赐教。

2016 年 1 月 18 日

于阳光上东

# Preface

From the perspective of "civilization", the author concluded that human beings will no doubt enter the new era of world civilization after the 37-years-field investigation of more than one hundred countries, theoretical research and practical work in 20 provinces of China, studying, thinking and practicing for years about ecology and civilization from the worldwide, the long history and innovative theory.

The following words were written just before Christmas. Christian civilization created the era of industrial civilization as one of the mainstream in the history. It has also made a significant contribution to ecological civilization. At present, according to rough statistics, the number of Christian people is up to 1.5 billion, which is the largest group in our society. The ecological civilization we advocate is an innovation from not only Chinese civilization, but also the Christian civilization and the other human civilization. More and more Christian people believe that the ecological civilization and the Christian civilization are not contradictory, and they will co-exist and promote each other to a new civilization of mankind.

Christian answered three fundamental questions about human beings: "Who are you?" "Where are you from?" and "Where are you going?"Which win hundreds and millions of believers. In the following, we can give the answers to these three questions from the aspect of ecological civilization.

"Who are you?" As one of the earth life community, the human being has creativity. But no matter whom you are, what religion you be-

lieve and how successful you are, we must follow the laws of nature of
life and death and the social rules of "Practice is the sole criterion for tes-
ting truth".

"Where are you from?" By tracing back to the source, human are
from the "water", water is the source of life. Modern men come from Af-
rica, which has been confirmed by genetic science. Human being isn't
born with original sin, but human being must fulfill the responsibility for
the society and the nature.

"Where are you going?" Nowadays, no matter the faith or the length
of life, the society should ultimately step toward the sustainable develop-
ment of ecological civilization. The "Chinese Dream" of Chinese people is
to enter the "paradise" of ecological civilization. People need to avoid de-
tours in life and do some "good thing" as possible as they can, so that
they can make contribution to the world of ecological civilization. This
will meet the selection criteria of Nobel Prize "Make (significant) contri-
bution to human beings by using creative knowledge of yours". By this
way, people can get "Nobel Prize" of life.

From the ecological perspective, in primitive human society, human
being worshiped the natural ecosystems. The oldest religion around the
world was "fetishism", which worshiped the nature and was thankful to
everything the nature gave. At the same time, they treated flood as dis-
aster and feared the nature.

In the agricultural society, human being respected nature and hoped
the good weather for the nature. While recognizing the "harmony be-
tween man and nature" and knowing the original concept of "life commu-
nity", they believed "heaven never seals off all the exits" and wanted to
do something in life.

In the industrial society, human being grasped more knowledge, science and technology, and began to require more from the nature until the development of excessive plunder. They wanted to conquer the nature, transform the ecology despising the natural ecological laws.

Today, human being is entering the new era of ecological civilization. They should realize that they are members of the earth life community and understand the natural ecosystems scientifically, respect for the nature, conform to nature, protect nature and admit natural ecosystems is the second wealth besides the social products, give full consideration to the natural ecological carrying capacity of the socio-economic development. The ecological harmony can be achieved by resource conservation, environmental protection, and ecological restoration. The "sustainable development" can be reached by innovation, coordination, green, open, share between the human and the nature.

Once again, I would express deeply gratitude to UNESCO and other related organizations that helped me with the 100 countries' investigation in 37 years, including the national government officials, the professors, the experts and the drivers in Africa. I also appreciate the guide and support from the national and international masters, the academicians, my colleagues, students and hundred-year Uighur old man in the desert in my 31 years' studies. I will say thank to these people who helped and encouraged my 6 and half years practice, such as state department and related leaders, provincial and municipal leaders, officials, colleagues, water conservancy workers and the farmers who stayed at the new diversion point of Yellow River.

Special appreciation to President Chen Zongxing for writing the preamble for this book.

# 目　　录

# 第一篇　生态与生态系统

生态系统理论使传统生态理念有了很大的发展与变革,由片面的生态认识发展到全面的生态认识,由直观的、表面的生态认识变成了多层次的、深度的生态认识,把包罗万象的自然生态系统分成了多个子系统。

更为重要的是认识到生态系各个子系统(包括人类社会子系统)、各子系统中的各元素之间都是一个不可分割的生命共同体,彼此互相联系、互相依存、互相补充、互相影响、互相促进、和谐共生。到了 20 世纪 60 年代,人们更认识到"蝴蝶效应",即美洲的蝴蝶的群体变化可能影响到大洋彼岸。

现在几乎无人不知"生态",无处不讲"生态"。但是,如同任何一个科学概念一样,作为生态的基本概念,生态系统应该有其产生由来、确切定义和科学概念,而不是随意解释的。

## 一、生态系统概念的由来

从研究各种生物到研究其相关联的状态,再研究其相互作用的子系统,这就是生态系统概念的由来。

1866 年德国的海克尔(E. H. Hdeckel,1834－1919)在《自然创造史》一书中最先提出"生态学(ecology)"一词。1895 年丹麦的瓦尔明(J. E. B. Warming,1841－1924)以德文发表《植物生态地理学为基础的植物分布学》,1909 年译成英文,更名为《植物生态学》。它是世界上第一部划时代的生态学著作。在世界上广为传播，至今已一个多世纪。

生态系统（Ecological System）一词是英国植物生态学家坦斯莱（A. G. Tansley，1871—1955）于 1935 年首先完整提出。坦斯莱兴趣广泛，对植物群落学进行了深入的研究，发现土壤、气候和动物对植物的分布和丰度有明显的影响，于是提出了一个概念，即居住在同一地区的动植物与其环境是一个整体的。他指出："更基本的概念……是整个系统（具有物理学的系统概念），它不仅包括生物复合体，而且还包括了人们称为环境的各种自然因素的复合体。……我们不能把生物与其特定的自然环境分开，生物与环境形成一个自然系统。正是这种系统构成了地球表面上大小和类型各不相同的基本单位，这就是生态系统。"

坦斯莱是个植物学家，但是有很好的数学基础，他及时关注到 1934 年由美籍奥地利理论生物学家路·贝塔朗菲创立的系统论，并应用于生态的开创研究。

坦斯莱首先正式使用"生态系统"（ecosystem）这个词，把生物与其有机和无机环境定义为生态系统。他早在 1923 年就发表的《实用植物生态学》也是最接近现代生态系统概念的著作。坦斯莱提出生态系统概念时，强调了生物和环境是不可分割的整体；强调了生态系统内生物成分和非生物成分在功能上的协同，把生物成分和非生物组分视为一个统一的自然实体，这个自然实体——生态系统就是生态学上的功能单位。例如：池塘中的鱼、虾和藻类等水生物与水域环境就构成了池塘生态系统，一般说来池塘太小，受周围影响太大，不是相对独立的。但面积约 1 平方千米的大池塘就形成许多独立的特性，可以看成一个微生态系统。

生态系统的理念既来源于植物学，又不同于植物学。其提出了"生命共同体"的理念，既包括植物，又包括动物，还包括河流、湖泊、湿地、冰川、森林、草原、土地、沙漠和冻土等，使人类对其所依赖的自然生态有了一个系统的、科学的、全新的认识。

# 二、生态系统生态学的发展过程

生态系统生态学就是以系统论指导的生态学。

20世纪60年代以来,生态系统生态学发展迅速。生态系统的理论使生态学从一个传统的、经验性和描述性的学科发展为以数学为基础与技术相结合、多学科交叉的新兴学科,尤其是德意志联邦共和国的理论物理学家哈肯于1977年创立了协同学以后,人们才从理论上认识了生态系统的"天衣无缝"。而且,这一阶段的发展主要不再是个人贡献,而是以国际组织牵头的多国科学家群体起作用,更增强了这门学科的科学性。其发展过程可概括为以下三个阶段。

## (一) 20世纪60年代《国际生物学计划》的工作

卡森(Carson)于1962年在《寂静的春天》一书中描述了杀虫剂的危害,通过在环境中的迁移转化描写,揭示了化学农药污染对生态系统的恶劣影响,提出生态系统要研究所面临的污染问题。这本书影响很大,起到了振聋发聩的作用,引起国际组织的高度重视。

1964—1974年,有54个国家参加了《国际生物学计划》(International Biological Programme,IBP),这是对生态系统大规模研究的开端。IBP主要研究自然生态系统结构、功能和生产力等,涉及7个领域,即陆地群落生物生产力、生物生产过程、陆地群落自然保护、海洋群落生物生产力、淡水群落生物生产力、人类适应、生物资源的利用与管理。该计划的实施先后出版了有关生态系统研究的35本手册和丛书。

## (二) 20世纪70年代联合国教科文的《人与生物圈计划》

《人与生物圈》(Man and the Biosphere Programme,MAB)是1971年11月由联合国教科文组织(UNESCO)发起,1972年正式通过的长期研究计划。作者自 1979 年起在巴黎开始接触,1982 年起在中国参与这项工作至今已有 30 多年,在这 30 多年中作者进行了全球百国生态考察。MAB是人类历史上第一次将自然科学与社会科学结合起来的大型国际合作项目,是第一次把人类与自然作为一个整体来研究,是生态系统研究新的里程碑。

作者著的《全球百国生态考察》正是按这些主要研究领域,在力所能及的条件下进行的尝试。

1975 年以后,MAB 集中于四个优先领域,即湿润和半湿润的热带地区,干旱、半干旱地区及其边缘地带,城市生态系统,生物圈保护区。

1988 年进行评估后认为,该计划自开展以来取得了重大的成果。1992 年作者任联合国教科文组织科技部门高技术与环境顾问,主管了部分相应工作。

## (三) 20 世纪 90 年代与"可持续发展"研究相结合

1992 年 6 月联合国在巴西里约热内卢召开了环境与发展会议,有183 个国家和地区,70 多个国际组织的代表出席了会议,102 位国家元首和政府首脑到会。这是有史以来规模最大、级别最高的环境与发展会议,从而使以保护环境、维系生态系统的可持续发展思想第一次取得了人类的共识。

大家认识到:当前人类处于这样一个转折点,一方面创造了空前巨大的物质财富和社会文明,另一方面也造成全球生态系统的破坏、削弱和动摇了社会持续发展的基础。里约热内卢会议审视过去,规划未来,寻求经济增长与环境保护的协调发展,标志着全球谋求可持续发展的新时代开始。同时,这次会议也给生态系统生态学的发展指出了明确的方向。

1992 年德国生态科学家赫雷茨(Hleith)把生态学概括为"人类生存的科学",指出生态学工作者负有重要的社会责任,生态学的研究要能有助于改善人类生存状况。这些学者认为近期生态科学发展应集中于全球变化、生物多样性和可持续生态系统三方面的研究。

**1. 全球变化(global change)**

包括大气、气候、土壤、水及水循环、土地利用等变化的生态原因及其后果。

**2. 生物多样性**

包括遗传多样性、物种多样性、生态系统多样性和景观多样性格局的自然和人为变化、濒危物种的保护、全球或区域变化对生物多样性变化的影响。

**3. 可持续生态系统**

包括对自然被人工生态系统所胁迫,受损生态系统的恢复和重建,可持续生态系统的管理以及生态过程同人类社会之间相互联系的界面等。

# 三、系统论是生态系统生态学的基础

生态系统中的各个物体,或者称为各个元素是互相联系、互相影响的,这个系统是一个非平衡态复杂巨系统,这种互相关系目前还无法建立一个数学模型来表达,也无法用计算机解析。

系统论是美籍奥地利生物学家和哲学家路·具塔朗菲于 20 世纪 30 年代创立的,以哲学思考为解决生物学理论问题提供研究的基础。自系统论成为一门科学以来,它已经有了明确的定义、特征和分类。

## (一) 系统的定义

系统(System)一词来源于古希腊语,其含义是"由部分组成的整体"。现代的定义是"由若干元素按一定关系组合的、具有特定功能的有机整体,其中元素又称为子系统"。科学的系统研究必须确定系统的元素,划定系统的边界。

## （二）系统的基本特征

一般的系统具有如下几个特征。

① 集合性：系统至少由两个以上的子系统组成，如自然资源可分为土地、淡水、森林、草原、矿产、能源、海洋、气候、物种和旅游十大子系统。

② 层次性：系统可以分解成不同等级（或层次）的一些子系统，如国家生态系统和区域生态系统等。

③ 关联性：子系统与子系统间、子系统与系统间、系统与外部环境间都按一定关系相互影响、相互作用，如森林系统和气候系统之间相互影响、相互作用，气候因素影响森林，森林又反过来影响气候。

④ 功能性：系统具有特定的功能。

⑤ 整体性：系统是一个有机的整体，如十大自然资源系统互为依托构成生态大系统。

⑥ 有序性：系统内部按一定的规律运行，如水生态子系统按水循环规律运行。

⑦ 平衡性：系统在不同情况下处于平衡或非平衡两种状态。在多年周期中，水资源总体上处于平衡状态。

## （三）系统的类型

从系统论的观点来看，世界上任何事物都可以看作是一定的系统，而任何事物都以这样或那样的方式包含在某个系统之内，系统是普遍存在的。各种各样的系统可以根据不同的原则和条件来分类。

① 按人工干预的情况可划分为自然系统、人工系统、自然与人工复合系统。

② 按复杂程度可分为简单系统、复杂系统、超复杂系统。

③ 按规模大小可分为小型系统、中型系统、大型系统和巨型系统。

④ 按状态划分有平衡态系统、非平衡态系统。

⑤ 按与外部环境关系可分为开放系统、封闭系统、孤立系统。例如，

经济系统和生态系统都是非平衡态的超复杂巨型系统。这些基本知识都是我们在后面讨论自然资源系统要用到的。

以生态学为对象,以系统论为指导思想和分析方法,就构成了现代生态学,或者叫系统生态学,这一个新学科成为被世界认同的人类经济、社会发展新思想——"可持续发展"的理论基础。我们今天脍炙人口的"节约资源""保护环境""治理污染"和"修复生态"都是在这一思想的指导下提出来的,"知识经济""绿色发展""循环经济"和"生态经济"也都是以此为指导思想发展起来的新学科。

## 四、协同论是探索人与自然生态和谐共生规律的理论指导

生态系统就没有规律可循了吗? 有。就是以系统论中的协同论为指导,找出关键的元素——序参量,然后进行应用系统分析,寻求不同生态系统的规律,实现人与自然的和谐。

生态系统的科学理论基础是系统论,而地球上的自然生态系统之所以能构成一个持续存在的系统,就因为它是和谐的,其和谐共生的理论基础就是协同论,协同论是系统论的一个重要分支。

协同论亦称协同学或协和学,是研究不同事物的共同特征及其协同机理的新兴学科,是近十几年来获得发展并被广泛应用的综合性学科。它着重探讨各种系统从无序变为有序时的相似性。协同学的创立者,是联邦德国斯图加特大学教授、著名物理学家哈肯(Haken)。1971 年他提出协同的概念,1976 年系统地论述了协同理论,发表了《协同学导论》,还著有《高等协同学》等。哈肯说过,他把这个学科称为"协同学",一方面是由于我们所研究的是许多子系统的相互作用,以产生宏观尺度上的结构和功能;另一方面,它又是由许多不同的学科进行合作,来发现自组织系统的一般原理。

协同论认为,千差万别的系统,尽管其属性不同,但在整个环境中,各

个系统间存在着相互影响而又相互合作的关系。其中也包括通常的社会现象,如不同单位间的相互配合与协作,部门间关系的协调,企业间相互竞争的作用,以及系统中的相互干扰和制约等。协同论指出,大量子系统组成的系统,在一定条件下,由于子系统相互作用和协作,对这种系统的研究,可以概括地认为是研究从自然界到人类社会各种系统的发展演变,探讨其转变所遵守的共同规律。应用协同论方法,可以把已经取得的研究成果,类比拓宽于其他学科,为探索未知领域提供有效的手段;还可以用于找出影响系统变化的控制因素,进而发挥系统内子系统间的协同作用。

协同论主要研究远离平衡态的开放系统在与外界有物质或能量交换的情况下,如何通过自己内部协同作用,自发地出现时间、空间和功能上的有序结构。协同论以现代科学的最新成果——系统论、信息论、控制论、突变论等为基础,吸取了结构耗散理论的大量营养,采用统计学和动力学相结合的方法,通过对不同领域的分析,提出了多维相空间理论,建立了一整套的数学模型和处理方案,在微观到宏观的过渡上,描述了各种系统和现象中从无序到有序转变的共同规律。

利用协同论进行研究,首先是建立系统的模型,其次就要建立一系列的序参量,根据对系统的实地调研和模型的理论分析来确定、决定系统协同有序作用的主要参量,根据这些参量来调节和控制系统达到和谐有序。

作者对水资源系统的研究就是在联合国教科文组织利用大量采集数据的便利和协同论的方法决定了水资源系统的序参量,用“以水资源可持续利用保障可持续发展”的协同论指导思想主持制定了《21世纪初期首都水资源可持续利用规划》《黑河流域近期治理规划》《塔里木河流域近期综合治理规划》三个规划,是我国第一批国家级水生态修复规划,不但得到权威专家、中央领导和国际同业的高度评价,其效果得到了三地群众的高度认可。具体成果是:北京在极端困难的条件下,至今保证了水资源脆弱的供需平衡;黑河下游的东居延海从沙尘暴变成旅游热点;塔里木河保住了维吾尔聚集地下游不断流,作为修复罗布泊的“中国梦”的第一步,台特玛湖已经蓄水；欢迎读者去实地考察。

# 五、生态系统的基本概念

对于大众来说，什么是生态系统呢？它是一门以系统论和生物学为基础的科学，不是没有一定数学基础的改行"专家"可以随心所欲地发挥的。

综合国外学者和联合国组织对生态系统多次做出的定义，作者认为生态系统应理解为"人与其他生物及其所处有机与无机环境所构成的系统"。生态系统应该有明确的边界，系统应在通过物质和能量循环达到动平衡的前提下发展。生态学研究系统内各因素的关系，同时也研究系统与外界的物质、能量和信息交流。

阳光、大气、水、土壤和矿物资源构成了人类生存的自然环境。为了深入分析环境问题，人们又建立了生态系统的概念。所谓"系统"就是指边界确定以后，由互相关联、互相制约、互相作用和互相转换的组分构成的具有某种特定功能的总体。生态系统的组成可以用图1-1来表示。

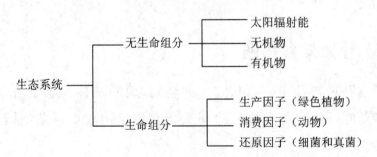

**图1-1　生态系统的组成**

图中地球自然生态系统6种组合的内容如下：

① 无机物：包括氧、二氧化碳和各种无机盐类等；

② 有机物：包括以糖、脂肪、蛋白质组成的各类化合物；

③ 太阳辐射能：包括形成的日照、大气环流和降雨等；

④ 生产因子:指能进行光合作用的各种绿色植物、藻类和细菌;

⑤ 消费因子:指以其他生物为食物的各种动物;

⑥ 还原因子:指分解动植物遗体、排泄物和各种有机物的真菌、细菌、原生动物和食腐类动物,将其还原为基本元素。

食物链和食物网是生态系统的基本概念。

## (一) 什么是食物链

在生态系统中,一种生物以另一种生物为食,彼此形成一个以食物供给连接起来的锁链关系,生态学上称为食物链。

生态系统中各种成分之间最本质的联系是通过营养来实现的,即通过食物链(food chain)把生物与非生物,生产者与消费者,消费者与消费者连成一个整体。食物链在自然生态系统中主要有牧食食物链(grazing food chain)和碎屑食物链(detrital food chain)两大类型,而这两大类型在生态系统中往往是同时存在的。如森林的树叶、草、池塘中的藻类,当其活体被取食时,它们是牧食食物链的起点;当树叶、草枯死落在地上,藻类死亡后沉入水底,很快被微生物分解,形成碎屑,这时它们又成为碎屑食物链的起点。

## (二) 什么是食物网

由于一种消费者往往不只吃一种食物,而同一种食物也可以被不同的消费者所吃,因此,各食物链之间又相互交错构成更复杂的网状结构,叫食物网。

在生态系统中,一种生物不可能固定在一条食物链上,往往同时属于数条食物链,生产者如此,消费者也如此。如牛、羊、兔和鼠都摄食禾草,这样禾草就可能与 4 条食物链相连。再如,黄鼠狼可以捕食鼠、鸟、青蛙等,它本身又可能被狐狸和狼捕食,这样,黄鼠狼就同时处在数条食物链上。

实际上,生态系统中的食物链很少是单条、孤立出现的(除非食性都是专一的),它们往往是交叉链索,形成复杂的网络式结构(net structure)即食物网(food web)。食物网反映了生态系统内各生物有机体之间的营养位置和相互关系。

生态系统中各生物成分间,正是通过食物网发生直接和间接的联系,保持着生态系统结构和功能的相对稳定性。但是生态系统内部营养结构不是固定不变的,而是不断变化的。如果食物网中某一条食物链发生了障碍,可以通过其他的食物链来进行必要的调整和补偿。同时,营养结构网络上某一环节发生了变化,其影响会波及整个生态系统。

食物链和食物网的概念是很重要的。正是通过食物营养,生物与生物、生物与非生物环境才能有机地结合成一个整体。食物链(网)概念的重要性还在于它揭示了环境中有毒污染物质转移、积累的原理和规律。通过食物链可把有毒物质在环境中扩散,增大其危害范围。生物还可以在食物链上使有毒物质浓度逐渐增大至几倍、几十倍、几百倍,以至上千倍。

## (三) 食物网是如何构成的

在食物链或食物网中,有"生产者""消费者"和"分解者(或称还原者)"三个部分,构成了系统的循环,如图1-2所示。

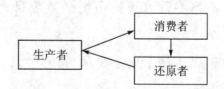

**图1-2 食物链或食物网中系统的循环**

所谓生态型产业循环可类比如图1-3所示。

这样就构成了生态型产业的良性循环。

在生态系统中,通过食物链实现能量流动、物质循环和信息传递,进行资源循环。如在淡水生态系统中,蛋白质等营养物质滋生水草,小虾吃水草,小鱼又吃小虾,大鱼再吃小鱼,大鱼死后被细菌分解成营养物质又

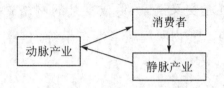

**图 1 - 3　生态型产业循环**

滋生水草,就是通过食物链进行资源循环的典型例子。如果把鱼虾捕光,水草就会大量滋生,从而破坏了原有的循环和各种资源的动态平衡。

## (四) 什么是食物链金字塔

食物链上每一个环节代表一个营养级,位于同一营养级上的生物是通过相同的步骤,从前一营养级的生物获得食物和能量的。但每一营养级生物只能利用前一营养级能量的 10% 左右,所以最短的营养级包括 2 级,最长的通常也不超过 5～6 级。食物链越短,距食物链的起点越近,生物可利用的能量就越多。

处于食物链起点(第一营养级)的生物群落的生物个体数量比高一营养级的生物数量多,最高营养级的生物,其个体数量最少,即基数(第一营养级)最大,然后呈金字塔形逐级递减,最后一级最小。这种现象称为生态学金字塔。由于研究的对象不同,生态学金字塔又分为以下几种。

① 数量金字塔:以第一营养级的生物个体数目表示,通常呈底部大、顶部小的正金字塔形。

② 生物量金字塔:以生物干重来表示,每一个营养级中生物物质总量绝大多数呈正向金字塔形。

③ 能量金字塔:以进入各营养级的总能量来表示,这样的方法最能保持准确的正向金字塔形。

正由于生态系统中各生物种群之间存在着这种食物链的关系,才能有效地控制生态系统中各生物种群的数量,即控制自然界的生态平衡。如果某个环节的生物减少或消失,势必会导致以它为食的生物种群数量锐减,而为它所食的生物种群数量肯定会大增。这样,生物界原有的平衡规律就会被破坏。例如,我国 20 世纪 50 年代曾将麻雀视为农业害鸟,大量捕杀。殊不知麻雀每年吃掉的农业害虫,要比它们吃掉的粮食多得多,结果因麻雀大量减少而发生了严重的虫害,粮食反而大面积减产。这正是没有研究食物链、不遵照自然规律办事所带来的后果。近年来,人们认识到了化学物质对环境的污染,因而在许多方面试图利用生物方法来解决问题,例如引入一个新的天敌生物物种来消灭害虫等。但如果事先不对食物链进行仔细研究,盲目引进,结果可能会适得其反。

# 六、生态系统的基本规律

由于变量过多、变化过快,生态系统是一个目前尚不能用数学模型准确模拟和计算机来精确解析的、仅有的几个系统之一。

生态系统研究的目的在于认识和正确运用自然规律,正如恩格斯所说:"人类可以通过改变自然来使自然界为自己的目的服务,来支配自然界,但我们每走一步都要记住,人类统治自然界绝不是站在自然之外的,我们对自然界的全部统治力量就在于能够认识和正确地运用自然规律。"而生态系统中最核心的规律就是生态系统的动平衡规律。

国际研究表明,近十几万年来地球上的自然生态系统是基本稳定的。冰川期过了,造山运动停止了,陆海格局基本稳定;大气温度、降水量甚至大气环流和大洋暖流都基本稳定;就全球而言,森林、草原、湿地、半荒漠、荒漠和沙漠也基本稳定,这些自然状况就是几万年人类历史得以延续的基础。生态系统是一个远离平衡态的非平衡态复杂巨系统,正是由于自然生态系统没有发生剧烈变化——大扰动,人类才得以生存、繁衍和发展,因此自然生态系统内部的资源循环和动平衡是人类应该认识和正确运用的最基本的规律。

## （一）自然生态系统动平衡的基本规律

自然生态系统动平衡的维系有以下三个基本规律：

### 1. 维护生态平衡

人类发展的历史表明应该维护生态平衡，可持续发展也要求维护生态平衡。实践证明对于现有生态平衡的强扰动、强冲击、大改变、大破坏，只可能带来暂时的经济利益，而不利于可持续发展。

### 2. 生态系统变化的不可逆性

生态系统是非平衡态超复杂巨系统，它的变化是一个十分复杂的过程，如果对它的破坏超过了一定限度，就是不可逆的，或者说是无法修复的，这已经被科学理论和人类实践所证明。因此生态平衡和良性循环只能尽可能维系，而不可能像化学反应一样逆向恢复原状。

### 3. 对生态系统定量分析是维系生态系统的关键

为了进一步认识生态系统，当务之急是生态系统分析的定量化。联合国有关方面为此做出巨大的努力，如确定地表水资源折合径流深150毫米为生态缺水的下限、对于1万平方千米以上的大区域25%～50%为适宜的森林覆盖率等。当然，这些都是统计分析得出的经验范围，不是理论计算值，但毕竟为我们研究生态系统提供了必要的参照。

## （二）自然生态系统平衡的特点

自然生态系统是一个非平衡态超复杂巨系统，生态系统的平衡有如下特性：

### 1. 不是简单的算术平衡，而是超多元的、复变的函数平衡，因此该系统具有自我调节能力

以塔里木河流域的森林子系统为例，不是有多少棵树的平衡，而是乔、灌、草复合森林系统的平衡。降雨少了，胡杨枯一些，红柳长一些，仍

能达到森林系统的平衡。降雨多了，又会恢复到原来的组合，体现了系统的自我调节能力。

生态系统的调节能力使其良性循环得以形成。

## 2. 不是瞬时的平衡，而是周期的平衡，因此具有自我修复能力

仍以塔里木河为例，年际雪山融水量和降水量变化不小，但从 30 年的长周期来看变化是很小的，塔河自然生态系统甚至自然配置了"一千年不死，（死后）一千年不倒，（倒后）一千年不朽"的胡杨树，它能够在十分干旱的气候条件下长存。在按《塔里木河规划》向下游干枯的胡杨林输水的工作组织过程中，作者亲眼看到枯萎了 30 年的胡杨的新绿，体现了系统的自我修复能力。

生态系统的自我修复能力是水生态系统良性循环的基本保证。

## 3. 不是静平衡，而是动平衡，因此具有自我发展能力

生态系统是一个微观非平衡态系统，或者说是一个动平衡系统。几万年内自然生态系统也有较大的变化，例如河流下游冲积平原的形成是大变化，但是流域自然生态系统大有较大的承受能力，因此仍处于总体平衡状态。这种动平衡体现了系统的自我发展能力。

这样的动平衡是自然生态系统通过良性循环得以持续和发展的基本规律。

# 七、未知的自然生态系统遵循的客观规律

自然生态系统所遵循的客观规律就是：实践是检验真理的唯一标准，任何专家都要在 10～20 年后为自己制定的"生态修复"和"生态建设"规划的效果负责，要终身追责。

自然生态系统包罗万象，千变万化，它的许多规律也包括总规律正如"天有不测风云"，人们并未掌握。在这种情况下人们如何保护、修复自然生态系统，与其和谐相处呢？还是有规律可循的，主要有以下几条。

## （一）9000 年来地球自然生态系统自身没有巨变

据考证,距今大约 9000 年前,一颗大彗星在北美撞击地球,地球也渡过了最后一个冰期,自那时以后地球再未经过巨大的冲击。因此,地球的陆地、海洋、山河与湖泊都没有质的大变化,地球的平均降水量和平均气温没有质的大变化,动植物的物种也没有大变化。因此,可以认为 9000 年来自然生态系统没有发生质变,9000 年前的自然生态可称为标准的"原生态",可以作为我们保护和修复自然生态的依据。

当然,今天地球上已经居住了 72 亿人,相当于陆地上平均每平方千米住了 48 人。如果除去沙漠、冻土和极地等不适于人类居住的地区,每平方千米已经住了近百人。人类活动对自然生态系统产生了巨大的影响以致改变,所以恢复到"原生态"已经不可能,但是科学考证(不是主观臆想)9000 年前的原生态应该是我们保护与修复自然生态系统的最重要的参照之一。

## （二）人为改变自然生态是个不可逆的过程

自然生态系统的变化过程是不可逆的,这已经是科学界的共识。也就是说,人类改变和破坏了自然生态系统,要想原样修复是不可能的。

所以人类与自然和谐就是不要对自然生态系统动"大手术",不要产生大扰动,使之元气大伤。具体来说就是不要滥伐森林,不要不顾降水量把草原变成农田,不要乱修水库使河流断流,不要跨流域大调水,不要填平湿地等等。

## （三）未知自然生态系统也符合统计规律

未知的自然生态系统就无规律可循了吗?有。它虽然没有可以用数学公式或模型表达的规律,但是它也符合统计规律。作者作为改革开放后第一批出国访问的学者,在欧洲原子能委员会巴黎近郊的芳特诺研究所研究受控热核聚变,以蒙特卡洛法(Monte-carto)解决目前数学还无法解决的问题,得出了一个系统发生质变的统计规律。该规律就是,当一个系统的元素发生±15%以上的变化时,就开始发生质变,对于系统产生较大影响;而当发生±25%以上的变化时则产生性质的变化,而使系统发生改变。

气象也是自然生态系统的一个重要子系统,也是个未知的系统。作者曾与我国气象界权威院士进行过探讨,他们说"天有不测风云",天气预报就是用蒙特卡洛法预测的。由于一般得不到完全的、准确的边界条件,准确度一般在70%左右。

例如地球升温多少才会产生灾难性的质变,可用此简单结算。目前地球的平均温度为 14.5 ℃,14.5 ℃×15% = 2.2 ℃,即地球的升温应控制在 2.2 ℃以下。

再如,一条河流如何用水才可以维系健康河流状态,也可以通过上述统计规律得出结论,即本流域用水最多不能超过年径流量的40%,因为一些用过的水可回流形成区域地下水;而跨流域调水不能超过年径流量的20%。

毛泽东同志在 85 年前做的农村调查也符合这一规律,当时毛泽东同志据调查写道:"富裕中农是中农的一部分,对别人有轻微的剥削。其剥削收入的分量,以不超过其全家一年总收入的百分之十五为限度。在某些情形下,剥削收入虽超过全家一年总收入百分之十五,但不超过百分之三十,而群众不加反对者,仍以富裕中农论。"(《中共中央文件选集》第 9 册,中共中央党校出版社 1991 年 3 月版)为什么剥削收入部分不超过 15%就是富裕中农呢? 看来超过了 15%就起了质的变化,但也不排除在特殊情况下可以高到 30%。

再如中等身材的成人血液约为 5000 毫升,失血 15%即 600 毫升为危险点。当然,这一规律的普适性还待更多的结果证明。

## (四) 以作者考察澳大利亚的实例来说明生态系统的变化

澳大利亚是一个孤立的大陆,是一个比较典型的巨型生态系统。在欧洲人来到澳大利亚之前,世界上的许多物种在那里都是不存在的,欧洲人有意或无意引入的物种在澳大利亚的生态系统中引起了巨大的冲击，一度破坏了平衡。

　　人们熟知的例子是"兔子问题"。澳大利亚本没有兔子，1859 年 12 只欧洲野兔被带到澳大利亚，这里没有鹰等天敌，却有茂盛的草原，土质松软，易于做窝。适宜的生存环境造成兔子恶性繁殖，于 100 年内达到 75 亿只，即平均 1 公顷草原上有 17 只兔子，大约 1 亩地一只，严重破坏了生态平衡。而且 10 只兔子可吃掉一只羊所需的牧草，75 亿只兔子就吃掉了 7.5 亿只羊的牧草，兔羊争草，严重地影响了当时澳大利亚赖以生存的畜牧业。后来不得不用筑墙、捕捉甚至动用空军投毒的办法来解决"兔子问题"。投毒当然严重影响了草原生态，于是又想到了引入天敌——狐狸的办法。

　　澳大利亚原来也没有狐狸，1845 年被作为"猎物"引入，19 世纪 80 年代兔子成灾后，又作为兔子的天敌大批量引入。到了 20 世纪初，因为没有天敌和适于繁殖，狐狸数量也迅速增加。由于狐狸繁殖速度低，未能克制兔子急剧增加，却起到了再次打破生态系统平衡的作用。狐狸使 20 种澳大利亚动物灭绝，43 种濒危，于是澳大利亚又开展了消灭狐狸的运动。

　　澳大利亚的兔子和狐狸的例子说明，包括物种资源在内的所有自然资源，人类可以改变，但必须遵循自然规律，以与自然和谐为限度。但正如恩格斯所说："我们不要过分陶醉于我们对自然界的胜利。对于每一次这样的胜利，自然界都报复了我们。每一次胜利，在第一步都确实取得了我们预期的结果，但是在第二步和第三步却有了完全不同的、出乎预料的影响，常常把第一个结果又取消了。美索不达米亚、希腊、小亚细亚以及其他当地的居民，为了想得到耕地，把树都砍完了，但是他们想不到，这些地方今天竟因此成为荒芜不毛之地。"


# 八、水与大气是两个退化严重的核心子系统

　　水与空气是生命之源，也是生命之必需。但是正是这两个核心子系统退化最为严重，威胁到人类的生存与发展。

以下对水与大气这两个核心子系统从不同的侧面进行探讨。

## （一）以水生物生态系统为例说明生态系统的构成

系统中生物的种类虽然多样,数量尽管巨大,但都可按其在生态系统中的功能,归纳为三大类,即生产因子、消费因子和还原因子,或称为生产者、消费者和分解者。

水生物生态系统中的生产者是指水中具有叶绿素的藻类和水生维管束植物。它们依靠体内叶绿素的特殊功能进行光合作用,制造有机物,不仅能养活自己,而且还为其他生物提供食物。同时,将太阳能转变为食物潜能,为系统中一切生命活动提供能量来源。

水中的所有水生动物总称为消费者。这类生物自己不能制造有机物,靠吞食其他生物获得食物和能量来维持生命活动。它们按食性和取得食物的先后次序分为若干等级。

直接以浮游植物、水草为食的消费者叫草食性动物,如浮游动物、鲢鱼、草鱼等;而以草食性动物为食的消费者,叫肉食性动物,如鳙鱼;以浮游动物和鱼类为食的肉食性鱼类,叫一级肉食动物或二级消费者。其关系如图1-4所示。

| 生产者 | | | 第一营养级（A1） |
|---|---|---|---|
| 以生产者及其残体为食 | 草食性动物 | 第一级消费者 | 第二营养级（A2） |
| 以草食性动物为食 | 第一级肉食动物 | 第二级消费者 | 第三营养级（A3） |
| 以第一级肉食动物为食 | 第二级肉食动物 | 第三级消费者 | 第四营养级（A4） |

**图1-4　水生态系统中消费者食物等级图**

在水生生态系统中,主要食物链有两条:一是牧食性食物链,从绿色植物→草食动物→肉食动物,如藻类→甲壳类→鲦鱼→青鲈;一是碎屑性食物链,从死亡之有机物到分解者,然后到碎屑食性动物和它们的捕食者,如有机物碎屑（水草枝、叶碎屑）→微生物（细菌、真菌）→浮游动物→

鱼类→凶猛鱼类。

分解者主要由细菌、真菌等微生物组成，专门将有机物质分解成无机物质。由于微生物具有种类多、个体小、数量大、繁殖快、分布广及代谢强度高等特点，故它们在有机物质矿化过程中，起着特别重要的作用。水中的生产者和消费者的排泄物、尸体、残骸等都是这类生物作用的对象。通过它们的作用将各类有机物分解为无机物，归还环境，供生产者重新利用，实现物质循环。因此，分解者在整个生态系统中的地位是非常重要的。

此外，非生物的自然环境因素，如阳光、水、土壤和空气等，它们为系统中的生物提供能量、营养物质和生活空间，因而也是水生生态系统的必要组成成分。

## （二）控制气候变化的《巴黎协定》

大气生态系统的构成相对简单，这里从治理的角度进行探讨。大气是指环绕地球的大气层，厚度约 10 千米，到 8844 米（珠穆朗玛峰的高度），空气就很稀薄了。大气层面临着由于 $CO_2$ 等气体过度排放造成温室气体积累形成的"温室效应"，对地球生态系统造成一系列有害的影响，如干旱、海平面升高、洪涝灾害和极端天气等。大气层的修复不是某一个国家可以解决的，必须世界各国、全人类共同行动，才能减少温室气体的排放。

在法国历史上最大的恐怖袭击之后，巴黎气候变化大会于 2015 年 11 月 30 日至 12 月 11 日在巴黎近郊如期举行，有 200 个缔约国代表团参加。12 日晚通过了全球气候变化新协定。协定为 2020 年后全球应对气候变化行动做出安排，是一个为子孙后代的划时代的历史性壮举。

### 1. 巴黎大会的成果

如果全球升温超过 2℃，不少岛国和沿海城市随着海平面上升可能被淹没；粮食生产风险增大，可能导致人类营养不良比率上升；许多干旱地区变得更加干旱，潮湿地区则变得更加潮湿，极端天气事件也将更加频发；许多地区尤其是热带地区会遭受史无前例的热浪；水资源匮乏情况恶化；热带气旋风力增强;生物多样性包括珊瑚礁体系可能遭遇不可逆转的损失。

2015 年 12 月,《联合国气候变化框架公约》(以下简称《公约》)近 200 个缔约方一致同意通过《巴黎协定》。协定共 29 条,包括目标、减缓、适应、损失损害、资金、技术、能力建设、透明度、全球盘点等内容。

《巴黎协定》指出,各方将加强对气候变化威胁的全球应对,**把全球平均气温较工业化前水平升高控制在 2℃ 之内**,并为把升温控制在 1.5℃ 之内而努力。全球尽快实现温室气体排放达到峰值,21 世纪下半叶实现排放温室气体净零排放。

根据协定,各方将以"自主贡献"的方式参与全球应对气候变化行动。发达国家将继续带头减排,并加强对发展中国家的资金、技术和能力建设支持,帮助后者减缓和适应气候变化。

从 2023 年开始,每 5 年将对全球行动总体进展进行一次盘点。

这次大会是历史上同类大会中达成的协议最具体、最有约束力的一次,因此也是最成功的一次。

**《巴黎协定》的长远目标**是确保全球平均气温较工业化前水平升高控制在 2 ℃ 之内,并为把升温控制在 1.5℃ 之内"付出努力"。研究显示,目前全球气候平均气温已经比工业化前水平升高大约 1℃。目前已有 180 多个国家和地区提交了从 2020 年开始的五年期限内的减排目标。

根据该协定要求的长远目标,与会各方今后 4 年内重新评估各自的减排目标,以便适时做出调整。该协定希望,各个国家和地区都能够在可再生能源更廉价、更有效的前提下加大减排力度。尽量使化石燃料时代终结,这是有划时代意义的。

《巴黎协定》要求发达国家继续向发展中国家提供资金援助,从而帮助后者减少碳排放以及适应气候变化。2009 年哥本哈根气候变化大会上,发达国家曾承诺每年提供 1000 亿美元,但至今未兑现。

为什么能达成全球升温需控制在 2℃ 以内的共识呢? 因为大家都承认这个科学研究的结果。"温室效应"的存在经过 30 年的研究、争论后已成为共识。

德国波茨坦气候影响研究所主管舍尔恩胡伯指出,生物能源和碳捕捉、碳储存等"负排放"技术,以及植树造林,都有助于减少碳排放。

## 2. 中国的行动与理由

温室气体历史累积排放量是用来衡量各国气候变化责任的指标之一,按国别估算化石燃料产生的温室气体排放量的起始年是 1850 年,表 1-1 列出了 1850—2008 年世界 40 国的二氧化碳的累积排放量和人均排放量以及 40 国排放量的排序情况。由表中数据可以看出,在这世界典型的 40 个国家中,不论是排放总量还是人均排放量,美国均排在第一位,累积排放量为 345583.9 百万吨,占世界排放总量的 28.53%,人均排放量为 1125.7 吨/人,远远高于世界平均水平 178.8 吨/人。

中国累积排放量为 111984.3 百万吨,排在第二位,但仅为美国的 1/3,人均 $CO_2$ 排放量为 84.1 吨,排在第 23 位,低于世界平均水平。因此中国提出的"共同而有国别的责任"原则已日渐得到国际的共识。

表 1-1　世界典型的 40 个国家 $CO_2$ 的累积排放数据(1850—2008 年)

| 国　家 | $CO_2$ 排放总量 /百万吨 | 排序 | 占世界百分比 /% | $CO_2$ 人均排放量 /(吨/人) | 人均排序 |
|---|---|---|---|---|---|
| 美国 | 345583.9 | 1 | 28.53 | 1125.7 | 1 |
| 中国 | 111984.3 | 2 | 9.25 | 84.1 | 23 |
| 俄罗斯 | 96460.2 | 3 | 7.96 | 680.0 | 5 |
| 德国 | 82040.9 | 4 | 6.77 | 1002.0 | 3 |
| 英国 | 69371.9 | 5 | 5.73 | 1121.8 | 2 |
| 日本 | 47012.0 | 6 | 3.88 | 368.5 | 13 |
| 法国 | 33095.4 | 7 | 2.73 | 528.5 | 11 |
| 印度 | 30314.2 | 8 | 2.50 | 26.2 | 32 |
| 加拿大 | 26295.4 | 9 | 2.17 | 779.4 | 4 |
| 乌克兰 | 25831.2 | 10 | 2.13 | 561.4 | 10 |
| 波兰 | 22951.2 | 11 | 1.90 | 601.6 | 8 |
| 意大利 | 19721.3 | 12 | 1.63 | 327.5 | 15 |

| 国 家 | $CO_2$排放总量/百万吨 | 排 序 | 占世界百分比/% | $CO_2$人均排放量/(吨/人) | 人均排序 |
|---|---|---|---|---|---|
| 南非 | 13708.0 | 13 | 1.13 | 277.9 | 17 |
| 澳大利亚 | 13574.9 | 14 | 1.12 | 620.4 | 7 |
| 墨西哥 | 12666.3 | 15 | 1.05 | 117.9 | 22 |
| 西班牙 | 10680.9 | 16 | 0.94 | 248.5 | 18 |
| 韩国 | 10948.1 | 17 | 0.90 | 224.6 | 19 |
| 哈萨克斯坦 | 10765.3 | 18 | 0.89 | 677.5 | 6 |
| 巴西 | 10282.8 | 19 | 0.85 | 53.1 | 27 |
| 荷兰 | 9793.1 | 20 | 0.81 | 592.4 | 9 |
| 伊朗 | 9103.7 | 21 | 0.75 | 124.9 | 21 |
| 沙特阿拉伯 | 7419.1 | 22 | 0.61 | 292.2 | 16 |
| 印度尼西亚 | 7386.2 | 23 | 0.61 | 32.1 | 31 |
| 土耳其 | 6013.9 | 24 | 0.50 | 80.4 | 24 |
| 阿根廷 | 5972.1 | 25 | 0.49 | 148.3 | 20 |
| 瑞典 | 4393.9 | 26 | 0.36 | 472.5 | 12 |
| 泰国 | 4186.5 | 27 | 0.35 | 61.8 | 26 |
| 埃及 | 3666.8 | 28 | 0.30 | 44.2 | 29 |
| 巴基斯坦 | 2787.7 | 29 | 0.23 | 16.4 | 35 |
| 瑞士 | 2542.2 | 30 | 0.21 | 328.9 | 14 |
| 阿尔及利亚 | 2475.4 | 31 | 0.20 | 70.9 | 25 |
| 尼日利亚 | 2428.9 | 32 | 0.20 | 15.7 | 36 |
| 哥伦比亚 | 2299.6 | 33 | 0.19 | 50.4 | 28 |
| 菲律宾 | 2112.5 | 34 | 0.17 | 23.0 | 33 |
| 越南 | 1682.6 | 35 | 0.14 | 19.3 | 34 |
| 秘鲁 | 1172.2 | 36 | 0.10 | 40.2 | 30 |
| 孟加拉国 | 709.7 | 37 | 0.06 | 4.4 | 38 |
| 苏丹 | 245.2 | 38 | 0.02 | 5.8 | 37 |
| 刚果（金） | 164.2 | 39 | 0.01 | 2.5 | 39 |
| 埃塞俄比亚 | 113.2 | 40 | 0.01 | 1.4 | 40 |
| 世界 | 1211105.1 | — | 100 | 178.8 | — |

数据来源：WRI CAIT 7.0。

目前统计的最新数据(详见表 1 - 2)显示,2012 年世界 $CO_2$ 排放总量为 338.43 亿吨,人均 $CO_2$ 排放量为 4.8 吨/年。到 2012 年,$CO_2$ 排放量中国位居第一,为 93.13 亿吨,占世界排放总量的 27.52%,人均排放量为 6.9 吨/人,在排放量前 20 的国家中排在第 13 位。美国是 $CO_2$ 人均排放量最多的国家,人均排放量为 322.7 吨/人,远远高于世界平均水平 4.8 吨/人,2012 年 $CO_2$ 排放量为 51.23 亿吨,位居第二,占世界排放总量的 15.14%。

表 1 - 2　2012 年世界 $CO_2$ 排放总量排前 20 的国家的 $CO_2$ 排放数据

| 国　家 | $CO_2$ 排放总量 /百万吨 | 排　序 | 占世界百分比 /% | $CO_2$ 人均排放量 /(吨/人) | 人均排序 |
|---|---|---|---|---|---|
| 中国 | 9312.5 | 1 | 27.52 | 6.9 | 13 |
| 美国 | 5122.9 | 2 | 15.14 | 322.7 | 1 |
| 印度 | 2075.2 | 3 | 6.13 | 1.7 | 20 |
| 俄罗斯 | 1721.5 | 4 | 5.09 | 12.0 | 7 |
| 日本 | 1249.2 | 5 | 3.69 | 9.8 | 8 |
| 德国 | 774.0 | 6 | 2.29 | 9.6 | 9 |
| 韩国 | 617.2 | 7 | 1.82 | 12.3 | 6 |
| 伊朗 | 593.8 | 8 | 1.75 | 7.8 | 11 |
| 加拿大 | 543.0 | 9 | 1.60 | 15.6 | 5 |
| 沙特阿拉伯 | 480.2 | 10 | 1.42 | 17.0 | 4 |
| 巴西 | 477.8 | 11 | 1.41 | 2.4 | 18 |
| 英国 | 463.5 | 12 | 1.37 | 199.1 | 2 |
| 墨西哥 | 460.5 | 13 | 1.36 | 3.8 | 17 |
| 印度尼西亚 | 456.1 | 14 | 1.35 | 1.8 | 19 |
| 意大利 | 391.6 | 15 | 1.16 | 6.6 | 14 |
| 澳大利亚 | 391.3 | 16 | 1.16 | 17.2 | 3 |
| 南非 | 382.8 | 17 | 1.13 | 7.3 | 12 |
| 法国 | 343.7 | 18 | 1.02 | 5.2 | 15 |
| 土耳其 | 332.3 | 19 | 0.98 | 4.5 | 16 |

续表 1-2

| 国　家 | CO₂排放总量/百万吨 | 排　序 | 占世界百分比/% | CO₂人均排放量/(吨/人) | 人均排序 |
|---|---|---|---|---|---|
| 波兰 | 302.9 | 20 | 0.89 | 7.9 | 10 |
| 世界 | 33843.0 | — | 100.00 | 4.8 | |

数据来源：WRI CAIT 7.0。

在此形势下，中国在巴黎大会召开前提交的国家主贡献文件中，提出将于 2030 年左右使二氧化碳排放达到峰值，并争取尽早实现 2030 年单位国内生产总值二氧化碳排放比 2005 年下降 60%～65%，非化石能源占一次能源消费比重达到 20%左右，森林蓄积量比 2005 年增加 45 亿立方米左右。

**3. 美国和印度可能成为减排的困难户**

《协定》走出了未来世界的"关键一步"，不仅展示了国际社会的团结，也为子孙后代保护了地球。

但是，路透社报道，不少国家在履行减排承诺问题上面临来自国内的不小阻力。以美国为例，总统奥巴马为削减碳排放已经几乎用尽行政权力，付出更多减排努力似乎要依赖共和党控制的国会。现实情况是，共和党对气候变化是严重问题的说法并不买账，无意投票表决是否批准援助发展中国家向"绿色经济"转变。

此外，作为发展中国家的印度在推动清洁能源方面也阻力重重。印度总理莫迪决心推动解决边远地区通电难问题，而依据现有条件看，通电的解决方案只有依靠大规模燃煤发电解决，这给减排前景带来难度。

## （三）作者对地球控温的简单估算和对北京雾霾的预警

申奥时作者任奥申委主席特别助理，负责环境方面，对水和大气都做了一些工作。

### 1. 全球升温控制在 2℃ 内的"吴氏算法"

欧美科研机构花费了近 20 年、数以千万计美元立项,研究温室效应使地球升温多少会产生灾难性变化,得出的结论是升温 2.2～2.4 ℃ 左右。

在前面第七章第三节提到的是作者按自己 1980 年在欧洲原子能联盟用蒙特卡洛法做核聚变计算得出的统计规律:一个未知事物的量变超过平均值(常态)15％时,一般会发生质变(新常态),而目前地球的平均温度是 14.5℃,据此计算 14.5℃×15％＝2.2℃。该计算结果与 2015 年的巴黎气候大会要把地球的升温控制在 2 ℃ 以下的要求一致。按统计规律的一个简单的计算就可以得出耗时、耗力、耗财得出的结论。当然,当年各国的研究得出的一系列数据、分析和中间结果,可作为控制升温在 2℃ 以下的支撑,在其他方面也是很有价值的。

作者多次在国际会议上提出上述估算法,不但得到一致的认同和称赞,还被有的专家称为"吴氏算法"。

### 2. 作者在申奥时对首都圈雾霾防治的预警

1999 年作者在全国节水办常务副主任、水利部水资源司司长任上被任命为北京奥申委主席特别助理,负责首都圈的水和大气问题。当时,西方反对在北京举办奥运会除政治问题外,最重要的是水和大气的问题,说北京的水和大气都不能达到举办奥运的标准。当时主要是说水,即北京缺水,水质不好,不仅影响参会的运动员、官员和各国观众的健康,而且会加剧对北京地区人民生活的影响。

作者在 1998 年主持制定了《21 世纪初期(2001—2005)首都水资源可持续利用规划》,心中有数,在对土耳其、德国、法国、英国、瑞典、芬兰、希腊、波兰和澳大利亚的一系列相关访问中,对国际奥委会委员做工作尤其是作为中国参加欧洲委员会代表团团长、在欧洲奥委会上的讲话中以下列要点以理服人,争取投票。

"首先,中国是发展中国家,现在北京的条件肯定不如巴黎,我在巴黎住了6年,很了解这一点。其次,我主持制定的《2001—2005年的北京水规划》获北京市政府和国务院批准,按此规划执行到2008年举办奥运时北京的水肯定可以达标,所以我用PPT以15分钟简述这个规划,请大家评价它的科学性和可行性。最后,某国家大使馆在门前测的水数据只是一点,不具有统计科学性。"

我的讲话得到在座欧洲奥委会委员的一致认同和称赞。委员中没有一个是水专业的,但他们近2/5有博士学位,懂科学,有知识。最后作者说:"我不仅主持制定这一规划,而且被国务院任命为规划执行指导小组常务副组长,如果相信我们的执行力,那就请大家投中国一票吧!"

对于大气的治理作者心里没底,所以在各处均只说奥运会期间会达标,再不多说。事实上,由于作者参与促进,主要是北京市采取了一系列措施,2008年的北京奥运会期间空气的确达标,受空气质量影响最大的万米和马拉松等项目的成绩都达到世界最高水平,使萨马兰奇等国际奥委会负责人都很吃惊。

同时,作者在1999—2001年国内一系列内部会议上、讲演时和在电视上多次内外有别地强调首都圈大气问题,表述以下观点:

某国驻华使馆在附近监测的水数据是不科学的,但大气是全球环流的,所测PM2.5的数据值得我们警惕。

20多年来,北京周边已建和待建的、过多的钢铁厂、水泥厂和化工厂的生产对经济发展起了一定的积极作用;但它们也影响了北京的大气,而且从可持续发展来说在经济上也是不合算的,因为知识经济的发展对原材料需求递减,如此大的投入将来成为过剩产能是巨大的浪费。应该以人均钢产量为指标来控制钢产量,即中国是发展中国家,需要钢,但世界也在发展,所以中国的人均钢产量不应超过世界平均水平。

关于轿车进入家庭问题,北京市要成为现代化国际大都市,增加汽车是必然的,但要有度,不能超越发展阶段,轿车的控制应与巴黎作比较。北京的人口(当时)和平原面积都和巴黎差不多,北京的轿车不应超过巴黎拥有的400万辆。因为由于交通拥堵和尾气排放,巴黎人已经在进入城区时坐地铁而不开车,如果北京也到这种程度,甚至于要单双号限行,再增加车又对老百姓有什么好处?对经济发展的促进也是不可持续的。

而且巴黎家家有车,老人家庭比例很高,大约有上百万辆车平时不开,停在车库。同时两地的交通条件也不同,巴黎的中心是协和广场起到分流车辆、提示汽车在城里的行驶速度、少排尾气的作用,北京的中心是故宫,车辆都要绕行,车速难以提高。

现在,国家发展改革委、环境保护部已于 2015 年 12 月 30 日对外发布《京津冀协同发展生态环境保护规划》,从国家层面首次给出京津冀地区 PM2.5 年均浓度红线,即由 2013 年的 107 微克/立方米到 2017 年控制在 73 微克/立方米左右,到 2020 年控制在 64 微克/立方米左右。这是一个不低的要求,应对官员和治理规划的制定者终身追责。但是如果连什么是 PM2.5 的主要来源都争执不清,怎么能科学治理呢?看来进一步加强研究是十分必要的。

# 九、"生态环境"一词的研究

生态学研究得不够系统、不够深入可以由一个例子来说明,就是"生态环境"这个人人挂在嘴边的词,尚没有确切的定义。

作者在 15 年前与创意人对"生态环境"一词进行过探讨。

## (一) 对"生态环境"一词定义的探讨

作者做联合国"多学科综合研究应用于经济发展"项目,于 1982 年回国后,听到"生态环境"这个词就发生了疑问,因为没有人能清楚地说明它的定义是什么,而且发现在对外时英文仍译为生态系统(ecological system)。

"生态环境"是个语义不明的词。在环境问题中英文的"环境"(environment),一般指"自然环境"(natural environment),主要是对人而言,是人对周围自然生态系统的感觉。英文并没有"生态环境"(ecological environment)一词,所以,至今所有的英文对外翻译,都把"生态环境"翻译成"生态系统"(ecological system)。

从中文来讲,"生态环境"这个词类似于"庆祝国庆",语义重复。实际上"生态系统"包括了"自然环境";生态系统是客观存在,而自然环境是人对生态系统状态的感觉和认识。当然,概念和名词都可以创造、创新,问题是还没有人给出"生态环境"与"生态系统"不同的定义。

## (二) 与创意人黄秉维先生关于含义的讨论

作者费尽周折,打听到"生态环境"这个概念是黄秉维教授创意的。作者在2001年的一次会议上见到了他,向他提出了这个问题:"黄先生,听说'生态环境'这个词是您创意的,您能给我讲一下它的定义吗?"黄先生说:"这是第一次有人向我提出这个问题,这是个语意不够明确的词,没有定义。不过我可以说一下这个词的来由,它起源于20世纪80年代初的一次国家级的宪法修改讨论会。草案中有'遏制生态系统蜕变'的词语,我提出生态系统的蜕变不一定对人类不利,不能以遏制一言以蔽之。例如,河流三角洲冲积平原的形成就是生态系统的蜕变,但是它对人类有利。大家问:'您说应该怎么提呢?'我回答:'似乎应该提遏制对生态环境的破坏。'当时得到大家的一致赞同。我完全同意你的意见,'生态环境'是个没有定义的词,当时十分仓促,并没有多考虑,也没有想到这个词居然产生今天这样的价值。"

黄先生是前辈,已成故人,他的科学态度让人肃然起敬,使作者记忆犹新。这件事充分说明老一辈中国科学工作者在外来新理念引入过程中严肃、认真的科学态度。

对"生态环境"提出确切的定义是必要的。"生态"是自然界的客观现实,而"环境"更多的是人对所处周围生态的感受。"生态环境"的定义应该是"在人与生物圈中,自然生态系统的状态"。"人与生物圈"的定义是由联合国教科文组织提出的,已经阐明。

　　"生态环境"这个词已经约定俗成,没有必要改变。但是,在这里追述这段历史,想要说明的是:对任何事物,尤其是新事物一定要有认真的科学态度,不能人云亦云,知其然不知其所以然。研究其真义与中国的具体情况相结合,这不仅是中国革命成功的历史经验,也将是我国生态文明建设成功的唯一途径。如果这些都不能完全搞清楚,怎么能保证目前在全国风起云涌的生态修复不"顾此失彼",不产生"系统性的破坏",从而不愧对子孙后代呢?

# 第二篇　生态文明的内涵与发展

在第一篇中,我们已经比较全面地阐述了"生态文明"中"生态"的概念,下面将比较全面地阐述"文明"的概念。

中文的"文明"的含义主要指文化,而"文化"则包括文学、艺术、教育和科学等。对于人来讲,"文明"的通俗解释是运用文字和有关知识的能力。

英文的文明"Civilization"也是对人而言的,指脱离"蒙昧"的开化,受到教育而"文雅""礼貌""明事理"。其词根是"Civil"即"公民的"。

法文的文明"Civilisation"同样是对人而言的,指的也是脱离"蒙昧"的开化,受到"教化",且能传播文化。

从三种语言来看,文明都是指公民应有文化知识,明事理并遵守社会的行为规范。生态文明已是全世界共同的话题。随着工业文明的发展和人口的不断增加,全球面临资源日趋短缺、环境污染严重、生态系统退化的严峻形势,环境与生态的危机已经成为当今世界诸多危机的根源和催化剂。自20世纪中叶,人类开始对自身和自然的关系进行反思,认识到"生态兴则文明兴,生态衰则文明衰",目前,保护自然资源和生态系统显得从未如此迫切过,现实生态与新文明的矛盾也从未这样尖锐过。

## 一、人类是如何起源的

历史证明人类的起源就是寻求"光明",积累"文化",中文的"文明"一词是各种语言中对人类文明最贴切的描述。

在地球上,"文明"是人类所特有的,也是人类与所有生物的区别。人类的文明是如何形成的呢?首先要探讨人类的起源。

在2000多年来一直存在着两种观点的争论:一是人类是从同一地域起源然后走遍世界的;二是人类是在不同的地方起源,经过大约200万年进化到同一程度的。

## (一) 为什么人类来自同一个发源地

现在地球上的人类究竟是在不同地方进化到同一程度的,还是从肯尼亚走出来的呢?对这个问题,国际专家本来有两种不同的看法,现在由于基因分析,已经有了定论,人类是从东非大裂谷的肯尼亚和坦桑尼亚走出的。作者早在1979年就曾于巴黎与联合国教科文组织(UNESCO)联系,一接触到这个问题,就产生了浓厚的兴趣。

作者从一开始就相信"走出说"的,即人类有同一祖先。其原因:一是猿变人的进化是需要条件的,而整个地球上的自然条件千差万别,其中必有一种是最有利于人类(包括最高级的灵长类)进化的。二是世界各地条件差异很大,因此人类进化的先后时间差也很大,可达数百万年;当最早进化的人类开发了世界,破坏了地球上原有的自然条件,就抑制了其他地区的进化,因此地球上没有进化出第二群人类。三是既然候鸟可以做远达数千千米的大范围迁徙,人群可以做远达数百千米的转移,猿人当然也可以长途迁徙。尽管从肯尼亚的图尔卡纳湖到中国的北京和印尼的爪哇都有万千米之遥,但是从图尔卡纳湖到北京和爪哇沿途都是气候温暖和食物丰富的地区,也不需翻越高山。到北京都是陆路,到爪哇已经是这种迁徙的晚期,而且只需渡过两个不太宽的海峡,更何况这一迁徙可能是在上百万年间完成的。

还可以提出两个反证说明这个问题。一是如果人类是从不同地区进化的,那么从数学上讲,各地在同一个5万年内进化到相同程度的概率极低,几乎是不可能的。这样,5万年以上的进化差异,势必造成人种的优劣。而实践证明这非但是不成立的,而且是荒谬和反人类的。二是如果人的进化差异在 10 万年以上,则进化时间不同的人种就有如马和驴之间一样,不能繁衍后代;而实践表明黄、白、黑和棕人种之间通婚繁衍后代没有障碍。由此可见,人类于不同地区进化的说法是难以成立的。

1987 年,已故的艾伦·威尔森和加利福尼亚大学伯克利分校的同事利用 mtDNA 来指认人类祖先的出生地。他们比较了世界各地妇女的 mtDNA,发现非洲血统妇女的 mtDNA 的差异性是世界其他地方妇女的两倍。由于这种能说明迁徙的变异的出现频率似乎是稳定的,那么现代人类在非洲生活的时间一定是在其他地方的两倍。其后的基因分析证明地球上任何两个地区人的基因差异都大于任一地区与肯尼亚人类发源地人的差异,耶鲁大学遗传学家 K. 基德说:"世界上其他地方的基因组成只是非洲基因的一个子集。"这又从科学上为人类来自东非大裂谷的肯尼亚提供了无可辩驳的证据,由此可见人类有共同的起源,也应有共同的文明。

## (二) 现代人类是从哪里来的

猿人头盖骨化石最早是在中国发现的。1929 年 12 月 2 日下午 4 时,中国的古人类学家裴文中先生等人在北京西南 48 千米周口店的山洞里发现了北京猿人的头盖骨化石,他们生活在距今 50 万年的时代,并在那里至少生活到距今 24 万年的时间,当时,该发现在世界上引起轰动,"北京猿人"被确定为最早的人类即直立人。此前,早在 1891 年荷兰医生杜布瓦(E. Dubois)在印度尼西亚的爪哇发现了更早的猿人头骨化石,距今大约 100 万年之久,被称为"爪哇猿人",但没有发现它的头盖骨,它是猿还是猿人,至今仍有争议。

但是,不久以后在非洲发现的直立人的生存年代大大早于北京猿人,北京猿人也被改名为北京人,科学研究已经不再依赖北京人获得直立人的信息,北京人化石的作用也大大降低。

1931 年利基博士夫妇在肯尼亚北部的图尔卡纳(Turkana)湖附近发现了更早的猿人头骨化石,距今约 200 万年之久,据目前现代科技的最新手段测定,准确数字为188万年。人与猿最重要的差别在于大脑,因此头盖骨是判断猿和人的最有力证据。

图尔卡纳湖在肯尼亚西北与埃塞俄比亚交界处,原名卢尔多夫湖,是英、德争夺肯尼亚时用奥地利王太子的名字——卢尔多夫命名的,1975年改用湖边马赛族的图尔卡纳部落的名称命名,因此以前都说人类起源自卢尔多夫湖。此后,尽管人们在不同的地方又发现了猿人的头盖骨化石,毫无例外年代都迟于肯尼亚猿人化石,没有比它更早的了。因此,肯尼亚猿人,就是迄今为止公认的人类所发现的最早的猿人,即直立人。

为什么唯独肯尼亚图尔卡纳的猿人进化了呢? 其一是那里原来有猿人。其二是那里发生了长时期的气候干旱的变化,森林大面积蜕变为草原,热带森林开始容不下众多的猿人,它们不得已走向草原,就没有必要爬行,而需要直立行走,使视野更开阔,且增加了脑容量;就没有足够的食物,而需要更高的捕猎技术,并创造工具,不断进化。据作者的世界考察,在世界上再没有看到大面积的类似地区。

所以极端的环保主义提出"回归自然"也是不科学的,"自然"怕是回不去了,人就是由森林蜕变为草原而产生的,要过量增殖森林,人到哪里去呢? 又走回去吗? 在温带一般森林覆盖率达到25%就能保障生态系统平衡,使人与自然和谐发展了,这就是今天的生态文明。

到过肯尼亚的大概没有人不相信最早的人类出自肯尼亚。肯尼亚草原宜人的气候、丰富的物产、开阔的视野正是猿向人进化的必备条件。当作者驱车在肯尼亚草原上奔驰的时候,一望无际的绿色原野给人提供了极其开阔的视野。当你极目四望的时候,你会相信:人类不出自森林,而出自草原,因为只有草原才需要有开阔的视野,需要直立行走。当看到路边的香蕉树时,更让人想到这里给人类进化提供了最好的食物。人类刚刚直立行走时,没有工具,或工具极其简单,捕捉野兽的能力大大降低,猿人可能没有足够的动物食品,这对脑的发育是很不利的,会妨碍人类的进化。而香蕉是常见水果中蛋白质和脂肪含量最高的,肯尼亚草原随手可得的香蕉无疑大大帮助了猿人的进化。

　　肯尼亚大草原的气候更是得天独厚,5月份作者一路乘坐无空调的汽车在骄阳下前进的感觉也比较舒适。肯尼亚草原虽地处赤道,但又在海拔1000米以上的高原,最低气温是14℃,穿单衣不觉太冷,而最高气温是22℃,穿单衣也不觉热。作者考察期间,每天夜间一场雨,白天艳阳高照,气候湿润,且不因风雨耽误任何行程。这样温和、干湿适中的气候非常有利于人类的进化。

　　站在广阔浩袤、一片碧绿的非洲草原上,想到远古,看着今天。人类出自绿色,不珍惜绿色,发展到厌恶绿色,一些皇帝要黄土漫地,石砖砌园,到今天人们又以“绿色”为时髦,不但有绿色公园、绿色食品、绿色技术,还有绿党。人类出于自然,恐惧自然,又肆虐自然,改造自然;“与自然和谐发展”应该是最科学的口号。

　　从脑容量可以最清楚地看到从猿到人的进化过程。埃及古猿目前已灭绝,它的脑容量与黑猩猩(400毫升)差不多,是500毫升;最早的能人大约生活在距今600—700万年前,脑容量依其时代早晚在550～750毫升之间。最早的直立人大约生活在距今188—200万年前,脑容量大约是1000毫升。前期智人生活在距今25—5万年前,脑容量大约是1500毫升,与现代人类相差不多了。

　　人类是188万年前从东非大裂谷走出的已是定论;现代人是否于约10万年前从东非大裂谷再次走出,还有争论,但这一争论并不影响以后的讨论,即人类是如何走遍世界的。

## (三) 人类是如何走遍世界的

　　人类是如何走向世界的呢? 作者根据世界文明史做了一个假想,这一假想的依据:一是本人游历过这些地方,眼见为实;二是参考了所能找到的考古发现作为依据。人类扩散的路线大致依如下路径进行:

　　古人类从发源地肯尼亚西北的图尔卡纳湖向北行进,沿尼罗河的上游支流越过苏丹而进入埃及,到达埃及古文明的发源地,从埃及沿尼罗河走到地中海。由于猿人是由生活在内陆的古猿演变的,它们恐惧水而沿地中海岸进入亚洲,到达两河古文明的发源地——底格里斯河与幼发拉底河。从这里向西又是海,尽管博斯普鲁斯海峡窄处不到1千米,但对原始人来说还是天堑;向北是寒冷的高加索山脉,不是来自热带的原始人在短时间(几百年以上)能适应的;再要开拓只能向东,越过不太高的伊朗高原就到了印度河,到达了印度河与恒河文明的发源地。沿恒河很容易就会到达东南亚,从缅甸、老挝和越南进入中国的南方,到达了中国文明的发源地。古人类完成了它们远在人类古代文明形成以前到古文明发源地的旅行,奠定了人类古文明发源的基础,这一过程长达百余万年,但是与后来人类古文明出现的地点和时间顺序是如此惊人的一致,应该是很能说明问题的。

为什么直立人的迁徙只向北走而不向南走?实际上迁徙是既向北走也向南走的,同时还从东向西迁徙。但是向东和向南走的直立人都没有追求的目标,而且到达的地方与以前的生活条件近似,因此它们停止了前进,也没有进化到智人。

有人提出异议,中国的文明不是由南向北发展的,恰恰相反,是由北向南发展的。按原来的华夏文明发展考证,的确不符合上述路径。而近年来新的考古发现,浙江的河姆渡文化、四川的三星堆文化都早于北方的中原文化,而这些新发现都说明中华文明实际上是由南向北发展的。

对于直立人的进化可总结如下(见表2-1)。

表 2-1　直立人进化的总结

| 时　间 | 人类名称 | 考古证据 | 迁　徙 |
|---|---|---|---|
| 约 200 万年以前 | 猿人 | 肯尼亚 北部 塞伦盖蒂平原的莱托里,<br>埃塞俄比亚 南方 奥杜威峡谷的鸟类和舜谷拉岩层 | |
| 约 188 万年前 | 直立人 | 肯尼亚 北部 图尔卡纳湖<br>坦桑尼亚 奥杜威峡谷 | 从非洲东部走向世界 |

| 时　间 | 人类名称 | 考古证据 | 迁　徙 |
|---|---|---|---|
| 约 188—25 万年前 | 能人 | 印度尼西亚 爪哇 约生活在 100 万年前，<br>北京周口店约生活在 50 万年前 | |
| 约 25 万年前 | 智人 | 广西 曲江区（约 20 万年前）等世界各地，后均灭亡 | 大约于 3—15 万年前再次从东非走向世界 |
| 约 25—5 万年前 | 早期智人（砍打制旧石器） | 陕西大荔县 | 约 10 万年前到亚洲 |
| 约 2.5 万年前 | 晚期智人（磨制新石器） | 世界各地 | 约 5 万年前到澳大利亚，约 4—5 万年前到欧洲，<br>约 1.5 万年前到美洲 |

目前的流行观点认为，20 万年前非洲出现智人，直到 6 万年前，他们一直生活在那里。但是一些新发现说明，大约 13 万年前智人就从非洲走出。

2014 年 7 月美国夏威夷大学马诺分校的克里斯托弗和中国广西民族博物馆的王頠研究了来自中国广西一个洞穴的两颗牙齿，一颗牙齿肯定属于一种早期智人。这些牙齿出现于 12.5—7 万年前。

以色列发现的一些智人遗骸可追溯到 15 万年前。

德国蒂宾根大学的卡·哈尔瓦帝将东南亚本地人的基因组植入一个迁移模型，发现对有关遗传学数据最好的解释是，人类在约 13 万年前大规模离开非洲。

## （四）现代人类为什么要走遍世界——去找太阳

古人类的主流——可谓"时代的潮流"一直在走，没有停留在适于他们生存的地方，而且大方向一直是东方，为什么呢？去追太阳，去找光明。

### 1. 现代人类走遍世界

作者的这一分析是在 1996 年去过肯尼亚后做出，在 2003 年以文字形式发表的。没想到，2006 年发表在《华夏人文地理》第 3 期上的 J·施里夫的文章提出了与作者假设极其近似的非洲原始人走向世界路线的科学研究结果,他们研究的是东非现代人自 10 余万年前的再次走出。

这一分析中可能有许多问题,现仅择其主要几个分析。

① 基因科学分析表明,现在的人类都是大约 5 万年前到 1 万年前的晚期智人的直接后代,即属于同一物种,脑容量已十分接近;而不是 188 万年前的、刚刚能直立行走的直立人的直接后代,晚期智人的迁徙路线不等于直立人的迁徙路线,但是,很可能是一致的,候鸟的迁徙就是佐证。很可能从前期智人到晚期智人是一波又一波地、按基本相同的路线间歇地迁徙的。如是,就与上述说法吻合了。国外评出的 2007 年世界科技十大成果中就有一项"人类走出非洲的证据"。考古学家对 1952 年在南非发掘出土的一个古人类头骨化石重新分析,发现它距今已有 3.6 万年,前后误差在 3000 年左右。将它与在欧洲、东亚、澳大利亚发现的人类头骨进行对比,再次认定现代人类是在大约 6.5—2.5 万年前"走出非洲"的,这是一波波"走出非洲"理论的又一个确凿的化石证据。

② 目前,连国内学术界的主流也认为北京人不太可能是中国人的直接祖先,现代人是约 20 万年前在非洲出现的,并于约 13 万年前再次从非洲走向世界。这种推测也找到了基因证据。科学家计算出,所有现在的人类都与一位妇女有关,这位"线粒体夏娃"生活在大约 15 万年前的非洲,她并不是当时唯一的妇女,而且距现在年代较近。但如果基因学家是正确的,那么所有人类都通过一条没有中断的母系遗传链与这位"夏娃"联系起来。很快,在"线粒体夏娃"之后又有了"Y 染色体亚当",也就是同样意义下所有人类的父亲,而他也来自非洲。

据在以色列卡夫扎发现的 9.2 万年前的人类颅骨表明,非洲人大约于 10 万年前走入亚洲。蒙戈湖的化石表明现代人沿亚洲南海岸于 5 万年前到达澳大利亚。而基因分析表明西欧人可能是在距今 4—3 万年前从中亚迁徙到那里定居的。基因证据表明,现代人到美洲的时间是大约 1.5 万年以前。

③ 美洲人是怎么走过去的呢？古人类去美洲,作者同意是从 1 万年前冬天被冰封使西伯利亚和阿拉斯加相联的白令海峡走过去的,因为那时人类经中国北方和蒙古的长期锻炼后已经十分耐寒。

## 2. 古人走遍世界是去找太阳

2007 年,作者又综合上述结果做了进一步研究。非洲的现代人为什么要向世界各处走呢？是什么动力驱使他们不避千难万险,克服一切艰辛走遍全球呢？为什么他们在到了条件明显不如以前的地区继续向前走而不退回原处呢？

从研究他们向世界扩散的路线,作者提出了一种假说,得到了包括专家在内的几乎所有听到的人的认同。这种假说就是现代人的智力已经相当发达,他们已经有了追求,成为真正的、为追求而生存的“人”。在没有渡海能力的条件下,去寻找不落的太阳,寻求光明。所以中国称“文明”是十分有道理的,“文”就是文化,而“明”则是光明,以光明代替黑暗,以文化代替蒙昧,从表面的“明”到内心的“明”。

现代研究结果表明,原始人向世界扩散有两条主线。一条是九曲十折永远向东的路线,去找太阳升起的地方。他们从起始点就开始向东,由于东非高原的阻拦他们只得沿尼罗河谷向北,然后又转向东方,进入亚洲。克服了阿拉伯半岛北部荒漠的干旱而到达水肥草美的美索不达米亚平原,但在这里他们并没有停住脚步,又向东走上了荒凉的伊朗高原。随后到达自然条件好的印度河流域,仍不停步向东越过印度中部的荒凉高原到达自然条件比人类起源地区更好的恒河流域。他们仍没有在这里止步,继续向东,遇到中印半岛横断山的阻拦只得向南,到中印半岛的南端后分成两路继续向东,一路向东北去中国,另一路向东南去印度尼西亚诸岛。

去中国的一路无力渡海只得向北,我国已经有了比南方人类遗迹更早的考古证据。到达北京附近的猿人因东北气候太冷而停顿,这可能是北京猿人留下较多遗迹的原因。但猿人仍不放弃向东的念头,于是在适应寒冷气候以后,克服冰天雪地的困难渡过了当时被冰封在一起的白令海峡,到达了美洲。横跨美洲大陆后又遇到了海洋,无法向东,因此停留。考古证据表明,美洲的原始人向南扩散的速度明显减慢。去印度尼西亚一路由于当时南海很浅、各岛相连得以继续东进,到了毒蛇猛兽横行、瘴气瘟疫肆虐的印尼诸岛的最东端,但仍然没有找到太阳升起的地方。

现代人向世界扩散的另一条次要路线是去欧洲。为什么现代人在向东到了中亚以后折回向西了呢?据推测主要是由于当时遭遇冰河期,而向西南走地势低较温暖,向东北走则地势高而寒冷。他们到了欧洲为什么向北呢?原因可能是他们在这里发现了一个现象,即越向高纬度走夏天的白昼越长,很像是一个太阳落下了,而另一个太阳就升起。于是他们仍是抱着走向太阳,寻求光明的目的,就向北去找有两个太阳的地方。走到小亚细亚半岛后又遇到黑海,就近折向西(可能曾向东试探,被高加索山所阻),从当时可能连接的达达尼尔湾海峡进入欧洲。先是到达德国,这就是德国中南部留下较多古人类如海德堡人和尼安德特人遗迹的原因。此后他们又向北欧进发,从当时可能连接的丹麦诸岛进入斯堪的纳维亚半岛,终于找到了白昼——有两个太阳的地方,这个神话一直被斯堪的纳维亚人信奉到 19 世纪。

这种假说有以下几个要说明的问题:

① 原始人找太阳是十分自然的,因为太阳给他们带来的是温暖、食物、安全和光明,作者曾在非洲丛林旅行,夜幕降临后的凄冷、无助、恐惧和黑暗,对现代人也是极大的威胁。

② 上述迁移是在 10 余万年的时间内完成的,在某一个地方的停留就可能长达万年,在如此长的时间中可能已经形成不同的人群,如有的留在原地、并未东寻,从而形成不同的人种,但都带着非洲原始人的基因。

③ 人类到了美洲以后,在美洲东海岸又遇到了大洋,无法继续向东,停止了向东的脚步,但是古人为什么没有停留在北美宜居的地方而转向去南美呢?应该说这是人类的探索与创新精神所致,希望继续发现新事

物。但是,在这一迁移中,人类也没有忘记找太阳、寻求光明的使命,从美洲最古老的印加帝国在海拔高达 3400 米的秘鲁库斯科建城居留可以看出。为什么要在这样空气稀薄不宜居住的地方长期居留下去呢?可能是因为这里是赤道附近的最高处,距太阳最近。

④ 原始人在百余万年中不忘东寻光明的初衷,一方面可能是不断产生这种需求,另一方面更可能是因为原始人已经是"人",可以世代传承理想和知识,寻求光明这一伟大目标就成了人类克服一切艰难险阻而进化的动力,这是今天的人类永远不应忘记的,也是我们从这一假说中最值得汲取的。

⑤ 当然,原始人的迁移并不只是向东寻求光明这一单一目标,被环境所逼迫,发现新事物和各种目前未知的原因都是他们迁移的动力之一,因此,人类如何到达西南非、西欧和澳大利亚等地都是可以解释的。

# 二、为什么若干古文明灭亡,而中华文明延续

历史上多种灿烂的文明都夭折而未能延续,这是令人遗憾的事,因此每个中国人都有责任使一直延续的中华文明可持续发展,这是"中国梦"极其重要的一部分。

在人类不断发展的过程中,有文物可考的在 7000 年前开始创造了文明,但是,埃及的古文明、巴比伦的两河古文明、印度的古文明和美洲印第安人的古文明为什么都最终毁灭而产生了断代呢?仅以埃及古文明为例来说明问题,主要原因是缺乏必要的知识。

## (一) 埃及法老王国及其民族的消失

历史上把古埃及的法老王朝分为早期王朝、古王国、中王国、新王国和末期王朝五个阶段,统治埃及达 3000 年之久。

早期王朝从美尼斯统一埃及的公元前 3100 年开始,到公元前 2705 年结束,共有第一和第二两代王朝共 14 个皇帝。这时就出现了头上有双羽毛的鹰象征王权,在公元前 2500 年制作的金光闪闪的双羽鹰就陈列在开罗的埃及历史博物馆中。

自公元前 2705 年到公元前 2061 年是古王国,共有第三至第十一共 9 代王朝 43 个法老。古王国开始定都孟菲斯。从公元前 2750 年开始在孟菲斯附近的萨卡拉(sakkara)建造金字塔,比吉萨胡夫的大金字塔早大约半个世纪。第四王朝(公元前 2630 年—公元前 2524 年)是大建金字塔之时,胡夫、哈夫拉和门卡乌拉祖孙三代先后落成了吉萨三座大金字塔。在公元前 2181 年爆发了第一次奴隶大起义。

自公元前 2061 年至公元前 1560 年是中王国时期,自第十二至第十七共 6 代王朝,78 个法老,由底比里斯王门图霍特普二世重新统一了埃及,自第十三王朝即公元前 1784 年起定都底比斯,即世界闻名的卢克索。中王国在定都卢克索后出现了一个奇迹,在 116 年里有 65 位法老在位,平均每人不到两年,可能当时在法老家族中已经发生了遗传性疾病。

自公元前 1560 年至公元前 767 年是新王国时期,自第十八至第二十四共 7 代王朝,37 位法老。公元前 16 世纪在位的、法老时代唯一的女王哈特谢普苏,公元前 13 世纪在位的、墓葬得以保存的小法老图坦哈蒙,国力强大、大造方尖碑和狮身人面像的拉美西斯二世都是这期间的著名法老。拉美西斯二世期间不断与巴比伦的赫梯人作战争夺叙利亚与巴勒斯坦。大约在公元前 1320 年拉美西斯一世的时候,首都又迁回孟菲斯。新王国晚期法老王国已极度衰落,曾被利比亚人统治。

末期王朝自公元前 767 年到公元前 525 年,只有第二十五和第二十六两代王朝共 11 个统治者。此时,正值我国春秋时期。至公元前 332 年希腊马其顿国王亚历山大击败波斯军队占领埃及,埃及成为亚历山大帝国的一部分,法老时代就彻底结束,在埃及的土地上开始了希腊时代。此后 110 年,秦始皇统一中国,开始了世界历史上的第二个大帝国。

　　建造金字塔的法老王朝为什么会灭亡呢？

　　从公元前3100年到公元前332年，古埃及在长达2800年的时间里，建立了庞大的帝国，形成了发达的经济，造就了令人惊叹的文化。在这段时间内法老王国一直是世界上最强大的国家，这样一个帝国为什么覆灭了呢？法老为什么消失了呢？根据作者对埃及历史的了解和基于多学科知识的分析，可能主要有以下几个原因：

　　一是法老骄奢淫逸，横征暴敛，连年征战无度，超过了国力的许可，从而使国家极度虚弱，到法老时代末期已经不堪一击了。先是被弱小的利比亚人击败，又被原为奴隶的努比亚人击败，接着被亚述人、波斯人和希腊人击败，在长达500年的时间里，国已不存。国既不存，民将焉附？20代人的时间，足以毁灭一个民族。

　　二是尽管法老时代有当时世界上超群的科学技术，却没有生态学知识，古代法尤姆洼地、故都孟菲斯和卢克索的兴衰，都说明当年法老在自然生态十分脆弱的大沙漠中盲目扩大绿洲，最后因缺水不得不退回尼罗河谷地和三角洲，这种大折腾，必然使大批平民失去生存基础。

　　三是从金字塔和卢克索神庙的建造来看，法老是支持应用当时出现的高技术的，也是尊重科技人员的，在最古老的萨卡拉金字塔边有总工师的墓穴可为证。但是，这种传统没有继续下去，象形文字只记述了法老的生活和王朝的战争，却没有记录和传承这些至今不可思议的、高超的加工、运输、建筑涂料和防腐等技术，因此未能使生产力进一步得到发展。

　　四是各学科知识发展很不均衡，当时已有高超的解剖技术，还有避孕套，却居然一直不知道近亲通婚的灾难。拉美西斯二世的数十个妻子中竟有自己的妹妹和女儿，皇帝如此，上行下效，必然给民族带来灭顶之灾。或许不是完全不知道，而是完全不受伦理道德约束，那么这种文化真是远远落后于千年以后的中国文化，其后果也是必然的。这一条可能是古埃及法老文化灭亡的最重要的原因。

　　以上只是个人分析。还可能有多种原因，上述四条中也可能有的不同于世界上成千上万的古埃及研究家的成果，还是等进一步考古发现来证明吧，考古成果是检验历史解说的唯一标准。

## （二）中华文明是世界上留存最久的、未曾中断的文明吗

在世界古文明巴比伦、埃及、印度、中国、希腊和罗马之中，有多少中断与消失的文明呢？中华文明是世界上留存最久的未曾中断的文明吗？这种说法沿袭已久，但也有异议，并未曾科学地论证。

说中国文明"未曾中断"基于以下两个原因：

首先，中国是一个多民族的国家，因此排除了少数民族入主中原造成的传统汉政权的中断。

其次，排除了主体汉文化传统的暂时断裂。① 少数民族入主没有导致中原民族主体语——汉语文的根本改变；② 以传统汉语言写成的古典文献延绵不绝，保存至今；③ 由于传统语言及古典历史文献的保存，其所承载的历史、文化和价值观得以保存与延续。

国际学界对古埃及和古巴比伦文明的中断是没有异议的。

那么印度的传统文化是否消失了呢？印度没有像中国那样留下成系统的古典文献。经典作品《罗摩衍那》和《摩诃婆罗多》是传承至今但还构不成体系的历史文献。同时，印度的古梵文与今天印地语的差异较中国古文与现代中文（尤其是汉字简化之前）的差异大得多。所以印度不存在中国这样的文明传承。

希腊文明的确是传承至今的古文明，其历史可以从公元前1600年操希腊语的亚加亚人进入南希腊算起，但较中国的历史短。公元前2世纪初希腊被罗马所征服，但罗马人并没有强迫希腊人放弃自己的语言。希腊文明非但没有消失，更以其先进性征服了罗马人，希腊语作为民众语言也没有中断。但现代希腊人阅读古老的《荷马史诗》，在难度上比中国人阅读《论语》等古典作品更大。

所以，纵观世界历史，中华文明是世界上留存最久的、未曾中断的文

明是成立的,这不仅是我们引以为荣的骄傲,更为重要的是我们必须传承祖先的文化传统和科学知识,这就是"中国梦"的科学依据。

# 三、人类文明的标志:"科学""知识"和"信息"

人类的文明史就是懂得采集信息,不断积累知识,自觉研究科学的历史。

人类文明的标志是文化和知识,而知识又可以分为"科学""知识"和"信息",它们在人类文明的不同阶段都有不同的内容和发展。这里以现代的观点做一解析。

## (一) 什么是科学

《现代汉语词典》中解释为:"科学是反映自然、社会、思维等的客观规律的、分科的知识体系"。《牛津高级英语词典》上的英文解释是:"科学是由对事物的观察和实验而得到的按有序方法组成的知识"。法语、俄语和西班牙语等联合国语言对"科学"的解释大同小异,在这里就不一一列举了。

作者于 20 世纪 80 年代初在联合国教科文组织(UNESCO)科学与技术部门工作时就对科学给出了自己的定义:科学是有序组织的分科知识。对某一事物的科学的知识就是能够回答"是什么(what)""怎么样(how)""为什么(why)""在何地(where)"和"在何时(when)"全部五个"W"问题的知识。

### 1. 科学的特征

科学有什么特征呢? 或者说如何鉴别科学与非科学呢?

(1) 实践是检验科学的唯一标准

实践是检验真理的唯一标准,也是检验科学的唯一标准。有人说只有通过无穷多次反复检验才称得上科学。首先无穷多次就是个不科学的概念,谁都无法看到无穷多次检验,那么每个人都不可能掌握新科学了?根据统计规律,被 200 次以上的实验反复证明了的,而在其后不被否定的就是科学。

（2）科学具有一元性

对于某一事物,科学规律是唯一的,迄今为止同一事物的基本规律可以是各学科的合成,但只有一个,不可能有两种规律。

（3）科学具有不矛盾性

对于某一事物,其科学解释不能与已被证明的其他科学规律相矛盾,如果矛盾,只能说明它是错的。

**2. 以东非智人是现代人类祖先为例说明什么是科学**

以下用现代人起源的例子来说明上述观点。

我们分析的科学命题就是“现代人都是 188 万年前从肯尼亚东非大裂谷走出的智人的后代”。在这里我们已经了解 5 个 W。我们知道,是什么——智人和现代人;我们知道,怎么样——智人经过 188 万年走遍世界,进化成现代人;我们知道,为什么——因为东非智人有被发掘的颅骨实物在肯尼亚,而 21 世纪的基因分析证明,今天世界上人种的基因都与东非智人最接近,而非任何其他人种;我们知道,什么地点——从肯尼亚东非大裂谷走遍世界;我们知道,什么时间——从 188 万年前到今天。

从科学的特征来看,对这件事的判断符合全部所有三个特征。首先,是基因比较已经做了数以千计次,可以多次重复。其次,我们肯定现代人都是从东非走出的智人的后代,不存在从各地分别进化的可能。最后,现代人是从各地分别进化的解释是违反已被证明的其他科学规律的,而非洲走出说不违反。从数学上看,在近 200 万年的时间内,各地分别进化成同一现代人的概率为几十亿分之一,若进化程度不同,则现代的不同人种有优势之分,这显然不符合事实。从动物学上看,马与驴、狮与虎分为两个亚种不过十几万年的时间,杂交已不能繁衍后代,而黄、白、黑和棕各人种均可混血繁衍。

是人而不是猿的科学标准是大脑容量，只有找到颅骨才是充分证据；找到石器不是充分证据，因为你无法证明在同一地点出土的石器正是你指的"人"使用的，因为地表层变动很大，很可能是其他"人"使用的。

这个事例说明了科学的特征。首先，有物证，就是颅骨。而现代DNA技术又证明他是人类的祖先。其次，它是唯一的。迄今还没有发现同样的、更早的证物。如果发现了并经证实，我们应该承认。最后，它不与现有的科学规律相矛盾。

## （二）什么是知识——关于知识的 6 个"W"和 1 个"Q"

地球上的生物只有人类才有文明，为什么只有人类才有文明呢？因为人类与动物有本质的区别。最本质的区别在哪里呢？

人与动物最本质的区别，就在于人能积累经验，形成知识；而动物只能形成条件反射——或许可以称为"最初级的经验"。可以说，自人类产生就有了知识，知识随人类的进化而积累、发展和创新。究竟什么是知识呢？《现代汉语词典》中解释："知识是人们在改造世界的实践中所获得的认识和经验的总和。"《牛津高级现代英语字典》解释："知识是在实践中接触到的信息，了解和懂得的事物。"

16 世纪末，英国著名哲学家培根（1561—1626）提出"知识就是力量"，培根把知识与农业经济的第一要素——劳力联系起来，不仅树立了"知识"在农业经济中的地位，也为知识在那个时代的新经济——工业经济中的地位奠定了基础。亚当·斯密（Adam Smith，1723—1790）于 1776 年在他的代表作《国民财富的性质和原因的研究》中写道："这些才能，对于他个人自然是财产的一部分，对于他所属的社会，也是财产的一部分。"亚当·斯密把知识与工业经济的第一要素——资本联系起来，提出了"知识资本"的概念。20 世纪末，"知识"不仅是力量，不仅是资本，而同时又是超乎力量与资本之外的，凌驾于劳力和资本之上的第一生产要素，因此"知识"被赋予了全新的含义。对于"知识"认识的这一质的飞跃,或者说这种崭新的"关于知识的知识"就是知识经济的理论基础。

"知识"这个词的产生已经有几千年的历史,直至 20 世纪末,经合组织才从知道"是什么""为什么""怎么做"和"谁会做",即取 4 个英文字头的 4 个"W"做了定义。作者又增加了"在何处""在何时"和"是多少",即 3 个英文字头的 2 个"W"和 1 个"Q",总合为 6 个"W"、1 个"Q"。当然,并不能说不满足 6 个"W"和 1 个"Q"的就不是知识,但是作为人类科学认识世界可持续发展的基础的知识,是应该而且必须朝着这个方向完善和创新的。

### 1. 知道是什么(know what)

要认识一个问题,首先要对这个问题给出明确的定义,其次要确定什么是你讨论问题的范围,问题的范围确定了,才能谈得上求知。道理十分简单,你都不知道要讨论什么,还谈得上要知道什么吗? 这个问题说起来简单,实则不然。比如,我们目前大谈"知识经济",又有多少人真正搞清了"知识经济"的意义和"知识"包含的内容呢? "是什么"是关于事实方面的知识,是同类信息的归纳,并可以分解为信息单位——比特(bit)。对于"是什么"知识的欠缺,必然会造成决策的不确定性,例如"知识经济是不是等于高技术产业?"

### 2. 知道为什么(know why)

在确切了解问题是什么以后,就应了解问题发生、发展和变化的机理,也就是原理和规律性方面的知识,或者叫理论,所谓"知其然而不知其所以然"是无法解决问题的。这种理论知识由大学、科研机构或企业生产,把它们编码,提供给经过训练的用户。例如,"知识经济"是我们目前的热门话题,那么"知识经济"的原理又是什么呢? 为什么它是一种不同于农业经济和工业经济的新经济呢? 对于"为什么"知识的欠缺,必然会造成决策的盲目性,例如"不问条件地全面发展知识经济"。

在计算机、数据库和信息网络如此发达的今天,对于大部分问题而言,"是什么"和"为什么"都已经是显性知识,或者叫编码知识,可以在计算机中轻易查到,因此已成为解决问题的知识的初级阶段。在这里"理论"已经成了"初级知识",这就是时代的变化,这也是"知识经济"产生的基础。

### 3. 知道怎么做（know how）

在了解了事实和理论之后,要解决问题必须有解决问题的技术和能力,也就是针对一个具体问题的方法、技术和诀窍。否则调查研究、了解情况、深入全面学习理论也解决不了具体问题,这种知识是没有用处的。例如:对于遭到破坏的生态平衡,是重建还是恢复,不知道怎么做就会束手无策。对于"怎么做"缺乏了解,往往使我们的对策像一个号召性的文件,缺乏具体办法和可操作的措施。发展知识经济也必须有全面具体的办法:高技术产业如何发展？ 条件具备的地方如何发展？ 条件欠缺的地方如何补足？ 传统产业如何改造等。不知道怎么做,也就提不出发展知识经济的对策。

### 4. 知道谁会做（know who）

当我们在探索怎么做的过程中遇到问题的时候,必须向专家请教,向专家请教的前提是"知道谁会做",也就是该请教真正的专家。对于任何一个新事物,都有相应的专家,在知识如此浩瀚、变化如此迅速的今天更是如此。例如谁有"知识经济"的知识？ 工业经济的专家不一定有"知识经济"的知识,农业经济的专家更不一定有"知识经济"的知识,不找到真正的专家,就难以提出正确的发展"知识经济"的对策。

以上两种知识属于隐性的知识,是书本和计算机中找不到的非编码知识,也是在学校和培训中得不到的知识。这种知识只能在社会实践中,向专家、学者、师傅学习,只能在自己创造的特殊的工作和教育环境、专门的研讨班中学习。

### 5. 知道在何处（know where）和在何时（know when）

在了解了怎么做和遇到了问题向谁请教以后,就开始了自己解决问题的过程。尽管已经获得了显性的和隐性的、编码的和非编码的知识,但那毕竟是知识;尽管已经了解了诀窍,那毕竟是别人教的;尽管已经请到了老师,他毕竟没有解决过你要解决的这个具体问题(即使十分类似,也不可能百分之百一样)。

因此,你在解决问题的过程中必须创新,拿出你要解决的、发生在特殊地点和特殊时间的问题的具体方案,即使和原设计方案极其相近,也不可能完全相同,那一点点不同就是你的创新,这就是知识经济发展的原动力。例如 2005 年在北京开发高技术产业和在巴黎开发高技术产业的策略不会相同,而 2005 年在北京开发高技术产业和 2000 年在北京开发高技术产业的策略也不会相同。

### 6. 知道是多少(know quantity)

在了解了解决问题的时间和地点之后,还必须尽可能地定量化。定量化是确立一个事物本质的关键,所谓对一个问题"心中有数"就是这个意思。只要一个解决方案能够定量了,它就是一个全新的事物了,因此,这也是创新的关键。例如 2005 年在北京开发高技术产业,有多少风险投资?什么样的产业结构?形成多大的产业规模?有多大的预期市场?不解决这些问题,高技术产业就无法合理开发,知识经济就不可能正常发展。

由此可见,全面了解 6 个"W"和 1 个"Q"的知识才是发展经济的完全的知识,也才是"知识经济"发展所要求的知识。

## (三) 信息、知识和理论之间的关系

知识是人类对客观世界的认识,人对世界的认识是由表及里、由此及彼地进行的,因此知识也是有层次的。信息、知识和理论就是知识的不同层次。

外部客观世界中的原始资料可以称为"数据(data)",它是外部世界中的客观事物,其存在不依赖于人类对它是否认知。

　　作为外部世界中的客观事物的数据被人感知后,无论是自己感受到的(直接经验),他人告知的(间接经验),还是通过计算机处理得到的,都成为信息(information)。按 6W1Q 定义,信息还不能算是真正意义上的知识,因为只是"知道",尚未"识别",或者最多算成最初级的知识。信息一般是没有经过组织的,非系统、表面化的。目前千家万户在个人计算机上通过按键,利用互联网获取资料,就是获得了信息,或者叫知道了信息。人要摄取信息并相互交流,但掌握信息并非目的,而是为了变为自己可以利用的活的知识。

　　人们在获得信息、占有资料的基础上进行规范的整理,或者利用计算机进行处理,从而进行去粗取精、去伪存真、由此及彼、由表及里的分析,信息就提升为知识。目前,计算机的系统软件及各种应用软件提供的内容,就可以称为知识。

　　对数据的采集成为信息,对信息的加工就成为知识,或者叫知识创新。知识创新一般有两种类型,一种是产生前所未有的新知识;另一种是对现有的知识进行新的分类。

　　人们对知识进行由此及彼的递推和系统的归纳得出规律性的东西,就把知识上升到理论。理论也可以通过计算机编码表达,我们利用这些知识进行软件开发就是对理论的掌握与运用。

　　与知识相比较,理论有相对系统、规律、普适和能够重复验证的特性,因此是最高级的知识。知识的层次可用表 2-2、图 2-1 表示。

表 2-2　知识的层次

| | 内　涵 | 处理的程度 | 性　质 |
|---|---|---|---|
| 数据(data) | 原始资料 | 未经处理 | |
| 信息(information) | 消息 | 粗处理 | 不规范的、表面的、片面的,仅有外部联系 |
| 知识(knowledge) | 学识 | 精处理 | 规范的、深入的、较全面的,有内部联系 |

续表 2 - 2

| | 内　涵 | 处理的程度 | 性　质 |
|---|---|---|---|
| 理论（theory） | 系统的知识 | 提炼 | 全面的、系统的、规律性的、可重复验证的 |

数据　——采集→　信息　——归纳→　知识　——提炼→　理论

**图 2 - 1　知识的层次的发展**

　　信息、知识和理论是知识由表及里、由浅入深、由此及彼的三个层次，也是人类文明的升华。

# 四、人类文明的发展

　　人类文明的发展从另一种意义上来说就是，信息的丰富——大数据，知识的积累——知识经济和科学的发展——生态文明学。

　　自有人类文明以来，人的第一要务是生存，因此文明与经济是密切相关的，人类在求生存的过程中发展了文明，而文明又大大提升和丰富了人的生存手段——经济。迄今为止，人类文明经历了渔猎文明、农业文明和工业文明三个大阶段。现在正处于后工业文明走向生态文明阶段。

## （一）农业文明

　　农业文明始自人类文明之初，一直持续了几千年，直到 19 世纪（至今世界部分地区仍属劳力经济阶段）。在这一文明和经济发展阶段中，人们采用的是原始技术，用锄和斧等手工工具，主要从事第一产业——农业，辅以手工业。尽管在几千年中，科学技术有所发展，生产工具不断改进，但是直至工业革命之前，在世界上的大多数地区里，农业中仍然是几千年前就有的犁、锄和镰刀，手工业中用的仍然是几千年前就有的刀和斧，交通运输业中用的仍然是几千年前就有的马车和木船，因此，这些产业的劳动生产率主要取决于劳动者的体力。据统计,在低机械程度的条件下劳动力的体力支出与智力支出的比例约为9:1。

在农业文明阶段,生产的分配主要按劳力资源的占有来执行。尽管在少数人口密集的地区,如中国东南沿海、印度两河流域、埃及尼罗河流域、欧洲尼德兰地区和日本等地,土地的占有起重要作用,但就整个世界而言,生产的分配主要是按劳力资源的占有或通过土地来占有的劳力资源来进行的。世界上大多数地区的奴隶制度、农奴制或变相的农奴制度直到19世纪中叶才真正解体。

在农业文明阶段,广大人民生活十分贫困,遇到不可抗拒的自然灾害造成的经济危机,就到了缺衣少食的地步。在这一阶段,教育很不普及,文盲占大多数,文化只属于少数人,而这少数人才也难以流动。

## (二) 工业文明

18世纪人类经过工业革命进入了工业文明,21世纪人与自然和谐可持续发展成为人类的共识,人类进入生态文明。

工业文明史无前例地提高了生产的效率,但进入20世纪发生了资源耗竭、环境污染和生态系统退化的严重状况,人类是否能可持续发展已成问题。

相对于农业文明来说,工业文明是一种发展的新文明,但是发展过程中也出现了一系列的"非文明"问题。

### 1. 什么是工业文明

人类文明的发展主要经历了渔猎文明、农业文明和工业文明,目前正在向生态文明过渡。从农业文明到工业文明最重要的表象就是农业生产的"牧场"和"工场"变成了工业生产的"工厂",其推动力是科学和技术革命,了解牛顿力学、麦克斯韦电学、道尔顿化学和达尔文生物进化论的基本理论和瓦特蒸汽机、珍妮纺织机、哈格里夫斯车床和雅可比电机的基本知识,才可能办工厂。固守原来的农业思想,而不接受科学新思想的牧场主和工场主不会想，即使想也办不好工厂。英国的工厂始于18世纪末，大约到1825年初具规模，代替了"工场"，其特点是：

① 在一片具有基本条件的土地上，以前所未有的强度集中资金、资源和劳动力，从事相对专一的生产。

② 以机器代替人力。

③ 使用以煤为主的新能源、以钢为主的新材料和机动车辆、船只等新运输方式。

④ 千万农牧民离开自己的家园，成为工厂的雇佣劳动者，即农民工进城。

⑤ 资本在工业生产中的作用日益增大。

⑥ 工厂使城市形成和扩展，工人聚居。

与工厂化随之而来的是工业化和城市化。

## 2. 工业非文明

如果说以上带来的是经济与社会的良性发展——"文明"的话，工业大生产在创造了灿烂的文明的同时也带来了不少非文明的影响：

① 工厂的建立开辟了提高劳动生产率的平台，发挥了更广大人群的创造性；但是，资本的作用过大及工厂的机械的组织形式，限制了人深层次创造性的发挥。因此，工厂是以利润为本，而不是以人为本。

② 自工厂建立以后，机械化的生产模式和严格的分工使科学研究与经济生产日渐分离，延长了从科学创新到技术创新的周期，更大大延长了到产业创新的周期。

③ 工厂建立了与自然循环相违背的生产模式，即从自然界无尽地提取原料—粗放的大生产—向自然界无尽地排出废物；经过两个世纪，这种生产模式使得资源耗竭、环境污染和生态退化严重到了难以可持续发展的地步。

④ 由于空气、水和噪声污染严重，工厂甚至成为比"工场"更为恶劣的劳动环境，当然更无法与农场和牧场相比。

⑤ 由于农民急剧向城市集中,造成了严重的城市问题。

⑥ 由于分配不公造成严重的贫富悬殊,形成了"金领""白领"和"蓝领"的不同阶层。

应该说,这些工业非文明是现代社会的主要弊端。在 20 世纪初,工业文明的上述弊端愈演愈烈,自第二次世界大战以后,西方发达国家开始以"园区"等形式来解决工厂的问题,力图从工业文明向生态文明过渡。

## (三) 从"工业非文明"走向生态文明

工业文明在创造了文明的同时,也带来了不少非文明的成分,因此我们要走向新文明——生态文明。

生态文明阶段,经济发展主要取决于智力资源的占有和配置,即科学技术是第一生产力。

世界经济将在 21 世纪进入知识经济阶段。由于科学技术的高度发达,科技成果转化为产品的速度大大加快,形成知识形态生产力的物化,人类认识资源的能力、开发富有资源替代短缺资源的能力大大增加。例如受控热核聚变可以使"海水变汽油",大规模集成电路可以使"石块(硅片)变电脑"。因此,自然资源的作用退居次要地位,科学技术成为经济发展的决定因素。高新科学技术的发展带来的是一场经济生产的革命,继工业革命后的一次新的大革命。

由于对智力资源的掠夺已经难以通过战争来实现,随着智力经济的发展,避免世界性战争的可能性日益增加,"和平、发展和环境"将是世界上的头等大事,"可持续发展"已经逐步成为世界有识之士的共识。

科学技术——智力在经济发展中日益重要的地位是有目共睹的,但是,为什么要使用"智力经济"这种新的提法呢?

这是因为从经济生产的生产力、产业结构、技术结构、分配和市场等各个方面来看,在智力经济的发展中都出现了与资源经济阶段本质性不同的东西,因此,这是一种新型经济。

　　从生产力的要素来看,劳力、劳动工具和劳动对象都逐步退居次要地位,科学技术(包括管理科学技术)成为第一要素。

　　从产业结构来看,原有的第一、第二和第三产业的分类已经难以界定大批涌现出来的高新技术产业。如某些生命科学技术产业原理上属于第一产业——农业的范畴,但又和第二、第三产业相结合,因为它有物质产品,如软件磁盘,但又和原来的工业有本质的不同。这种高新技术产业可以称之为"第四产业",在智力经济中第四产业为四种产业之首。

　　从技术结构来看,以前"科学"和"技术"分离的概念已经不适用了,科学和技术已经彼此相连、密不可分,以前说"高新科学技术产业"是一个概念的错误,而现在已经在科学工业园中成为现实。

　　从分配来看,在世界范围内,按占有生产资料和自然资源分配为主的分配方式开始变化。这种变化可以从占有很少资料和自然资源却创造了最高产值和收入的高新技术产业中看出。

　　从市场来看,传统的市场观念开始变化。一是随着高新技术的飞速发展,宏观导向作用必须加强,否则不仅是阻碍智力经济进一步发展的问题,还可能出现像资源经济时期的战争一样的情况,给人类带来巨大的灾难。此外,静态的市场观念、占有市场份额的观念、仅从数量上扩展市场的概念都会产生相应的变化,例如,一件高新技术产品的价值可能千万倍于同样物质消耗的传统经济产品。

　　经济生产发生的这些巨大变化,最主要的原因是文明的发展,文化的普及,人民受教育程度的普遍提高。人才层出不穷,流动的自由度大大增加,在文学艺术大发展的同时,科学前所未有地发展,新学科不断出现,复合型人才大量涌出。例如生态学和系统论的出现,改变了人类对自然的看法,两者的结合又使人们有了与自然相和谐的手段。

## (四) 农业文明、工业文明和生态文明的比较

　　农业文明、工业文明和生态文明是文明发展的三个主要阶段,既各不相同又承前启后,为做到直观,列表加以说明(见表2-3～表2-6)。

## 表 2-3  三种文明比较表

| | 农业文明 | 工业文明 | 生态文明 |
|---|---|---|---|
| 起始时间 | 人类文明 | 工业革命(19 世纪中) | 新技术革命(20 世纪末) |
| 技术结构 | 原始技术<br>手工工具 | 中等技术<br>机械——自动工具 | 尖端技术<br>智力工具 |
| 产业结构 | 第一产业——农业劳动密集 | 第二产业——工业资源密集 | 第三产业与第四产业(高新技术产业) |
| 生产成果 | 产品 | 商品 | 用品+商品 |
| 分配 | 主要按劳动资源的占有分配,无社会保障 | 主要按自然资源的占有分配,社会保障系统逐步建立 | 按劳分配,社会保障在分配所占比重大大增加 |
| 资源 | 人类开发自然资源能力很低<br>人力资源相对短缺(争夺)<br>自然资源相对富足<br>智力资源有待开发 | 人类开发自然资源能力增强<br>人力资源相对富足(失业)<br>自然资源相对短缺(争夺)<br>智力资源开发不足 | 智力资源高度开发从而可以开发未认识的可用自然资源,并以富足自然资源代替短缺自然资源 |
| 危机 | 饥荒<br>成因:自然灾害 | 衰退<br>成因:经济失衡<br>自然资源短缺 | 失业<br>成因:劳力素质 |
| 人才 | 不流动 | 主要在国家范围内流动,农村→城市 | 在世界范围内流动 |
| 教育 | 文盲普遍 | 中等教育 | 高等教育 |
| 人民生活 | 贫困 | 温饱→小康 | 富裕 |
| 市场 | 对经济发展不起重要作用<br>自给自足<br>静态市场 | 对经济发展起决定性作用<br>流通经济<br>扰动市场<br>数量市场,占有市场份额是第一宗旨 | 对经济发展的作用有待研究<br>动态市场<br>质量市场,培养良性市场结构是第一宗旨 |

不同的文明都是人类文明,但其中又有差异。

表 2 - 4　不同文明阶段的文化差异

| 类　别 | 农业文明 | 工业文明 | 后工业文明 | 生态文明 |
|---|---|---|---|---|
| 特征及其指导理论 | 听命于自然宿命论 | 征服自然社会财富论 | 自然资源的节约、保护和循环利用系统平衡论 | 人、科学技术与自然协调系统平衡论 |
| 目标体系 | 个体温饱维持社会稳定 | 高增长、高消费,最大限度创造社会财富 | 现代全面小康社会 | 人、科学技术与自然可持续发展 |
| 价值观 | 节俭、服从 | 金钱至上、竞争 | 经济、社会与生态效益,人与自然和谐 | 知识创造人的全面发展 |
| 经济要素基础 | 劳力、土地、资源、宗教 | 劳力、土地、资本 | 劳力、资源、资本、环境、科学技术 | 劳力、知识(无形资本)、资源、资本、环境、生态 |
| 资源状况基础 | 农业资源循环与过度垦殖并存,自然资源开发能力低 | 掠夺性地开发自然资源 | 逐步提高的资源循环利用 | 生态系统均衡发展 |

　　在不同的文明阶段,人们对自然的认识不同,因此有不同的资源观。

表 2 - 5　不同文明的资源观

| 经济社会发展 | 农业文明 | 工业文明 | 后工业文明 | 生态文明 |
|---|---|---|---|---|
| 科学与技术发展 | 物体 | 分子—原子 | 原子核 | 电子 |
| 资源系统观 | 树落小系统 | 地域大系统 | 国家大系统 | 人与生物圈系统 |
| 对新资源的认识与利用 | 物质资源 | 能量资源 | 环境资源 | 信息资源 |
| 土地资源 | 农田 | 温室栽培 | 高产农田 | 生态农业 |
| 水资源 | 灌溉 | 水力发电 | 防止水污染 | 水资源循环利用 |
| 海洋资源 | 捕鱼 | 潮汐发电、航运 | 综合利用 | 海洋生态系统 |
| 矿产资源 | 建筑材料 | 化工原料 | 地貌 | 新材料科学全息地质图 |
| 能源资源 | 柴草 | 煤、石油 | 防止大气污染 | 可再生新资源(热核聚变能源) |
| 森林资源 | 木材 | 造纸 | 森林生态系统 | 全球生物圈 |
| 草地资源 | 牧场 | 毛纺工业、原料 | 草原生态系统 | 全球生物圈 |
| 物种资源 | 种子、家禽家畜 | 改良品种 | 生物多样性 | 基因图谱遗传工程 |

---

续表 2-4

| 经济社会发展 | 农业文明 | 工业文明 | 后工业文明 | 生态文明 |
|---|---|---|---|---|
| 气候资源 | 靠天吃饭 | 地区天气预报 | 开始有效利用气候资源、全球天气预报 | 太阳能、风能的全面利用 |
| 旅游资源 | 个别人利用 | 少数人利用 | 富裕阶层利用 | 多数人 |

在文明的不同阶段，由于有不同的资源观、价值观和不同的技术手段，经济则呈现出不同的特征。

表 2-6　三种经济的主要特征

| | 农业经济 | 工业经济后期 | 知识经济 |
|---|---|---|---|
| 科研的重要性 | 不大 | 大 | 极大 |
| 科研经费占国民生产总值 | 0.3%以下 | 1%～2% | 3%以上 |
| 科技进步对经济增长的贡献率 | 10%以下 | 40%以上 | 80%以上 |
| 教育的重要性 | 不大 | 大 | 极大 |
| 教育经费占国民生产总值 | 1%以下 | 2%～4% | 6%～8% |
| 平均文化程度 | 文盲比例很高 | 高中 | 中专 |
| 产业结构 | 单一 | 不协调 | 和谐 |
| 信息科学技术生产 | | 3%～5% | ～15% |
| 生命科学技术产业 | | 2% | ～10% |
| 新能源与可再生能源科学技术产业 | | 2% | ～10% |
| 海洋科学技术产业 | | 2% | ～10% |
| 有益于环境的高新技术产业、新材料科学技术产业 | | 1% | ～5% |
| 空间科学技术产业和软科学产业所占比例 | | | |
| 劳动力结构　农业 | 50%以上 | 10%～20% | 10%以下 |
| 劳动力结构　工业 | 15%～20% | 30%以上 | 20%以下 |
| 劳动力结构　高技术产业 | | 10%～15% | 40%以上 |
| 估计寿命 | 36 岁 | 60～70 岁 | 70 多岁 |
| 业余时间 | 3 年 | 12 年 | 19 年 |
| 人口增长率 | 高 | 低 | 极低 |
| 城市化水平 | 达 25% | 70% | 呈下降趋势 |
| 宣传工具的作用 | 不大 | 大 | 巨大 |
| 社会组织水平 | 简单 | 复杂 | 极复杂 |
| 世界经济一体化程度 | 低 | 较高 | 很高 |

# 五、东西方文明的比较

东西方文明都是人类文明,就其本质来说是相同的,但由于地域、人种和语言的不同,两者又存在许多差异。

东西方文明都是人类文明,共同点是主流,但是由于东西方文明是在长期处于基本隔绝的情况下发展起来的,所以也存在着极大的差异,在这里主要探讨差异部分。

在渔猎文明阶段,人类还处于蒙昧,文明刚刚萌芽,东西方文明差异很小。当时人对自然,尤其是风雨雷电等自然现象都不认识,处于迷信、盲目崇拜自然的阶段,或拜自己创造的"神",或拜各种物,对人的创造力认识十分不足,主要依赖自然求得生存。东西方文明的差距主要体现在农业文明阶段。

## (一)农业文明阶段东西方文明的差异

农业文明是人类最早的真正文明,在这一阶段东西方文明表现出较大的差异。

### 1. 思想观念的差异

东方文明的主体思想在于人与人的关系,认为"苍天之下,莫非皇土",名义上认为"老天爷"主宰一切,但这种主宰是通过皇帝——明君来实现的,形成了对皇帝的个人崇拜。以"成者王侯,败者贼"来判断是非,抹杀了对真理追求的欲望。学术思想被统治者所利用,在中国春秋战国经历了一个儒家、法家和道家等诸子百家百花齐放、百家争鸣的、不长的时期以后,秦朝崇法家,自汉朝以后"独尊儒学",此后除短时期的非主流思想冲击以外,一直是儒家为主流并占统治地位,逐渐形成了思想的禁锢。

西方文明从古希腊开始,以探讨人与自然的关系为主,自基督教创立以后,可以说是基督教文化。基督教尊崇"上帝",不认为任何个人可以代表上帝,认为所有人都有"原罪",在发展中逐渐地把这一思想推至极端。而任何极端的思想必须找出个人为代表,因此在欧洲就出现了教廷主宰一切的"黑暗的中世纪"。但是,人类追求光明的愿望是人类发展的原动力,黑暗时代不可能永久统治。由于商业贸易的发展,科学技术发明的出现,尤其是环球航行的实现,使人的知识大大增长,逐步突破了中世纪的"新蒙昧",开始了文艺复兴时代,在思想启蒙运动和技术革命的推动下出现了现代文明。

### 2. 政治制度的差异

以中国为代表的农业文明的封建制度,巩固和捍卫了农业文明,使之长达 3000 年之久,在保护了农业生产力的同时,也阻碍了包括其在内的经济发展。所有专制的中央集权国家,既保证了社会的稳定和文明的存续,又形成了一个封闭和静止的系统,对内压抑了新的发明创造,对外隔断了经济和文化交流,形成了千年一贯制的、死水一潭的政治制度。

而欧洲在冲破教廷专制以后,由于思想的活跃和贸易的发展,使得新出现的皇权无法统治一切,即使在中央集权的法国也无法做到东方国家的程度。因此,在西方出现了议会这种不完善的民主形式,使得思想活跃,经济发展,技术创新,为新文明提供了发展基础。但与此同时,许多小的公侯国家分踞、争霸战争不断又给社会与经济带来了很大的破坏。

## (二) 东西方文明差异的具体表现

在东西方文明主流相互隔绝的同时,东方文明和西方文明也一直是互相交流、互相影响的,而且都不是沿着线性轨道发展的。

### 1. 关于科学的系统理念的差异

东方文明,自古代就从大系统分析问题,如"天人合一",这个系统足够大,但大而化之,没有边界划定,一直未走上科学分析的轨道。以中医为例，它一直认为人体是一个统一的系统，不能"头痛医头，脚痛医脚"。但这只是一个笼统的观念，一直没有按划分子系统的方式科学分析各个系统之间的定量关系。因此，在 1797 年英国莫兹利发明车床之前，中国几乎发明了车床的所有部件，但没有把它系统地组装为车床。

### 2. 关于精确的数量观念

在中国漫长的封建社会中，自秦朝就有人口统计，但对于准确的数量概念一直不够重视。尽管人口和户数统计只到个位数，但即便在中央集权的便利条件下，仍然遗漏百出，错误频频，一直到清朝也做不到比较准确。而在欧洲，当时还不统一的德国，在 18 世纪就有十分准确的人口统计。

### 3. 关于运算的概念

在 5000 年前，埃及就采用了十进位制，这一成果后来随着埃及古文明的间断而失传。在公元前 1600 年商代的甲骨文中，中国也出现了十进位制。中华文明是一直延续的，但这一成果在几千年的时期内，其应用到实际仅限于算盘，既没有出现便于运算的数字写法，也没有出现数学公式。

### 4. 关于变化的改革观念

在中国漫长的封建社会中，提倡渐变，抵制突变。即使进行过无数次政治制度变化的小实验，也没有成功的冲击性大改革。反映在其他方面也是这样，如创始之初颇有成效的科举制度，几乎是千年一贯制，毫无创新，日益陈腐。而西方在政治制度和人才选拔上本来在许多方面效法中国的科举制度，但自文艺复兴以后不断发生大的变革，超越了中国。

### 5. 关于和谐和竞争的观念

在中国，"和为贵"一直是个占统治地位的观念，而且发展到极端排斥竞争，"争"一直是个贬义词，从而使系统内部失去了向上的活力和发展的动力。实际上，绝对的静止、与世无争是不存在的，不过是维系表面的

"和"而内部小争充斥，反而形成了"内耗"。

在西方提倡竞争，自古希腊文明起就尊崇体育等公平竞赛，不但增强了人民体质，还培养了人的竞争意识，使人在竞争中向上，使社会在竞争中发展。但极端的竞争也造成了不择手段和尔虞我诈。

### 6. 关于个人和集体的观念

在东方文明中，较多的压抑甚至抹杀个人意识以至个性，以"君君、臣臣、父父、子子"来强调服从于集体，但实际上反而造成个人崇拜，人民行为不敢越雷池一步、集体荣誉感不强。

西方文明强调个性、个人、人本主义，有利于发挥个人的才能与创造性，但同时也容易形成专门利己的极端个人主义。

## （三）当前中西方文明的差异

当前中西方文明自然也有不小的差异，体现在多方面，这里仅举教育与饮食两个方面来说明这个问题。

### 1. 中西方教育方式的差异

中国的早期教育是私塾，小班教学，不仅教知识，而且教思想——孔子的儒学。欧洲的早期教育是在教堂进行的，可以说是大班上课，主要是教宗教、神学和识字。

进入现代教育，尤其是新中国成立以后，中国受苏联影响很大。在中国变成大班教学，教师是绝对主导，标准划一，强调教师的权威和课堂纪律，着重于灌输知识，以致形成死记硬背，压抑了学生的主动性，甚至造成厌学。但是注意培养学生勤奋刻苦、遵守纪律的品质。

而西方教育则以小班教学为主，以学生为中心，强调师生平等和课堂互动，着重培养学生的创造性、独立性、沟通能力与做事能力。在这种情况下未成年的学生往往压力太小、学习动力不足，不少学校放任自流，造成学生进取心不强甚至懒散。

同时,中国由于优质教育资源分配严重不均,考高分、入好校成为家长与学生最重要的愿望,以致家长为学生付出高昂的精力和经济代价,恨不得包办代替,甚至影响自己的工作。这不仅对学生,而且对社会的影响都是不好的。这种现象在欧美(不包括韩日)是很少见的。

### 2. 中西方饮食文化的差异

中西饮食文化的交流实际上是从 20 世纪才开始的。

自 20 世纪初开始,中国富裕和知识阶层开始吃西餐,不少人甚至热衷于此,西餐遭到追捧,不过更多的是出于对西方的崇尚和图新鲜。

中餐在西方的流行是在第二次世界大战后才开始的。在美国流行的较早,在法国直至 1947 年巴黎才允许里昂火车站开较大的中餐馆,但是为了卫生只许卖包子和面条。自 20 世纪 60 年代起中餐饮在西方开始盛行,除了味道之外,更多的是因为便宜,而且可不用刀叉分割直接入口,小孩吃起来方便。直至 21 世纪初,在巴黎,中式饭馆几乎只有开的,没有关的,最多时有上千家。

自改革开放以来西式快餐风靡中国,以致麦当劳、肯德基和必胜客成了在中国占压倒性优势的快餐连锁店,到 2010 年达到顶峰。

但是,自 2010 年起中餐在西方、西餐在中国的地位都发生了变化。中餐馆在巴黎已经是关多开少,究其原因,饮食是一种文化,外来饮食很难长盛不衰,其他原因包括中餐价格日涨,而且与西餐过度融合,渐渐失去特色等。

洋快餐在中国也自 2010 年起走下坡路,肯德基母公司百胜全球餐饮集团在华市场份额到 2014 年已较 2010 年下降了 10%。中华饮食文化有悠久的历史,要改变是极其困难的,只能是有所吸收、锦上添花。

## (四) 东西方文化的互补

对于东西方文化的认识,同样遵循"实践是检验真理的唯一标准"。从人类历史的长河来看,东方的中国文化、印度文化,中东的古埃及文化、伊斯兰文化,西方的希腊文化、罗马文化和基督教文化可以说是各领风骚数百年。

　　某种文化即便在领风骚的时代,与其他文化相比较而言也有其不足与缺陷。自陆上丝绸之路和海上丝绸之路开通和环球航行实现以来,各种文化也都从其他文化汲取营养,取长补短。

　　弘扬中国梦,要结合新的时代条件传承和弘扬中华优秀传统文化。文化的差异不仅是客观存在,也是科学规律,不能论"先进"与"落后",正是"民族的就是世界的"。各种文化平等包容,交流互鉴,取长补短,是各种文化共同进步、不断发展的强大动力。

# 六、人类文明与自然生态的关系

　　自然生态是人类生命的基础,当然也是人类文明的基础。同时,人类文明又改变了自然生态,重要的是这种改变应该是与自然和谐、可持续发展。

　　人类文明从来都是建筑在自然生态之上、育于自然生态之中的,二者是母与子、鱼与水的关系,离开了自然生态人类文明就不可能存在。在农业文明中自然被神化,人类对风雨雷电、洪水地震等自然现象主观曲解,盲目崇拜,放弃了通过研究这些自然现象进而掌握规律、趋利避害。在工业文明中自然又被蔑视,认为人可以通过"科学"驾驭自然、掠夺自然,以致无尽索取,任意破坏,自20世纪中叶开始遭到了自然生态的报复。只有在生态文明新理念的发展中才可得到人与自然和谐共生的科学认识。

## (一) 人与自然的关系

　　对于人与自然的关系,首先要认识人类生存于地球自然生态系统之中,无论人类如何进化发展,过去未曾、现在没有、将来也永远不可能脱离地球自然生态系统而存在。人与自然生态系统是树与土、鱼与水的关系，这是自然的客观规律，是任何人改变不了的。

其次，人类的确是万物之灵，是地球上最高级的生物，这已被过去的历史所证明，将来还要继续证明。人类有能力也应该追求更好的生活，更多的物质享受，这也是被历史证明的人类发展的自然规律。从"苦行僧"到"禁物欲"，再到"贫穷社会主义"，这些出于各种原因和抱着不同目的的、不向自然索取，致力于精神修行的思潮和实践，也被历史证明都不过是暂时的、局部的现象，而不能持久。人的发展离不开自然资源、离不开物质，不可能只是精神层面的。

最后，在人与自然的关系上，要反对两种极端的倾向：一种是"人类至上主义"，另一种是"原生态主义"。

先谈"人类至上主义"。从客观规律上看，人类的确在自然生态系统食物链的最高端，但这不等于"人类至上"，不等于人类可以主宰一切。因为无论从过去人类的历史经验、从目前的现实和各种科学实验来看，还是从现有的科学知识分析来看，人类都不可能为所欲为，滥用自然资源已经受到惩罚；人类也不可能创造一切，至今未建成自持的人工生态系统；更不可能改变自然规律，造不出"永动机"。因此，人类可以站在自然生态系统的最高端，可以不断发明创造，增强利用资源、改变自然的能力，但不可能违背自然规律主宰一切。

再谈"原生态主义"。"原生态主义"非但有思想，而且有政治行动，在西方已经有"绿党"，走了另一个极端。认为人类物质享受的发展、科学和技术的进步，改变了地球的"原生态"，是人类所犯的一个错误，应该尽可能恢复原始生态系统，甚至有人类"走回森林"的说法。这也是对自然规律的违背，几万年的人类发展历史证明，地球是个"人与生物圈"的大系统，人也不是自然的附属物，既不可能、也没必要把地球恢复到人类出现之前的原生态。实际上自然生态系统本身也在不断地变化，人类要顺应这种变化寻求与自然的和谐发展，不仅是必要的，而且是可能的。例如，河流入海形成冲积平原,就是自然生态系统近万年来的大变化,人类利用了这种变化,过半的人口都住在新生的冲积平原,既不毁灭原始森林,又获得了平坦、肥沃的耕地,得到了发展,这就是利用自然本身的变化与人和谐地发展。

## (二) 人类文明与自然生态的关系

人类文明至今分三个阶段,即渔猎文明、农业文明和工业文明,在不同的文明时代,人类文明与生态有不同的关系。

在渔猎文明时代,文明依附于生态。人类只能生存在可以取得食物的子生态系统中,用石制的最简单工具获取鱼虾和猎物,利用石洞穴居,伐木取暖煮食,对自然生态系统基本不产生干扰。在这一时代的文明,是人类崇拜自然生态的文明,以至祈福于雷电风雨在人类头脑中异化成的神灵。

在农业文明时代,人类文明是与自然生态基本和谐的文明,人类开始利用铜铁等金属工具改造自然。人们几乎伐尽平原的森林改造成农田,但山地森林基本保持,使陆地生态系统的主体没有根本变化;人们开始筑堤修渠引水灌溉,但河流水的利用量低于 15%,在统计规律的阈值以下,河流仍能保持健康。因此,这一时代的人类对自然生态没有产生大扰动,只有少量的非基本自然资源如浅层金矿近于耗竭;只产生了少量的污染,如排向河流的城市污水;整体而言这种文明与自然生态基本和谐。

在工业文明时代,人类开始大规模利用煤和石油的动力、利用电力,以致利用原子能,改变自然生态的能力空前提高。山地森林被严重破坏,远远超过维系自然生态稳定的阈值;河流被建坝蓄水、修渠引水,其利用量远远超过维系健康河流的 15% 的阈值;平原被无限扩大的城市和矿山、密如蛛网的公路和铁路完全改变了形态;连近海也被港口和养殖严重破坏。

人类的工业文明有巨大的功绩,使人类从勉强的温饱到了相对富裕;

人类的文化和道德虽然不与物质成正比提升,但也获得了长足的发展;总体而言提升了人类的文明。但是,暂时的提升并不等于人类文明的可持续发展,工业文明后期,自然生态系统产生了十分严重的危机,多种不可再生自然资源几近耗竭,土壤、近海、淡水和大气都受到严重污染;多个子生态系统发生剧烈蜕变。

这些不仅直接危害人类文明的物质基础,不少古国消失的主要原因也都是水资源的耗竭,而且这种扭曲的价值观严重地威胁到人类的文化和道德。宣传物欲横流的文化已经引起越来越多的人的反感;贪得无厌、奢侈浪费使得道德沦丧。因此,传统工业文明对生态的破坏不仅是自然生态系统的灾难,也是人类文明的灾难。

# 七、走向"社会主义生态文明新时代" 是我国的必然选择

"生态文明的新时代"是世界人民的不二选择,因此"社会主义生态文明新时代"也是中国人民的必然选择。作者在联合国教科文组织的会议上指出:"公有制应该是国家经济的主体,航天工业不能私有,互联网也不能私有,核电站也要国家严格监管。"得到与会各国代表的一致认同。

走向生态文明的新时代是人类的必然选择已日益成为国际共识,而走向"社会主义生态文明新时代"则是我国发展的必然选择。改革开放以来,我国经济仅仅用了 35 年时间就成为世界第二大经济实体,这一发展速度和成就都是世界经济史上史无前例的,"实践是检验真理的唯一标准",这一伟大的实践证明中国特色的社会主义市场经济道路是中国的必然选择。

## (一)"社会主义生态文明新时代"的内涵

我国实现中国梦也必须走"社会主义生态文明的道路"。生态文明在

前面已经有了较全面的论述。什么是社会主义生态文明呢？就是坚持以社会主义公有制为主体实现生态文明；坚持规划与市场相结合的生产社会化及其生产与分配制度；建立绿色消费方式，改变资本主义过分注重传统商品的生产方式和过度浪费的消费方式，改变资本主义的生活方式。简言之，就是改变资本主义"拼命生产、拼命浪费"的生产和生活模式。其实早在20世纪70年代，西方的有识之士已对此有所反省，美国社会学家奥康纳认为："社会主义和生态学是互补的。"

对于改变资本主义的传统生产与消费模式，自20世纪70年代已有多种思潮，如"原生态主义"和"绿党"的建立；近半个世纪的实践证明，其理论不够科学和系统，难以动员全社会的力量，"绿党"曾一度吸引了不少年轻人，但至今仍不成气候。

在生产方面，至少在目前看来，改变资本主义的传统生产与消费模式，只有以社会主义思想为指导，只有以公有制为主体才有可能实现大规模的生态补偿，才能减少以至放弃暂时的经济利益而持续投入大规模的生态建设。只有规划与市场相结合，才能以"看得见的手"指导全区域以至全国范围的、科学的生态维系与修复工作，才能进行有效的生态建设。

在消费方面，"节俭""量入为出"和"让子孙过更好的生活"从来是中华民族的美德。因此，在消费方式方面，中国特色有先天的优势。近来这一优良传统受到西方思潮的巨大冲击，"时尚""高消费"和"月光族"的生活方式已经影响深远，甚至出现了我国传统所鄙夷和资本主义都不提倡的"啃老"的消费方式，不仅产生了社会矛盾，而且已经威胁到民族的前途。

无论是生产还是消费都离不开生存环境和生态系统，生产要从生态系统索取资源，消费不仅依赖物质生产所需要的资源，同时需要良好的生态系统："绿水蓝天"。

发展到20世纪中期，工业生产已经是"不文明"的生产，向自然界疯狂掠夺资源，无度地向环境排放出废物，地球已经成了索取原料的"料场"

和排放废物的垃圾场,严重破坏了生态系统。这种生产方式不仅是野蛮的,更是不可持续的。

但是地球生态系统在不同的地方已经被我们不同程度地破坏得千疮百孔,所以我们讲的"生态文明",不仅是停止对自然生态系统的"不文明"行为,更要在同时改变认识,运用我们的智力、财力、物力来修复地球的生态系统,这就是我们的"生态文明新时代"的基础,也是世界可持续发展的共识。

因此,走向"社会主义生态文明新时代"是我国的必然选择,必须坚定不移地走社会主义市场经济的道路,在严惩贪污腐败和反对不作为的前提下,加强政府的宏观调控作用,提高国家的科学治理能力。同时,传承和发扬中华民族的优良传统,谨防西方以各种目的把自己已经开始摒弃的消费方式传播、转移到我国来。

## (二) 社会主义生态文明的经济理论创新

既然生态文明否定了工业文明的许多做法,生态文明的经济理论自然也就要在继承的基础上批判传统经济理论而创新,从而成为近年来应接不暇的新经济名词的来源。

从根本上说,新经济理论的核心是承认"科学技术是第一生产力",承认两种财富,即"人类加工自然资源创造的社会财富"和"通过生态修复工程维系和增加的自然财富",承认生态产业和生态产品。

21世纪10年代以来,国际经济学界提出经济学研究的方向已经"从有多少转向剩多少",比较直观地反映了这一趋势。新经济理论体系可通过图2-2做简单总结。

"以人为本"是新经济学的根本:循环经济最主要的是人力资源的良性循环;绿色经济最核心的是为人民造福的生态产业,而不是"唯绿色""伪绿色"和"虚假绿色产品";高技术经济的基础是人的知识化。

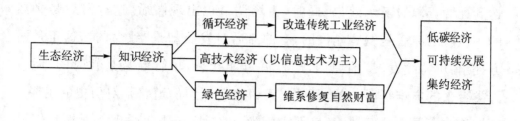

图2-2　新经济理论体系

## (三) 中国特色社会主义道路是生态文明的新路

我国现在走的中国特色社会主义道路是一条在实践中探索的生态文明新路。

### 1. 社会主义的道路是生态文明的道路

社会主义的本质是以公有制为主体和生产的社会化。

**(1) 公有制为主体**

第二次世界大战以后西方国家对经济发展道路做了很大的调整,尽管不断反复、各国之间也有所差异,但是成功点主要在于利用国家宏观调控这只"看得见的手"和实行股份制。用他们自己的话说:"这都含有公有制为主体的因素"。

从科学技术发展来看,高技术的基础互联网、彻底解决人类能源问题的"受控热核聚变"和彻底解决人类吃饭问题的生物技术,都是生态经济的核心,但无一不是在国家控制下进行的。连西方经济学家也认识到:"公有制为主体对这些技术的产业化更有利"。

**(2) 生产的社会化**

自然生态是一个复杂巨系统,生态文明的社会和经济都建筑在社会系统化的基础之上。资本主义道路和社会主义道路都以生产的社会化为奋斗目标。

**(3) 中国特色社会主义市场经济**

人类发展的历史证明,在迄今为止的科学技术发展条件之下,市场能达到配置资源的最优效果，同时，市场调节也出现滞后，这种滞后是必然的。但有的滞后是发展允许的，有的滞后对发展却是"致命的"，这正是西方提出"可持续发展"的原因，即发展可能断裂，尽管断裂是暂时的，但给人类带来的灾难是巨大的，不选择可以避免断裂的道路是对历史的犯罪。

地球资源十分短缺、环境严重污染、生态日趋恶化的现实要求我们要闯出一条具中国特色的社会主义市场经济新路，这既是严峻的挑战，又是难得的机遇。

## 2. 中国特色的社会主义市场经济要闯出一条生态文明的新路

改革开放 35 年以来，历届中央领导集体"摸着石头过河"，坚持不懈地探索与实践造就了今天世界第二大经济实体；同时，"科学技术是第一生产力"、"知识经济已见端倪"和"创新、协调、绿色、开放、共享"等发展的创新理念，已经逐渐成为国际共识。

（1）我国对生态文明的认识已经超过了 20 世纪的启蒙

新的一代中央领导集体对生态文明深刻理解、高度重视和积极实践。

"生态环境保护是功在当代、利在千秋的事业。要清醒认识保护生态环境、治理环境污染的紧迫性和艰巨性，清醒认识加强生态文明建设的重要性和必要性，以对人民群众、对子孙后代高度负责的态度和责任，真正下决心把环境污染治理好、把生态环境建设好，努力走向社会主义生态文明新时代，为人民创造良好生产生活环境。""着力树立生态观念、完善生态制度、维护生态安全、优化生态环境，形成节约资源和保护环境的空间格局、产业结构、生产方式、生活方式。""牢固树立保护生态环境就是保护生产力、改善生态环境就是发展生产力的理念，更加自觉地推动绿色发展、循环发展、低碳发展，决不以牺牲环境为代价去换取一时的经济增长。""实施重大生态修复工程，增强生态产品生产能力。"

"中国面临的生态环境形势依然严峻，资源相对不足、环境容量有限，已经成为新的基本国情，成为发展的'短板'。大力推进生态文明建设，正是要打破这一瓶颈制约"；"朝着生态文明的现代化中国迈进，是摆在我们面前的一项全新课题,是全面建成小康社会的应有之义。"

"从战略全局高度,牢固树立生态文明理念,加强生态文明建设,形成人与自然和谐发展的现代化建设新格局。"

"建设生态文明,是关系人民福祉、关乎民族未来的长远大计。"

这些认识的深刻程度已经超过了联合国 20 世纪末生态文明的总结文件《我们共同的未来》,得到国际上的高度评价,尤其是最近提出的"生态红线"与"终身追责制",更是国际性的创举。

（2）经济理论亟待创新

我们走的是一条新路,在各方面都需要创新。自改革开放以来我国学者已在经济理论上多有创新。

作者在这方面也做了些工作。循环经济 3R——减量化（Reduce）、再利用（Reuse）和再循环（Recycle）的创意人拉德瑞尔女士（J. Ladreal）谦虚地对作者说:"3R 只是清洁生产的原则,还没有上升到经济学。"在这一基础上作者创立了新循环经济学,加上了两个 R:再思考（Rethink）,即创新经济学理论;再修复（Repair）,即修复生态系统。把原有 3R 也做了拓展:最重要的"减量化"是减少人类对自然资源的过度需求;最重要的"再利用"是利用可再生资源;最重要的"再循环"是建立循环产业体系。这些创新在重大的国际会议上得到了较广泛的共识。

## （四）生态文明的制度

历史证明任何一种文明的建设都需要制度作为保证,生态文明制度保证在多方面缺失,目前正在建立。首先要订出生态红线,然后规范生态修复和文明建设的规划,最后由于生态文明建设的效果要在 10 年以上的周期显现,所以要建立终身追责制。

### 1. 不能逾越的生态红线

生态红线将在第五篇第五节中专门讨论,现仅以水为例作一说明。
2011 年 11 月,全国水利工作会议上提出了水资源利用总量控制的理念,并提出了三条控制红线。具体可考虑为:至 2020 年把水资源开发利用总量控制在 6700 亿立方米/年以控制水资源工程;以单位 GDP 用水为总考量,使我国的用水效率达到 2007 年的世界平均水平以控制用水工程;至 2020 年使我国按水功能区划分的纳污总量不超过 580 亿吨达标排放的废污水以控制水环境工程。必须严格执行这一生态文明的制度。

## 2. 目标体系、科学规划、政策配套、终身问责

自然生态系统是一个非平衡态超复杂巨系统,它的平衡是复杂的函数平衡,而不是简单的算数平衡;是动态平衡,而不是静态平衡;不仅是质的平衡,还有量的平衡。因此,生态文明的制度建设应该:

### (1) 建立多目标体系

达到生态文明应该建立一个多目标体系,达到经济效益、社会效益与生态效益的统一。

### (2) 科学规划

生态建设规划应建筑在科学基础上,而生态科学是一门包罗万象的学科,所以必须在系统论的指导下进行多学科综合的定量研究。

### (3) 法规与政策配套

生态文明建设的法规与政策也应当是配套的,仅以水资源为例,在指导思想上必须兼顾上下游、地表水和地下水,水量和水质。在行政管理上不能九龙治水、单打一。

### (4) 终身问责

中央领导提出"中国绝不以牺牲环境为代价去换取一时的经济增长",提出终身追责制。"凡越过'生态红线'的,就应当受罚;造成严重后果的,必须追究其责任,'而且应该终身追究'"是十分必要的。不但应对行政长官追责,也要对环境保护、污染治理和生态修复规划制定的主要专家终身追责。

## 3. 生态文明建设要做到有法可依、有章可循、群众监督、终身问责

生态文明建设既要有精神提倡的引导层面，又要有制度建设的软约束层面，还应有法律的硬约束层面。要尽快制定《生态文明建设法》，"法"的核心是"罚"，一定要做到有法可依、有法必依、违法必究、究办必力、赏罚定量、终身问责。

# 第三篇　生态文明基本理念"可持续发展"源自生态知识的创新

生态知识的创新就是以系统论为指导研究生态，研究如何使自然生态系统与人类发展和谐，只有这样人类才能可持续发展。这不仅是科学分析的结论，也是被此前人类历史所证明了的。

## 一、"可持续发展"理念的产生与引入

"可持续发展"的创意用的是法文，其真正含义就是"跨不了""断不了"的发展。

"可持续发展"这一产生于 20 世纪末的人类发展创新理念，作者作为改革开放后第一批出国访问的学者于 1981 年回国后，1982 年在中国科学院把这一理念译为"可持续发展"引入国内。该理念不仅在我国家喻户晓，在全世界也深入人心，它是生态文明的基本理念。这一理念是如何产生、发展和引入我国的呢？

### （一）人类发展理念的变化

人类生存繁衍的历史可以说是人类社会同大自然相互作用、共同发展和不断进化的历史。在远古时代，人类的智力水平相对低下，社会生产力水平极低，因此人类的生活可以说完全依赖于大自然，没有能力支配、

改造、征服大自然。这一时期，人与其他动物的差距很小，人与自然基本融为一体，人与自然和谐共处，人类活动被纳入生态系统的食物链。所以，从发展角度讲，在这一时期"生存就是发展"。

人类的经济发展阶段取决于人类对世界的认识——知识。在农业经济阶段，人类关于自然的知识有限，对自然的认识基本上是"天命论"的，即人类开垦土地，进行耕作，主要取决于所在地区土地面积、肥沃程度、天气的好坏和人数的多寡，再加上劳力的数量和质量来有限地发展生产，主要"靠天吃饭"。

农业文明是人类历史上的一个重要转折，此时人类逐渐能够利用自身的力量去局部地影响和改变自然生态系统。在创造物质财富的同时也产生了一定的环境问题。从整体上来看，农业文明时期，尽管有植被被破坏，但比例较小；尽管进行耕作，但用的是有机肥，没有打破生态系统的食物链。人类对自然的破坏作用尚未达到造成全球环境问题的程度，人类仍能与自然界和平共处。

工业革命以后，人类与环境的关系发生了重大的变化。首先从思想意识上，人摒弃了古朴的"天人合一"的思想，由培根和笛卡儿提出的"驾驭自然、做自然的主人"的机械论开始统治全球，人类开始对大自然大肆开发、掠夺，生态系统的平衡受到严重干扰以至破坏。在工业经济阶段，人类关于自然的知识大大增加，对自然的认识发生了巨大的变化，认为人类可以凭借自己的知识向自然掠夺，可以用尽自然资源，取得最大利润，而不顾及自然资源枯竭、生态蜕变和环境污染的后果，要"征服自然"。科学技术的飞速发展，又为人类征服自然、改造自然和破坏生态系统平衡提供了条件。直到威胁人类生存、发展的环境问题不断地在全球显现，这才引起人们的高度重视，于是在 20 世纪下半叶展开了对人类发展方向的讨论。

## (二)"增长的极限"阶段

1968 年 4 月，正当世界冷战达到顶峰，越南战争如火如荼，超级大国正醉心于人类发展利益分配的时候,世界上一批有识之士提出了另一个问题:"人类的发展有极限吗?"来自 10 个国家的科学家、教育家、经济学家、人类学家、企业家、政府和国际组织官员约 30 人,聚集在罗马山猫科学院,在意大利经济学家、企业经理奥莱里欧·佩切依博士的召集下举行了一次国际会议,产生了后来世界著名的"罗马俱乐部"——一个非正式的国际组织。

这个国际组织自 1970 年夏天起全面研究了限制和最终决定我们这个星球发展的基本因素:人口、自然资源、环境污染、工业和农业生产,最后于 1972 年公开发表了其研究报告——《增长的极限》(The Limits to Growth)。报告认为"人类发展是有极限的,科学技术不可能解决这一问题",其结论是:如果人口和工业按 1900—1970 年间的趋势发展下去,就无法避免在 2100 年以前发生经济"崩溃"。社会经济的增长急剧下降,人类社会必然面临停滞。因此提出:为避免这种前景最好的方法是限制增长,即"经济零增长"。这一报告的发表在世界上引起了震动。报告的结论虽然不正确,但对人类探索新知识起到了巨大的推动作用。

## (三)"可持续发展"阶段

自 20 世纪 70 年代末开始,联合国教科文组织的自然科学政策研究部门,就开始研究建立一种自然资源、生态与环境可以支撑的持续发展模式。当时的联合国教科文组织的自然科学政策研究部门,集中了不少世界级精英人才,堪称"世界脑库"。"科学研究的基础研究、应用研究和技术开发分类""可持续发展"和"知识经济"的初始概念都源于这个集体。

"可持续发展"(sustainable development)的原始概念来源于生态学,最早是联合国教科文组织科技部门(科技政策处)在 20 世纪 70 年代使用的。在公开的国际文件中最早出现于 1980 年由国际自然保护同盟(IU-CN)在世界野生生物基金会(WWF)的支持下制订的《世界自然资源保护大纲》(The World Conservation Strategy)。本书作者于 1982 年将这一概念介绍到国内。"可持续发展"一词来自拉丁语"sustennere",20 世纪 70 年代,作者的同事联合国教科文组织的创意者第一次提出可持续发展的"持续"(sustain),用的是法文,是"撑得住""垮不了""得以维持"的意思,具有很强的警世含意。英文"持续"(sustain)是"支持""承受得住"和"继续"的意思,警世的意义大为减弱;译成中文,这种警世的意思就更弱了。1980 年国际自然保护同盟(IUCN)制订的《世界自然资源保护大纲》(The World Conservation Strategy)中最早出现该词,作者于 1982 年即把这一概念介绍到国内。1983 年 11 月,联合国成立了世界环境与发展委员会(WEDC),以挪威首相布伦特兰(G. H. Brundland)夫人为主席,成员包括科学、教育、经济、社会和政治方面的代表,提出了"可持续发展"。世界环境与发展委员会经过 4 年的工作,于 1987 年向联合国提交了题为《我们共同的未来》(Our Common Future)的研究报告,正式提出了可持续发展的新设想。它进一步明确了可持续发展的概念,以及以下几个原则:

① 发展的原则,和平与发展是当代人类进步的两大主题;② 经济、社会、环境与生态协调发展的原则;③ 资源利用代际均衡的原则;④ 区域间协调发展的原则;⑤ 社会各阶层间公平分配的原则;⑥ 现代生态型生产的原则。

## (四) 知识经济阶段

1984 年,正当世界对人类的发展前途迷惘的时候,先后提出了"科学研究三分类"、"可持续发展"等许多人类先进思想的联合国教科文组织科技部门政策局,又提出了一个非常深刻的科研课题:"多学科综合研究应用于经济发展"(Multi-disciplinary Studies on Application to Development)。课题由本书作者主持。这是第一次对知识经济系统进行科学的研究。其实这个题目的意译应该是"用多学科综合知识研究推动经济发展",因为"多学科综合研究"(Multi-disciplinary studies)指的就是自然和社会科学的全面知识,而"发展"指的就是经济发展。这一提法,比经合组织 1996 年提出的"以知识为基础的经济"（knowledge based economy）不仅早了 12 年，而且语义似乎也更明确。

人类的任何一种重大知识体系的产生和应用，都会对经济形式产生重大的影响。正像人类对物质结构的新认识，推动了机械制造，开创了新能源——煤与石油的利用，从而产生了工业经济一样，人类对于自己的生存环境——生态与环境的新认识所产生的新知识也必将导致一种新的经济——知识经济的诞生。

知识经济是在 20 世纪最后 1/4 的时间内，在世界范围内萌芽并发展的一种新的经济形态，它改变了以传统工业为产业支柱，以稀缺自然资源为第一生产要素、追求经济的数量增长、以获取最大利润为生产目的的工业经济，代之以高技术产业为主要产业支柱，以智力资源为第一生产要素，追求人、自然和技术的协调发展，以提高人类生活质量为目的。因而，知识经济就是以智力资源的占有、投入和配置，知识产品的生产（产生）、分配（传播）和消费（使用）为最重要因素的经济。其中，智力资源包括人才、信息、知识、技术、决策和管理方法等，其最高的投入形式是创新活动。知识产品是指知识含量高、技术含量高、附加值高的高技术产品和高技能服务，其扩大再生产不依赖于稀缺自然资源消耗的增加和环境污染的加剧。知识经济的生产原则是尽可能利用可再生资源与形成资源循环。

## （五）循环经济阶段

"循环经济"一词最早是由美国经济学家 K·波尔丁在 20 世纪 60 年中期在《宇宙飞船经济学》一文中提出生态经济时谈到的，是指在社会经济、科学技术和自然生态的大系统内，在资源投入、企业生产、产品消费及其废弃的全过程中，不断提高资源的利用效率，把传统的、依赖资源净消耗线性增加的发展，转变为依靠生态型资源循环来发展，从而维系和修复生态系统的经济。循环经济在可持续发展思想的指导下，将资源及其废弃物实行综合利用的生产过程，要求将资源作为一种循环使用的原材料重复多次使用;同时又要求在产品生产和产品使用过程中不发生或少发生污染,即在经济发展过程中,实现"资源—产品—再生资源—再生产品"的循环式经济发展模式。而传统经济增长方式中,物质流动方向是单向式直线过程,即"资源—产品—废弃物"的流动。这意味着创造的财富越多,消耗的资源越多,产生的废弃物也就越多,对资源环境的负面影响就越大。

　　循环经济是人类经济思想从"无穷扩张、线性增长"到"增长的极限"再到"可持续发展"直至知识经济过程中十分重要的阶段。

　　从上面的分析可以看出,1972 年罗马俱乐部以《增长的极限》提出了20 世纪下半叶最重大的问题;1987 年世界环境与发展委员会以《我们共同的未来》提出了可持续发展的新设想;知识经济是在 20 世纪最后 1/4 时间内,在世界范围内萌芽并发展的一种新的经济形态,是迄今为止对"增长为什么没有极限"、"如何实现可持续发展"的最全面、系统的回答,也为"可持续发展"提供了坚实的理论基础和具体的发展途径。

　　从经济发展史看来,可以把经济发展分为五个阶段。第一阶段是原始经济,大约始自 5 万年前,指经济的渔猎阶段,即原始人狩猎打鱼的初始时期;第二阶段是农业经济,大约始于公元前 4000 年,指经济的农耕阶段,即以农牧业为主的开垦荒地、种植谷物的农业社会时期;第三阶段是工业经济,始自 18 世纪下半叶的工业革命,即以现代大工业生产为主的包括现代纺织、轻工、钢铁、汽车、化工和建筑等主要产业的经济时期;第四阶段是循环经济,又称为后工业经济,始自 20 世纪下半叶的新技术革命,它以资源循环利用为导向改造传统产业,由此涌现出一批如电子、信息和环保等不以资源消耗线性增加为其发展前提的新兴产业;第五阶段是知识经济,始自 20 世纪末,涌现出一批发展主要靠知识投入的产业,如生物、新材料、新能源、软件、海洋和空间产业。

　　经济是社会发展的基础,所以"可持续发展"从一开始就不仅是经济发展的概念,随着这一概念的深入人心并成为世界人民的行动准则,要不断波及、渗透,使之成为一个社会、科学和文化的全方位的概念。

## 二、"可持续发展"是生态系统的命脉

什么能使社会与经济发展中断呢?目前最大的威胁就是自然生态系统崩溃。

"可持续发展"指的主要是人类社会与经济的发展,但是它"当代要留给下一代不少于自己的可用资源"的这一基本定义,以"资源可持续利用"的理念把人类的社会经济系统与自然生态系统联系了起来。因为节约、保护资源就是维系生态系统,而资源节约型和环境友好型经济生产方式和社会生活方式的建立就是要使人类经济和社会的可持续发展建筑在自然生态系统的良性循环之上,从而达到了人与自然的和谐。

### (一)可持续发展程度的定量评价——可持续发展方程

可持续发展已经是当今世界认同的一个经济学概念,然而,至今还没有对这个概念的确切定义,因此也就更没有对这个概念的哪怕是简单的示意性表示。诚然,即使是最简单的示意性表示也是十分困难的,这也就是它迄今尚未出现的原因。在这里作者仅提出一个初步设想供探讨,以便使可持续发展这个世人认同的先进经济学思想,向可操作的方向前进一步。根据这种指导思想提出如下可持续发展方程,即在自然生态系统中人类社会要可持续发展,其指数可表述如下:

$$S = \frac{R \cdot (U_R \cdot E_R + E_{nR})}{P}$$

其中,$S$ 为可持续发展指数;$R$ 为经济生产中不可再生资源投入总量;$P$ 为人口总数量;$E_R$ 为自然资源依赖型产业比例;$E_{nR}$ 为非自然资源依赖型产业比例;$U_R$ 为产业资源利用率。

## （二）从方程看"不可持续发展"

从式中可以看出，$R/P$ 为人均不可再生资源量，留给后代的人均自然资源量保持不减，就是目前"可持续发展"的最流行的定义。由此可看出，$S - S_{当代} \geqslant 0$ 就是可持续发展。因此，在人均自然资源不变的情况下，如不可再生自然资源依赖型产业的比例为 80%，产业资源利用系数为 0.2，可再生自然资源依赖型产业比例为 20%，则有

$$S - S_{当代} = \frac{R}{P}(0.8 \times 0.2 + 0.2) < 0$$

就是不可持续发展，这基本是人类当代经济发展现状。目前可再生自然资源依赖型的产业在发达国家中不过占 20%～30%，而资源利用率，在发达国家也大大小于 1，也就是说大有提高的余地。在发展中国家情况则十分严重，非自然资源依赖型产业的比例极低，而资源利用率的差距之大十分惊人。如我国万元工业产值用水量是美国的 15 倍，是日本的 45 倍；我国生产 1 千克粮食的用水量是以色列的 3 倍。

资源利用系数 $E_R$ 的计算是个十分繁杂的问题，但不是不可计算的。对于每种资源，如水可以从不同产业利用率加权得出水资源利用率，而从十大资源利用率加权就得出了资源利用率。

## （三）从方程看"可持续发展"

从上式中可以看出，如不可再生自然资源依赖型产业的比例为 20%，产业资源利用系数为 0.8，可再生自然资源依赖型产业比例为 80%，则有

$$S - S_{当代} = \frac{R}{P}(0.2 \times 0.8 + 0.8) \approx 0$$

就接近可持续发展。考虑到人口 $P$ 的控制，不可再生资源 $R$ 的新发现或替代资源的发现，$S - S_{当代} \geqslant 0$，即可持续发展的实现就是可能的了。

环境的污染主要是人类在生产中把错误数量的自然资源在错误的时间，用到了错误的地点所造成的，例如，高营养物质本是有用的营养物质，

排到湖中就造成了富营养化,形成了水体污染;塑料袋本可回收成为塑料制品的原料,随处丢弃就成了固体废弃物,造成了土地污染。污染破坏了自然生态系统的良性循环,使之退化,同时也减少了人类可利用的自然资源。因此,在经济生产中自然资源使用的数量越准确,时间与地点越正确,自然资源利用率越高,环境指数越高,环境的状态就越好。

同时,对于一个国家和地区来说,资源总量越大则可持续发展指数越高,也就是说当代留给后代的资源就越可能与当代接近;人口越少,则可持续发展指数越高,也是当代留给后代的资源就越可能与当代接近。

这里 $E_{nR}$ 是指非自然资源依赖型经济的成分,根据知识经济的定义,知识经济是以智力资源投入为主、自然资源投入为辅的经济,其产品是不以自然资源投入增加和环境污染加剧为扩大再生产前提的高知识含量、高技术含量和高附加值的知识产品,因此,经济成分中知识经济的成分越高,可持续发展的指数越高。也就是说对自然生态系统的破坏程度越低,与自然生态系统越和谐。

这里 $S$ 为可持续发展指数。世界自然保护同盟、联合国环境署和世界野生生物基金会,又于 1997 年在共同发表的《保护地球——可持续性生存战略》一书中对可持续发展提出了更为准确的定义:"在生存不超出维持生态系统涵容能力的情况下,改善人类的生活品质。"世界银行副行长 I·萨格拉丁(Ismail Sarageldin)指出"可持续性系指留给后代人不少于当代人拥有的机会",在经济学中,可以用"资本"(capital)这个概念来表示"机会",以消耗资本换来的投入是不可持续的。因此,从经济学角度讲,保持人均资本拥有量不变,或使其更多,就意味着为后代人提供了不少于当代人的机会。

从方程式

$$S = \frac{R \cdot (U_R \cdot E_R + E_{nR})}{P}$$

可以看出,一个国家的人口($P$)越多,其可持续发展系数越低;一个国家自

然资源总量 $R$ 越大,它的可持续发展系数越高;一个国家在目前工农业生产中经济决策、产业结构、生产技术和工人素质使资源利用率 $U_R$ 越高,它的可持续发展系数越高;一个国家的知识经济成分越高,它的可持续发展系数越高。

# 三、自然生态系统是如何退化的

自然生态系统崩溃的形成除地震和海啸等天灾以外,最主要的是人类不合理活动使其不断退化——人祸。

在自然生态系统的动平衡过程中,平衡不断被破坏,但若在其自恢复能力之内,系统可通过自个调节产生自恢复,达到新的动平衡;但如果超过自恢复能力的阈值,则系统会被破坏,产生退化。

当前地球自然生态系统在不同程度地被破坏,产生退化已是不争的事实,但是,是如何破坏的? 能不能修复呢? 下文将回答这些问题。

## (一) 什么是目前生态系统蜕变的主要原因

当前自然生态系统严重蜕变的主要原因究竟是天灾,还是人祸呢? 答案是人祸、天灾二者兼而有之,在大部分地区是以人祸为主。

近十几万年来地球上的自然生态系统基本上是在动平衡状态下发展的,这正是人类得以繁衍和发展的基本条件,否则原始人是不可能在剧变的生态系统中持续发展到今天的。

史前的原始人类和生态系统是依赖和微小干扰的关系,人类从自然界取得食物,又向自然界排泄废物,和动物没有太大区别,使生态系统的原始平衡和良性循环能够保持。大约 1 万年以前,人类开始了农业经济,烧草毁林,垦荒耕种,逐步向自然界过度索取,形成了大干扰,开始改变生态系统的原始平衡。在公元 1 年,地球上已经有 2.5 亿人,人类的农业生

产活动已经达到了相当的规模。公元 1750 年工业革命以后,人类的生产
生活从农业经济发展为工业经济,机器的使用、煤与石油能源的开发使人
类的生产力大大提高,掠夺和破坏自然界的能力也大大增强,造成环境污
染,从而破坏了生态平衡,大自然也开始向人类报复,人和自然的和谐关
系宣告终结。1950 年后逐渐发展的新技术革命,更大地增强了人类破坏
自然界的能力,环境质量严重恶化,生态系统开始恶性循环,环境问题已
经成了不能回避的当务之急。1970 年以后,随着高科技的发展,人类逐渐
认识到:不能沿着老路走下去,高科技使用不当会给生态系统带来灾难性
的后果,人类必须和自然和解,通过保护生态系统来恢复生态平衡。

工业革命以来,温室气体大量排放所产生的温室效应,已被越来越多
的人承认。尽管 20 世纪 0.7℃的平均温升仅为 5％,尚不能说明问题,但
是,如果 21 世纪 2.0～2.4℃的温升成为事实,超过了 15％,则肯定是气候
变暖了。

对于国外的预测也不能盲从,必须认真探讨。气温升高的直接后果
是蒸发增加(包括海水),为什么反而干旱了呢? 作者在世界水论坛暨部
长级会议上请教了 8 位国际专家,只有 1 位给出了答案:即蒸发总量的确
增加了,但降雨是大气环流的结果,因此雨更多地降到易于成雨的海面,
所以形成了把淡水变海水的自然运动。这种说法还得到了英格兰及其近
海的 1989－1999 年连续 10 年的监测数据的支持。作者认为这是迄今为
止最合理的解释。

## (二) 自然生态系统的自我修复能力

生态系统之所以能保持生态的平衡,主要是由于其内部具有自动调
节的能力,或称自我修复能力;对污染物质来说,自动调节能力就是环境
的自净能力。当系统的某一部分出现机能异常时,就可能被其他部分的
调节所抵消。生态系统的组成成分越多样,能量流动和物质循环的途径
就越复杂,其调节能力也越强。相反,成分越单纯,结构越简单,其调节能

力也越弱。但是,一个生态系统的调节能力再强,也是有一定限度的,超出了这个限度,调节就不再起作用,生态平衡就会遭到破坏。如果现代人类的活动使自然环境剧烈变化,或进入自然生态系统中的有害物质数量过多,超过自然系统的调节能力或生物与人类可以承受的程度,那就会破坏生态平衡,造成系统的恶性循环,使人类和生物受到损害。

生态平衡的破坏有自然原因,也有人为因素。自然原因主要指自然界发生的异常变化或自然界本来就存在的有害因素,如火山爆发、山崩海啸、水旱灾害、地震、流行病等自然灾害。人为因素主要指人类由于生产发展和生活水平提高对自然资源的不合理利用,过度利用短缺的不可再生资源,并且超过环境自净能力地排出废物带来的环境问题。

人类破坏生态平衡,造成恶性循环,其后果是严重的。比如,为了扩大耕地随意开荒、破坏植被;围湖造田、吸干沼泽导致湖泊萎缩;盲目兴建水库,使河流断流等,引发了各种灾害,得不偿失。乱砍滥伐森林造成水土流失,土壤贫瘠,河流淤塞,雨量减少,地下水得不到补充等一系列连锁反应。任意向江河湖海排放废污水,倾倒废弃物,破坏水生生态系统,引起"水华"和"赤潮",鱼虾绝迹,威胁人类健康。20 世纪 30 年代传入我国的水葫芦,虽为绿化水面、提供猪饲料做过贡献,但它的生长速度极快,短时间就形成单一群落,堵塞河道,影响鱼类生长,成为南方许多地方的灾难,就是因为没有按生态学规律事先研究,随意引入物种所致。

# 四、当代最大的危机是生态危机

当代的危机有政治、经济和战争等多种,但最大的危机是自然生态系统面临崩溃。

人类进入现代以来,最大的危机就是全球性的经济危机和政治危机——战争。

马克思主义认为经济危机是资本主义无法克服其基本矛盾的结果，是最大的危机。在马克思提出这一理论以后，资本主义在理论的探索和实践的教训的双重压力下，经过多次痛苦的自我调整，私有制受到限制，社会主义的成分增加，尽管经济危机不断，但事实证明均能调整渡过，依然在生存发展。

## （一）生态危机是当代的最大危机

当代，由于核武器的不断发展和积累，足以毁灭人类文明，使得各国都尽一切可能避免全球性的战争；世界经济的一体化使得各国都认识到通过战争解决冲突的成本远高于其获得的利益，而即便是土地和资源等各种迫切需求，都可以通过发展贸易、占领市场来解决；同时科学技术的进步和知识的积累，也使人类的主流更加理性，能深刻认识和反省过去战争给人类带来的灾难。基于以上三大原因，全球性的战争目前已不是人类面临的最主要的危机。

西方发达国家的学术界首先提出当前人类最大的危机是生态危机，作者在联合国也做过相关研究。国际战争的根源是资源的争夺，但目前由于生态危机不仅使全球发生资源危机，而且多国自身的资源甚至发生了更严重的危机，所以解决这一危机的手段不是战争，而是以生态修复和节约资源为主的生态经济，以优化配置资源和开发新资源为主的知识经济。而生态修复（如解决全球变暖）和知识经济（如互联网）都不是哪个大公司和哪个国家能做到的，必须以科学的社会规划和全球协同来解决，因此可以说资本主义解决生态危机的唯一办法就是增长社会主义的成分。近半个世纪以来西方发达国家不仅在实行上述做法，而且取得了比较显著的成绩。

因此，生态危机是当代最大的危机，而且解决这一危机的出路，人类正在逐步达成前所未有的共识，正在日益采取前所未有的协同手段，也只有这样才能保障人类真正的持续发展。

以环境保护和生态修复做得最好的欧盟为例,欧盟如果想达到2050年环境保护的目标,需要采取新的、更具雄心的政策和付出更大、更实际的努力。典型的例子是减少温室气体排放的目标。欧盟计划减少80%～95%的温室气体排放,以应对气候变化,这个过程被称为"去碳化"过程。但凭借现有措施,不可能达到这一减排目标。欧洲环境保护署执行主任汉斯·布鲁伊宁克斯表示:"从现在开始我们必须做得更多。"

对欧洲来说挑战依然严峻:减轻和延缓环境变化、大气污染和生物多样性降低就是其中最大的几个挑战。60%的物种及其77%的生存环境正处于较差的保护状态,而且最近5年来一直在走下坡路。

大气污染是导致健康问题的最主要环境因素之一。在欧洲大约有20%的人口受到的污染超过欧盟制定的标准。根据世界卫生组织制定的更加严格的标准,全球90%的人口受到的污染超过这一水平。报告警告说,细微颗粒物和臭氧持续给人类带来严重的健康问题。

欧洲环境保护署称,细微颗粒物每年在欧洲造成43万人过早死亡。还有研究显示,每年大约有1.6万人因为暴露在臭氧浓度较高的环境中而过早死亡。

暴露在汽车尾气等交通污染当中的学生的认知能力较差。此项研究是针对巴塞罗那39所学校的2715名学生做的调查。

很多国家仍将无法达到欧盟制定的空气质量标准。报告还称,气候变化导致洪水和干旱等自然灾害在世界范围内不断蔓延,进而加剧与水资源和人类健康有关的问题。此外,暴露在噪音污染环境中也是导致健康问题的主要诱因之一。90%来自于交通的噪音每年都会导致大约1万人因心血管疾病而过早死亡。

生物多样性下降,生态系统变得糟糕,土壤和自然资源处于压力之下,水生环境受到污染,大气污染令人担忧,垃圾无法得到有效的再生利用……这是欧洲环境局3月3日公布的2015年报告(每隔5年出一份)的总体情况,很难让人乐观。

　　覆盖的地理区域有 39 个国家的一份欧盟研究报告,包括欧盟 28 个成员国以及阿尔巴尼亚、波黑、冰岛、科索沃、列支敦士登、马其顿、黑山、挪威、塞尔维亚、瑞士和土耳其。在 5 年的时间里,尽管在空气和水的质量、海域减少、造成温室效应的气体排放方面取得了一些进步,但在许多方面,近来的趋势却在走向"恶化",而且在今后 20 年情况有可能持续恶化。该报告最后警告说,欧洲如果想要达到自己的环境目标,就必须改变其生产和消费方式。

　　生物多样性持续下降,主要原因在于人类活动施加的压力,如城市扩张造成的生物自然栖息地环境恶化或改变,农业生产密集化或强化对森林的管理,过度开采自然资源,气候变暖的影响日渐增大……

　　尽管欧盟 Natura2000 自然保护区在不断扩大,如今已覆盖了欧盟 18% 的地表,但在 2007—2012 年这个阶段,大部分种类的动物和植物(60%)及其栖息地(77%)仍处于"一种保护不利的状态"。至于海洋和沿海生态系统,欧盟从现在起到 2020 年达到"一个良好环境状态"的目标受到了过度捕捞、海底遭破坏、污染、外来物种入侵和海水酸化等的影响。

　　总的来看,估计只有 9% 的海洋栖息地和 7% 的海洋物种处在"有利的"保护中。欧洲北冰洋和波罗的海水域的过度捕捞明显减少,那里过度捕捞的鱼类储备的百分比从 2007 年的 94% 降至 2014 年的 41%。相反,在地中海,2014 年过度捕捞的鱼类储备的百分比估计在 91%。

　　土地分割主要源于城市化的土地人工化(欧盟 30% 的领土今天都变成了块状),还有农业生产密集化和侵蚀都使土壤状况变差。

　　对土地"不可持续"地使用是生物多样化受损的主要因素,并且还威胁到土地所确保的"生态系统服务"(如水储备,还有对污染物的过滤),与此同时,它增加了欧洲面对气候变化和自然灾害的脆弱性。

　　水生生态系统状况有所改善,但旨在让地表和地下所有水源在 2015 年达到"一种良好的生态状态"的框架指令目标远没有实现,目前只有半数水源达到了这个标准。总的来说,河水的状况要比湖水或沿海水域更糟糕。情况最令人担忧的是中欧和西北欧地区的地表水,因为那里实行的是密集型农业生产,而且人口密度很大。

事实上,农业依然是大规模污染的源头,主要是因为化肥不仅在地表流淌(40%还多的河流受其影响),也会侵入地下含水层(25%苦于硝酸盐的出现)。农业污染还包括了工业设施污染,后者影响到20%~25%的河水和沿海水域。

自1990年以来,欧洲范围内的工业污染物排放大大减少了。然而,到2012年,工业依然占二氧化硫排放的85%、一氧化碳排放的40%和细微颗粒物排放的20%。在2008—2012年,欧洲1.4万个最污染环境的设施造成的损失(对健康的损害、农业减产、物质损失……)费用估计在3290亿~10530亿欧元。

在污染主要来自道路交通的城市,各种统计依然令人忧心忡忡:2012年,近98%的人口身处的臭氧水平超出了世界卫生组织的建议;2011年,近43万例过早死亡归咎于PM 2.5细微颗粒物;而且欧洲每年可能因臭氧致1.6万人过早死亡。

到2010年还有占总量22%的垃圾被搁置在垃圾场。焚烧依然是许多国家优先考虑的解决办法。

上述事实说明,欧洲也并非生活在世外桃源中,这些问题都值得我们借鉴。实际上它对欧洲以外的环境也造成了很大的影响;欧洲消费品所需的56%的土地都是在其领土之外被开垦的;被用来提供给欧洲市场的40%的水源和大约30%的原料都来自全球其他地区。至于欧盟内因生产消费品造成的温室气体排放,近25%是在欧盟以外的地区产生的。

## (二) 自然生态系统的自我修复能力

生态系统之所以能保持生态的平衡,主要是由于内部具有自动调节的能力,或称自我修复能力;对污染物质来说,自动调节能力就是环境的自净能力。当系统的某一部分出现机能异常时,就可能被其他部分的调节所抵消。生态系统的组成成分越多样,能量流动和物质循环的途径就越复杂,其调节能力也越强。相反,成分越单纯,结构越简单,其调节能力也越小。但是,一个生态系统的调节能力再强,也是有一定限度的,超出了这个限度,调节就不再起作用,生态平衡就会遭到破坏。如果现代人类的活动使自然环境剧烈变化,或进入自然生态系统中的有害物质数量过多,超过自然系统的调节能力或生物与人类可以承受的程度,那就会破坏生态平衡,造成系统的恶性循环,使人类和生物受到损害。

生态平衡的破坏有自然原因,也有人为因素。自然原因主要指自然界发生的异常变化或自然界本来就存在的有害因素,如火山爆发、山崩海啸、水旱灾害、地震、流行病等自然灾害。人为因素主要指人类对自然资源的不合理利用,以及工业发展带来的环境问题。

人类破坏生态平衡,造成恶性循环,其后果是严重的,比如,为了扩大耕地随意开荒、破坏植被;围湖造田、吸干沼泽导致湖泊萎缩;盲目兴建水库,使河流断流。乱砍滥伐森林造成水土流失、土壤贫瘠、河流淤塞、雨量减少、地下水得不到补充等一系列连锁反应。任意向江河湖海排放废污水,倾倒废弃物,破坏水生生态系统,引起"水华"和"赤潮",鱼虾绝迹,威胁人类健康。20 世纪 30 年代传入我国的水葫芦,虽为绿化水面、提供猪饲料作过贡献,但它的生长速度极快,短时间就形成单一群落,堵塞河道,影响鱼类生长,成为南方许多地方的灾难,就是因为没有按生态学规律事先研究,随意引入物种所致。

# 五、百廿年以来我国生态系统受到的重大破坏及其修复

一个多世纪以来,自然生态系统的破坏是人们并不全面了解和难以想象的。以中国东北地区为例,从乡乡有森林、县县有湿地变成了今天的状态,令人触目惊心。

120 年来中国生态系统遭到了十分严重的破坏,主要来自人祸——连绵不断的外敌入侵、内战和新中国成立以来的不全面的经济政策。

## (一) 东北地区

1895 年中日甲午战争以前,我国的东北地区原是全国以至世界生态系统维系得最好的地区。17 世纪以前,人口密度很低,对生态系统的破坏很小。自 17 世纪中叶以后,清政府制定了禁垦围猎的政策,客观上保持了自然生态系统。对东北生态系统的破坏始自 19 世纪下半叶清朝末期,清政府摇摇欲坠,不得不弛禁招垦,开始了闯关东的大移民,人口迅速增加,但还是集中于辽河平原和松嫩平原的农业开垦。自沙俄和日本入侵,尤其是 1931 年日本占领东北以后,大、小兴安岭和长白山的原始森林几乎砍伐殆尽,生态系统遭到极其严重的破坏。以后,随着人口密度的增加和传统工业化的加快,东北的生态系统进一步恶化。百万平方千米的有森林与湿地的优质生态系统,变成今天几乎没有原始次生林和仅有的小片湿地的较差生态系统。这一巨大的变化在大面积的生态系统中实属世界罕见。

从目前到 2050 年的生态系统恢复重点在封山育林,全面恢复大、小兴安岭和长白山的森林,适量恢复三江平原和松嫩平原的湿地,恢复辽河平原的地下水位,使辽河水系不再出现断流。

恢复东北生态系统创造的大量自然财富——第二财富,不但将比增加人均住房面积和百户汽车数使人民的生活质量有更大的提高,而且将形成华北地区、朝鲜半岛以至日本列岛的自然屏障,维系整个东北亚的生态系统。

## (二) 华北地区、内蒙古、甘肃西部和陕北地区

在历史上,华北北部、内蒙古、甘肃西部和陕北地区是草原牧区,自清王朝覆灭以后,由于册封的蒙古王出售牧场、军阀混战、南粮不再北运和

人口的增加,人类的经济活动开始了破坏自然生态的恶性循环:在水肥草美的牧区种田——农区北移;在半荒漠地区放牧——牧区北移。从而在农区要引黄河、海河的水浇灌,造成水资源紧张,本来就是季节性的河流断流,本来就为数不多的湖泊和湿地干涸;在牧区半荒漠的草原牲畜承载力低,形成过度放牧,造成了荒漠化。其后果是严重影响了陕南和华北中南部的气候,使得少雨、多风、沙尘天气增加。

以我们现在着力生态修复协同发展的京津冀地区为例。这里原"是位于天津和保定之间绵延近 130 千米的两个大水泊'东淀'和'西淀'",一直延续到北京的东南部。今天东淀已经消失,西淀——白洋淀曾几近干涸,面积也大大缩小。这些水泊则成了河流淤泥的定期排放之所。然而,这些水泊或沼泽地带本身也是一个物种丰富的大型生态系统,它们已经存在了三千多年,很可能是华北平原最富于生物多样性的地区。这里一定曾经生活着各种鹿群,包括梅花鹿和原麝,甚至也可能有过成群的麋鹿,因为残存的麋鹿就曾经被饲养在水泊北面的皇家猎苑里。同时存在的还可能有鹿的天敌狼、豹子甚至老虎,以及各种各样的水鸟,包括现在已经濒危的天鹅、野鸡和其他喜欢在沼泽地带生活的鸟类,如红翅黑鸟和黄鹂。像东淀和西淀这样巨大的水面,肯定也是候鸟迁徙路线上的一个栖息地,以及各种贝类、鱼类和龟类的乐园。

随着东淀和西淀的日益淤塞,农民开始将其垦为农田。事实上,到 19 世纪后期时,该地区的富户已经对这些肥沃的河底泥进行了开垦和耕作,东淀的规模也缩减到了先前的三分之一,当时一位重官员曾经预测这里最终会消失。

今天北京周围的河流已经很少有水流了,它们绝大部分都在更上游的位置就被拦截或者储存到了为首都北京而建设的水库里。

从目前起到 2050 年,应大力采取新循环经济的措施,开发生物技术、少公害高效肥料和节水灌溉,在华北中南部、陕南和甘南、江淮和长江以南发展高效生态农业提高单产,使这一地区承担保证粮食安全的任务。

在华北北部、内蒙古和陕北退田还牧、退牧还草,使人类生产活动依附于自然生态系统的良性循环,修复自然生态系统。

同时,农业用水的减少、循环经济的实现,使海河和黄河的污染程度将大大降低,整个地区的水质将大大提高,使河湖不但常年有水,而且流水清澈,从而使中华文化摇篮的面貌有较大的恢复。

生态修复世界上这片最大的自然生态系统良性循环被破坏的地区,不仅是修复中国生态系统的关键,而且将对东北亚的生态系统修复和维系起重要作用。例如,中国的沙尘肯定不会再在日本列岛出现。

## (三) 华中、华南、四川、重庆和云南、贵州地区

华中和华南地区历来是中国的鱼米之乡,粮食主产区,素有"湖广熟,天下足"之说,自 20 世纪以来,最大的生态问题是森林砍伐、坡地开荒和日趋严重的水污染,使得历史上的青山绿水、鱼米之乡和苏杭天堂这一巨大的自然财富被严重破坏,不复往日的面貌。

从现在起到 2050 年,在这一地区恢复生态系统、创造第二财富应采取以下措施:

① 提高单位面积粮食作物的产量,恢复我国南粮北运的合理生态经济布局,并保证坡地退耕还林。

② 在保证全国粮食安全的前提下,逐步实现坡地退耕还林、植树造林,恢复长江、珠江上游自然生态系统。

③ 大力实施循环经济,逐步做到废污物尽可能少排放,同时治理污染,中水回用,还淮河、长江和珠江清澈,还江南青山绿水。

④ 限制车辆激增,科学布局、合理规划,大力减少建路、建桥、建机场和建港口用地,保证农田数量。

中国历史上人民对生活质量的追求就是青山绿水、鱼米之乡、苏杭天堂和天人合一,对华中和华南生态系统的修复就是创造了大量的第二财富,大大地提高了人民的生活质量。与此同时,也保护了黄海和南海的生

态系统,对我国台湾和东南亚的生态系统有巨大的修复和保护作用。

## (四)西北和青藏地区

我国的西北和青藏地区由于干旱和高寒,属于荒漠和冻土地区,大部分地区不宜人居,绿洲和河谷地域很小,生态容量有限,生态系统脆弱,历史上从来人口稀少,因此,生态系统破坏尚不十分严重。但是,自改革开放以来,西北农业快速发展,大量用水,黑河下游的尾闾居延海干涸,塔里木河断流,尾闾台特马湖干涸。青藏冬虫夏草的挖掘,藏羚羊的捕捉,旅游业的发展,使脆弱的生态系统也受到不同程度的破坏,甚至登山使全球的圣洁无人区珠穆朗玛峰也受到影响。

从现在起到 2050 年,最重要的任务是维系自然生态系统,绝不能再走先破坏、再修复的老路。我们在说现行国内生产总值(GDP)计算方法不合理时常举一个例子,先挖坑、后填坑,没有创造任何财富,但计了两倍的 GDP。实际上我们在生态系统的问题上在做着同样的事情。不过生态系统的破坏是在破坏自然财富,因此,生态系统必须及时修复,其修复也创造了财富。

在西北和青藏地区维系生态系统最为重要的是:

① 修复生态系统,如恢复黑河和塔里木河的断流,逐步使干涸的居延海和罗布泊入水。

② 不能再多增人口,以致超过环境容量。

③ 不应再扩大绿洲和居民区以保护沙漠与绿洲、冻土带与宜居区之间的过渡保护带。

④ 开发资源应在这种资源及开发这种资源要利用的相关资源的承载力之内。如开发石油资源,要考虑到水资源的承载能力。

如果到 2050 年能够达到上述要求,将能维系西北和青藏的生态系统——创造第二财富,保证居民的生活质量。同时,西北和青藏的生态系统可成为中亚和东南亚的生态屏障,保护中亚和东南亚的生态系统。

## （五）滇池之殇

滇池的重污染和久治不愈已全国闻名，甚至产生了国际影响，是我国破坏生态系统的最具典型性的例子。

滇池是云南省的最大的淡水湖，位于云南省昆明市的西南，为高原明珠，其形似一弯新月。湖面的海拔高度为1886米，南北长39千米，东西最宽为13千米。面积为306.3平方千米，容水量为15.7亿立方米，号称"五百里滇池"。流域面积2855千米，为我国第六大淡水湖，周围群山连绵起伏，形成了昆明坝子的天然屏障。湖滨土壤肥沃，气候温和，水源充沛，利于灌溉和航行。平均气温为14.5～17.8度，降水量为1070毫米。昆明坝子盛产稻米、小麦、蚕豆、玉米、油料，是云南的"鱼米之乡"。

滇池风光秀丽，碧波万顷，风帆点点，湖光山色，令人陶醉。四周西山华亭寺、太华寺、三清阁、龙门、筇竹寺、大观楼及晋宁盘龙寺，是我国自然与文化遗产。

### 1. 近几十年来滇池之殇

滇池是我国著名的高原淡水湖泊，分外海和草海两部分，由一道天然湖堤分开。由于滇池位于昆明市的南端，处在200多万人口城市的下水口，整座城市的污水都流往滇池；同时，滇池在自然演替过程中已进入衰老期，湖盆变浅，来水量不足，换水周期长，生态系统脆弱。90年代以来，随着社会经济的迅猛发展，城市规模不断扩大、人口剧增，水体富营养化、蓝藻爆发及农村面源污染等，使滇池水环境问题变得突出起来，治理难度增加，滇池水环境治理已成为亟待解决的难题。

同时，近几十年来，人类经济活动对滇池生态系统产生了巨大的影响，天然湿地被破坏，湿地面积逐年萎缩。20世纪50年代，滇池开始了围湖造田活动，70年代则开始了大规模破坏滇池草海沼泽的围湖造田，滇池水面被围23.3平方千米。80年代至90年代，滇池外海沿岸修建防浪防洪堤，致使天然湿地被毁。据不完全统计，围湖造田的面积达21.8平方千米,使滇池水面又减少了 21.8 平方千米。盲目围垦的结果是,直接破坏了湿地的基底,将水体与陆地的地带转变为农业田,完全破坏了湿地生物多样性最丰富、净水能力最高的部分。

### 2. 滇池水环境的现状

滇池的水环境问题主要是水质污染,它经历了一个长期而复杂的过程。水质污染从 20 世纪 70 年代后期开始,进入 80 年代,特别是 90 年代,富营养化日趋严重。草海异常富营养化,局部沼泽化,外海严重富营养化,出现全湖水质超 V 类的严重状况。

20 世纪 50 年代,滇池的水生高等植物仍然十分丰富,植被占湖面的 90% 以上,水生植物多达 100 多种,其中沉水植物就有 42 种。到 70 年代末,水生植物为 46 种,分布面积由原来的 90% 下降到 12.6%。到 1995—1997 年调查时只发现 22 种水生植物,分布面积仅为 1.8%,规模迅速减小。至目前,轮藻、海菜花、黑藻、狸藻等都已消匿,沿岸带消失,导致滇池水体物种平衡失调。蓝藻成为单优群落,形成全湖性蓝藻大爆发。

虽然湿地在一定程度上可降解污染,但湿地面积已经锐减,而且过度污染不仅使湿地水质恶化,而且对湿地生物多样性造成严重威胁。滇池湿地污染的原因主要有民用、工业和企业三方面。其中工业废水对滇池湿地造成了巨大的伤害,1993 年滇池入湖污水量为 1.85 亿立方米,其中工业废水 4980 万立方米,占污水量的 27%。污染直接导致一些水生动物的死亡,水生植物物种的生存环境堪忧,并使一些有害物种的耐性增高、数量增多,最后造成湿地生态系统的破坏和生物多样性的减少直至完全丧失。

### 3. 能创新,滇池就能治好

滇池的治理已有 20 年时间,从最初的"两亿元治好滇池",至今已投入数百亿仍未能治好,成为国内外关注的老大难问题。

滇池的问题仅是我国水污染治理这一严重滞后领域的一例。"改革开放以来,今天我国经济总量已居世界第二位,30 多年完成了西方近百年的经济发展历程;我国航天事业已跃居世界第二位,以 30 多年完成了西方近 50 年的发展历程。从重要领域来看,唯有水环境治理,与德国、英国和法国在 20 世纪从 50 年代到 80 年代的水环境治理相比,投入不少,效果不如,这是不争的事实。"

滇池一定要治好,不仅是因为污染程度已超过流域环境承载能力的上限,对当地人民及子孙后代健康的危害越来越大,而且根据国际经验,由于本底污染源的积累,重度污染超过 20 年的湖泊治理难度线性增长,超过 30 年,湖泊生态系统修复的可能性越来越小。

治理滇池"十二五"规划又投入 420 亿,滇池还能治好吗?根据作者 30 年来百国考察、20 省实践的经验,只要排除阻力,"创新、创新、再创新",就完全可能。

滇池的历次治理,还是略有成效的。尤其是《滇池流域水污染防治"十二五"》规划成立了专家咨询委员会那次,开始了多学科综合研究,其后一些官员也做了较深入的研究。

但是至今在理论上、实践上、技术上、治理能力上还存在着许多问题。作者对滇池进行了 16 年水资源、地形、生态系统和经济社会发展的跟踪研究,认为滇池治不好除了排污增加外,主要原因有:

(1) 理论上的重大缺欠——不"善于运用系统思维"

十八大明确提出系统、协同的理念,滇池的"山水林田湖是一个生命共同体",否则"很容易顾此失彼,最终造成生态的系统性破坏。"而水污染治理界的个别权威对此没有深刻的认识,一味强调大建污水处理厂,规划中罗列一些理论上矛盾、支离破碎、脱离实际、难以操作的措施,不能从节水、水资源保护、科学的湿地修复、生态水、地下水、再生水或相关动植物和当地社会经济发展的巨系统考虑,没有用系统论和协同论全面分析。滇池流域的水系统是一个非平衡态复杂巨系统,必须按协同论用蒙特卡罗等方法模拟调节该系统的动平衡。此前的规划甚至未能找出序参量

（更不用说定量调查研究）。这些做法还助长了"九龙治水"。同时，对污水处理厂大量耗能、产生大量$CO_2$更没有考虑，在循环经济和生态学方面基础知识不够。不是说不建污水处理厂，而是其仅为重要的序参量之一。

（2）未能借鉴成功的经验，不唱"一曲绿色的颂歌"

不但国际上，国内也有成功的经验。

1991年经国务院总理办公会批准执行的《21世纪初期首都水资源可持续利用规划》保住了密云水库，至今维系着北京脆弱的水供需平衡。《黑河流域近期治理规划》基本修复了东居延海，把北京的沙尘天气源——干涸的湖泊变成了今天的旅游热点。《塔里木河流域近期综合治理规划》初步修复了台特玛湖，使迁出的维吾尔族农民返回，维系了民族团结。新《黄河分水方案》使黄河15年不断流，修复了河口湿地。这些被朱镕基总理称为"一曲绿色的颂歌"让"大书特书"。这些规划都是上述正确理论指导的（以上均由作者主持制定，指导实施），个别相关权威参加了当时的评审，大加赞扬，但后来不但不借鉴，反而发表相反的言论。

（3）技术路线"不甚合理"，未采用适宜技术

1990年作者由柏林市副市长陪同，喝了掺入30％再生水的自来水。20世纪80年代，德国已有成熟的先进的污水治理技术，但因价格问题无法引入我国。今天我国人均GDP已接近当时的德国，可以考虑引入。

水污染治理是我国的落后领域，但却有"国际领先的技术"，个别权威还被聘为西方公司"水环境技术咨询顾问小组"成员，让人费解。

水污染治理技术路线不合理之处，还在于未对流域的不同河流、不同区域采取不同的适宜技术，而是单一技术包治百病。

（4）治理执行能力不强：缺乏责任制

多年治理的问题还在于治理执行能力不强，有九龙治水的问题，有利益集团的问题，但最重要的是责任制问题，而其中最关键的是制定规划专家的责任问题。由于有前三个问题，专家制定出不甚合理的规划一走了之，政府如何负责？滇池治理已成为规划制定的"深水区"，规划执行的

"险滩"。

因此建议:按照十八大精神和中央领导的指示(代表人民的是国家领导人,而不是专家,这是西方科学家的共识)修改、制定"2016—2018滇池污染治理规划",目标是取得人民满意的明显效果。

① 由有合格理论基础、成功经验和曾实践参与的专家(1/2)、政府执行官员(1/4)和基层工作人员(1/4)共同组成治理方案制定委员会。

② 参照航天成功的经验,由工程院责成相关权威为总工程师,签字负规划制定责任并终身追责,主要执行者同样承担执行责任,注意"裸官"和"裸学"。

③ 如无人承担,应在新常态下创新,找出新权威(同样要签字承诺终身追责),向作者的老师钱学森、王大珩、张维、师昌绪和张光斗等老一辈专家学习,对国家和人民负责。

④ 在规划执行中,制定者和执行者应形成统一的工作体,密切合作,不断修正,互相监督,形成倒逼机制。

⑤ 坚决执行第三方环境治理政策,彻底改变对 the polluter pays 的多年错译,"谁污染,谁治理"应为"谁污染,谁付费,第三方治理",清除造成的各方面不合理影响。彻底改变"既当运动员,又当裁判员"的评价现象,由当地民众、非执行体官员、真正非涉项目相关专家各1/3组成评审委员会,各举1名代表监督终身追责。

在以上方面排除阻力,系统创新,滇池治理一定能取得让人民满意的效果。

# 六、目前人类能建成自持的人工生态系统吗

人类自以为无所不能,但至今没有造出一个可自持(无任何外部输入)的"人工生态系统"。

实验证明迄今为止自持的人工生态系统,即建成后无需能量和物质输入而自持运行的系统,是像永动机一样无法制造的。

所谓"人工生态系统"就是人类模仿自然生态系统建造的、自持的、闭路循环的生态系统。迄今为止人类还没有造出真正自持的生态系统,所有"人工生态系统"都没有创造新物种,都靠的是水和能源的输入,也就是说靠的是其他自然生态系统的蜕变。

## (一) 美国建造人工生态系统失败

美国的人工生物圈工程可以见证这一观点,这就是在科技最为发达的美国运行的"生物圈 2 号"(Biosphere 2)实验。1991 年,美国科学家进行了一个耗资巨大、规模空前的"生物圈 2 号"实验。所谓"生物圈 2 号"是一个巨大的全封闭的玻璃人造生态系统,位于美国荒凉的亚利桑那州的奥拉克尔(Oracle),建设共耗资 2 亿美元。底面积为 1.28 公顷,大约有两个足球场大小。从外面观看,它是一个巨大的玻璃球体,这个封闭生态系统尽可能模拟自然生态,有土壤、水、空气与动植物,甚至还有小树林、小湖、小河和模拟海。1991 年,8 个人被送进"生物圈二号",本来预期他们将与世隔绝两年,可以靠吃自己生产的粮食,呼吸植物释放的氧气,饮用生态系统自然净化的水,在固定数量的空气、水和营养物质的循环反复利用下,像在地球上那样生存。

但是,试验开始 18 个月之后,"生物圈 2 号"系统严重失去平衡:氧气浓度从 21％降到 14％,不足以维持研究人员的生命,补充输氧也无济于事;二氧化碳和氮氧化合物的含量都急剧上升;无法模拟碳循环过程。原有的 25 种小动物,19 种灭绝;为植物传播花粉的昆虫全部死亡,植物也无法繁殖。农产品产量大幅下降,无法模拟生态循环。

事后的研究发现:细菌在分解土壤中大量有机质的过程中,耗费了大量的氧气,首先失去氧平衡;而细菌所释放出的二氧化碳经过化学作用,被"生物圈 2 号"的混凝土墙吸收,又打破了碳循环。

"生物圈2号"计划设计得巧夺天工,结果都一败涂地,说明人类对生态系统的认识还实在太少,不论花多大的代价,也不论采用当前拥有的何等复杂、先进的技术都不足以建立哪怕是实验的"人造生态系统"。其后,美国科学家总结经验继续了这一实验,但一直没有成功,自2000年以后停止了这类实验。

## (二)日本东京的准人工生态系统

美国建造的纯人工系统的失败并不能说明人无法作为,在自然生态系统之中,依照自然规律建造"准人工生态系统"不仅是必要的,而且是可能的。日本东京高楼大厦的"水泥森林"中,有一片准生态林,就是一个实例。

日本人称东京是一座"水泥森林"。明治神宫坐落于东京中央地带的涩谷区,占地70公顷,是东京最重要的绿地,近1平方千米,可以构成一个较独立的生态系统。明治神宫的中心是日本式园林,外围则是成片的树林,人工林与自然林连成一片,人工林被自然林化,凸显出日本人喜欢的"自然古朴"的风格,这里是一个天然的大氧吧。明治神宫还有各种灌木和花草,总是鲜花盛开,春天是樱花,夏季有菖蒲、睡莲,秋天是红叶和菊花,构成了一个绚丽的小准生态系统。

1945年4月,明治神宫的主要建筑被美军炸毁,在1958年11月重新修复完成。修复过程中聚集了很多日本专家,引入了生物学上的植物科学"迁移"概念,播种了多种多样的树种。植物学家根据东京的气候环境种植了椎树、橡树、楠树等常绿阔叶树。日本政府从日本全国各地以及朝鲜、中国台湾等地运来360多种共12万株树木栽种在神宫四周。园中树木达17万株以上,即每公顷约2400株,每亩160株,疏密合理。如今,林区仅用50年的时间就进入准自然林状态,不用人工施肥和管理,仅凭已经形成的森林生态系统,自然地保持着森林内部生态的平衡。

此外,不同的植物还引来多种昆虫和微生物在这片森林中生息繁衍,它们不仅"清理"了树林中很多枯叶,翻新了泥土,还成为林中池塘里的鱼和树枝上的鸟的食物来源。所以整个神宫周围的森林形成了一个天然和谐的生态系统。明治神宫成了大都市中罕见的生态森林。

从这个例子中可以看出,准人工生态系统建设有 3 个条件:一是有一定面积,一般至少 1 平方千米,明治神宫 70 公顷可以说是勉强达标;二是至少 50 年才能达到近似自然生态系统的状态,而明治神宫中原来就有自然林为基础;三是在建设中必须遵循自然规律,认识到准自然生态系统是一个自然生命共同体,必须以原有树种、物种为主,引入外来物种必须经过至少 20～30 年的实验。建设绝不仅是"绿",除了树还要考虑灌木和花草,以及动物和昆虫。

# 七、现有"人工生态系统"的运行

现有的"人工生态系统"都离不开不断的外部输入,实际上不是纯人工生态系统。

从理论上讲,自持生态系统是不能人造的,但在人不断干预的情况下,完全可以形成人造生态系统的持续运行。美国的赌城拉斯维加斯就是个例子,这座荒漠上的赌城就是人造的一个新生态系统,但要靠胡佛大坝水库的水不断地输入。

阿拉伯联合酋长国正在进行更大的人工生态系统的营造,该系统在世界上首屈一指。在从首都阿布扎比到沙迦的长达 130 千米、宽为 10 千米的沿海地带,酋长国正在进行一个面积达 1000 平方千米的、庞大的半荒漠变绿洲的人造生态系统工程。它是如何运行的呢?

作者两次往返于从阿联酋首都也就是阿布扎比酋长国首都阿布扎比岛,经迪拜酋长国首都迪拜市,到沙迦酋长国首都沙迦市全长 180 千米的公路,亲眼见到绝大部分的路段两旁全是高耸的棕榈,除个别地段仍是荒漠外,绿地纵深在 5～15 千米,绿草和耐旱灌木构成了广阔的人造绿洲。其中阿布扎比市人口约为 100 万,迪拜市人口为 90 万,沙迦市人口为 15 万,再加上公路沿线的居民,海岸绿洲人口占阿联酋人口的 2/3。这里居民的生活环境的确从半荒漠带变成了半湿润带,绿茵遍地,空气比较湿润。据作者的实测,绿化 10 年以上的地区,沙地已开始变化。

## (一) 建造"人工生态系统"的条件

阿拉伯联合酋长国波斯湾沿岸的人类改造自然、持续投巨资建造的"人工生态系统"也不是有钱就能办到的,是有条件的:

① 波斯湾南岸沿海,年降水量近 200 毫米,这是改造生态系统的基础。新生态系统形成后,目前降水量仍不到 250 毫米,无法维系草原植被,所有树和草都必须灌溉。由此可见,如果原来的降水量低于 100 毫米,这种改造就几乎是不可能的。

② 巨额的投入。仅阿布扎比酋长国境内,占人工绿洲约一半的地区,年耗水量目前已达 4 亿立方米,人均拥有 270 立方米,折合地表径流深则高达 800 毫米。仅海水淡化制原水的成本就达 2.5 亿美元/年之巨。

③ 波斯湾南岸沿海,因此可就近淡化海水,否则代价将更大。

如果加上 20 年来的海水淡化设备投入,输水管道投入,喷灌、滴灌设备投入,污水处理投入,移植树草甚至移入土壤投入,人工投入,管理投入,则总计达 500 亿美元之巨,也就是说每变 1 平方千米荒漠带为绿洲大约要投入 1 亿美元。

④ 不能不说阿联酋的绿洲人工生态系统计划是按照长远的科学规划进行的。按部就班,不急于求成,而且以科学知识为基础,如厉行节水灌溉,引入耐旱物种等,因此取得了较好的效果。

## (二) 阿拉伯联合酋长国波斯湾沿岸的"人工生态系统"

尽管有如此巨额的投入和科学的规划,阿联酋波斯湾沿岸的"人工绿洲生态系统"建设还只是初具雏形。

①目前还未完全形成自持的生态系统,年降水量仅从以前的 200 毫米略升到 250 毫米,距半湿润带生态系统的下限 400 毫米还相差很多,估计要达到下限还至少需要 60 年时间。因此目前只能靠代价高昂的海水淡化灌溉来维持农业。

②人工生态系统中的土地刚刚从沙砾开始土壤化,并没有形成土壤层,估计形成土壤还至少要 20 年时间。

③当绿洲生态系统完全建成后,可以容纳约 10 万人在较好的自然条件下生活,即约 100 人/平方千米。如果随着阿联酋的高速发展,外来移民不断增加,使人口密度超过 100 人/平方千米,则又会使十分脆弱的现"人工生态系统"退化,甚至前功尽弃。

由此可见,一个 100 平方千米以上面积的人工生态系统的建设是如此艰难,不是所有国家都能做到的。即使不计巨额投入,也是一个漫长的过程,需花四、五代人即 80～100 年的时间。

# 八、丹麦卡伦堡生态工业园区实践的新循环经济学分析

丹麦卡伦堡工业园区不但开启了"生命共同体"的创新理论,而且进行了"循环经济"的成功实践。

卡伦堡人在循环经济的实践方面走在了前面,他们对循环经济的理念创见并不多,甚至也没有频繁使用"循环经济"这个名词,但是实践上他们已经以新循环经济学的理论为指导,并以自己的实践验证了新循环经济学的理论。而新循环经济学指导的生态工业园区建设是修复被传统工业生产破坏的生态系统和使人类生产与自然生态和谐的最好方式。

## 1. 再思考(Rethink)

在考察的过程中,卡伦堡人一再向我说,他们这样做是与传统工业化

不同的、为下一代着想的"可持续发展"的新思想使然。他们认为从事社会产品的生产,生产更多的电、石油、医药和石膏板已经不是他们从事生产的唯一目的;保护这一地区的自然生态系统已经是他们生产的另一个目标,也就是维系自然财富。当然,这第二目标的产生与政府的法律约束有关,但园区首先出现在卡伦堡显然是与当地企业和居民的这种新思想分不开的。

从卡伦堡的经验可以看出,在社会产品生产达到一定程度之后,就应该用社会财富来修复自然生态系统——自然财富,维系、修复生存环境,提高生态系统的承载能力,在自然生态系统承载能力提高的基础上再进一步发展生产,如卡伦堡地区已准备再吸纳新企业。在自然生态系统修复时也同样创造价值,如在近 20 年内卡伦堡地区修复生态系统投入了约7000 万欧元,但直接经济效益就超过了 2 亿欧元,完全可以建立绿色GDP 指标体系予以统计。

北欧是世界上最早接受可持续发展意识并身体力行的地区之一,丹麦则是世界上首先设立环境部的国家之一。公众对于可持续发展理念的高度认同、接受和实行是卡伦堡园区内企业走上循环经济道路的基本条件。如上所述,我们亲眼看到镇上居民都自觉自愿地开自己的车将垃圾分类并送到收集处。企业家也是如此,管理人员更不例外,而且身体力行。陪同我们参观的前电厂总经理与我们讨论:解决水资源不足有跨流域调水、流域内集中输水、节水和中水回用等多种办法。他认为按可持续发展的思想排队,其顺序当然是节水、中水回用、流域内集中输水,实际上他们也是这么做的。

## 2. 减量化(Reduce)

按新循环经济学的新理念,最大的减量化是降低人们为提高生活水平而线性增长的物质需求,使物质需求合理化。因为如果使地球上的 65亿人都达到今天美国人的平均物质生活水平,则需要 4 个地球的资源,这是不可能实现的。

　　卡伦堡人在物质需求方面的减量化与合理化给我留下了深刻的印象。卡伦堡仅有的一条小街上没有一座 4 层以上的高楼,更没有新修的广场和标志性建筑物,在卡伦堡小镇上,只有一家百年前的旅馆,还利用百年前的老屋,但收拾得干干净净,房间中没有一次性用具,坐便器都是双按钮的节水马桶。直到近两年参观的人越来越多,才建了一座高星饭店。几年前市政府还在一幢 19 世纪的 3 层小楼中,近年来大概也是由于接待才搬出。我走入一家可说是中产阶级的家庭,4 口之家住房面积还不到 100 平方米。卡伦堡人在物质需求的合理化方面堪称我们的楷模。

### 3. 再利用(Reuse)

　　按新循环经济学的理念,最大的利用就是可再生资源的利用,如上所述,卡伦堡的再生水利用率达到了废水处理量的 88%,位居世界前列。对于一个小城来说,另一种可利用的可再生资源就是太阳能。太阳能的利用在卡伦堡尚不普遍,但是卡伦堡人已经意识到这一点,阿索内斯电厂的一个管理人员说:我们电厂虽然是能源的供应者,但在厂区也应利用太阳能。这充分说明卡伦堡人对于资源的再利用不仅仅是一种经济和环境考虑,而是一种新时代的资源意识。

### 4. 再循环(Recycle)

　　在卡伦堡园区中再循环已远不限于一个企业,甚至也不限于园区内的工业共生体,而是已经扩大到与地区外的企业联网。按新循环经济学的原理,建立一个不同于传统工业的,按钢铁、炼油、建材和制药等行业来严格划分、孤立运行的循环产业体系。

　　把地球既当取料厂又当垃圾厂的开放生产模式已经过时。一种打破产业分类的、依闭环模式运行的工业企业生态共生循环模式正在出现。

　　卡伦堡园区不是政府组织的,也不是政府指令企业组织的,不搞拉郎配,至今园区范围的 20 家企业中只有 8 家参与共生体。它是企业自发、自愿组织的,是一个企业的共生联合体,不但自己管理自己,只延请政府代表参与讨论,而且派代表参加政府的相关重大决策讨论,参与政府管理。目前有其他企业申请加入,由于废物利用未达标而未被共生体企业委员会批准。自愿参与有两个同等重要的前提,一是获得经济利益,二是遵守国家法律,二者缺一不可。卡伦堡地区缺水,政府没有组织从外流域调水,最经济的办法就是水的循环利用,这是企业经济利益所要求的。法律规定废弃物须达标排放,对企业来说,治理废弃物还不如将其送给别人,如果一家的废物正好是另一家的原料,必然两相情愿,互利共赢。实际上任何一种废物都是原料,只是把它在错误的时间,以错误的数量放到了错误的地方。这个基本事实就是循环经济存在的基础。

从管理体制看,通常丹麦市政府的角色着重于社区建设和公用事业管理(供水供热、饮用水和废水处理等)。因此,其推动地区经济社会发展更多是以间接方式,正因为如此,卡伦堡市政府同时是以一个成员而不是主管人的身份参加工业协作网络,起政策协调作用,保证企业的主导地位。

在卡伦堡工业园区中政府的另一个作用就是严格执法,没有政府的严格执法,排污就不用达标,也就不用给污染物找出路,最终也不会有生态共生体的形成。

园区实行企业组成委员会,轮流坐庄,共同协商解决问题的制度,但是在不履行合同和有争议的情况下,政府在园区的运行中还是起了不可替代的协调作用。

法律对于共生体的建立起了重要的规范作用,丹麦关于建设资源节约型和环境保护型社会,实施循环经济的法律体系建立较早,而且完善。以《环境保护法》为中心,建立了《水资源法》《工业空气污染控制指南》《废弃物处理法》和《海洋环境法》等一系列法规,使得企业的发展只能沿着节约资源、保护环境和循环经济的道路前进。

## 5. 再修复(Repair)

新循环经济学的新 3R(减量化、再利用和再循环),实际上是在循环经济对传统工业化改造上的创新,提出新型工业化的道路,主要目标仍然是创造社会财富。而再修复则是创造第二财富——维系自然财富和修复生态系统的手段,这种手段在卡伦堡成功地运作,已经生产了财富。

在卡伦堡的生态修复首先是大量减少地下水的利用,维系地下水位。所以我们在卡伦堡看到这里临海,有的地方是陆海交错,但是没有地面沉降现象;同时地下水位不降低,等于修了地下水库,备用旱年,不必调水;最后在这个污染严重的工业区,自来水仍可直饮,实际上减少了杯装水和罐装水的用量,创造了经济价值。

其次是污水的处理和中水的回用以及再处理,大大减少了向海洋排污,维系了近海的生态系统。我们看到海水清澈得就像游区一样,并且了解到这里的渔业经历 20 世纪 50～60 年代近海污染的减产后已经恢复,现在捕鱼量还有增加,更直接创造了经济价值。

再有是对于 $CO_2$、$SO_2$ 和粉尘的治理,修复了大气生态系统,使得这个工业区天空湛蓝、空气清新,市长不必为有多少个蓝天发愁。

这一切创造了宜居环境,一般在西方,企业人员尤其最高层的管理人员都不住在工业区,但这里情况不同,如阿索内斯电厂的前总经理在退休后仍住在这里。他对我说:"这里的环境和海滨旅游区没有区别,又没有那里嘈杂,所以我搬来了,并且住下去。"而房地产的升值又创造了直接经济价值。

我们在卡伦堡的两天,极目所见:天空蔚蓝,空气清新,海水清澈,海面清洁,绿茵遍地,树木扶疏;街道整洁,古风犹存;园区内也鲜花盛开,环境幽雅,的确可称得上是宜居城镇。以环保人士的观念看,美中不足的是高烟囱和大厂房,就权宜把它当作传统工业化的纪念品吧。

## 6. "断链"问题

目前国内流传卡伦堡园区遇到了困难,出现了断链问题。所谓"断链"问题就是在园区内的循环中,如果一个结点也就是一个企业,由于迅速发展或不景气等原因产生提供的废料大量增加或减少,对于下一结点和整个循环产生影响的问题。我们访问中也曾就此意征询,卡伦堡人都说卡伦堡园区正在发展,还没有这个问题。但这个问题的确是个有意义的问题,因此我们展开了讨论。

对于废料增加的问题较易解决,或部分废料暂不下送,或共同投入使下一结点增加吸纳能力。问题比较大的是废料减少,对于下一结点生产的影响,这种影响主要靠以下几方面消除:

① 在企业间签订长期商业协议,使提供废料受法律保护,下一结点不能以自身原因违约。

② 在循环中主要吸收经营好的大企业,增强抗波动干扰的能力。

③ 建立废料供应的替代和应急机制。

但最主要的是所有在环企业都经营良好,处于积极发展状态,"断链"就不会发生,有些苗头也易于纠正。

# 第四篇　生态修复与经济发展

　　我们的一切工作都要"以人为本"，都是"为人民服务"，都是追求"人类的福祉"。而这些问题都取决于两个基本因素:经济发展和生存环境。工业革命以前，人类远不能解决温饱问题，因此第一位的工作是发展生产。随着三次工业革命的发展，总体而言人类解决了温饱问题并走向富裕，但伴随而来的是严重的资源短缺、环境污染和生态恶化问题。出现了住高档豪宅，但周边没有青山绿水;吃鸡鸭鱼肉但其中含农药、化肥和抗生素超标，喝脏水;坐高档车，但交通拥堵，让人焦躁不安;在雾霾中行走，女士费时费力化妆但不得不戴口罩使效果大减等情况。

　　这是人类的基本要求吗？这是人类需要的服务吗？这是人类追求的福祉吗？显然不是。所以经济发展与生存环境发生了与日俱增的矛盾，如何解决呢？要停止经济发展，退回"原生态"吗？显然既不可能，也不合道理。

　　如何解决这一问题呢？就是要转变经济发展方式，实现低碳循环绿色发展，改变产业发展结构，大力发展资源消耗少、废物排放少、附加值高的产业。这就需要新的经济发展指导思想，需要新的经济学，使经济发展与自然生态和谐起来，还要修复已被破坏的生态系统。这一新经济学就是以知识经济为基础的生态经济学，它以循环经济改造传统产业，以绿地经济开创新产业。本篇将以经济学为指导探讨经济发展与生态修复的关系。

# 一、生态修复在人类社会与自然生态和谐中的地位

自然生态系统已经遭到人类的严重破坏,不修复如何能做到人类社会与自然生态的和谐呢?

传统工业经济是建立在自然资源取之不尽、环境容量用之不竭的当时可以,长远不存在的假设基础上的,甚至以向自然掠夺为目的。工业经济对自然资源的过度依赖和消耗,严重地耗竭了自然资源,污染了自然环境,破坏了生态系统的平衡,使人类经济正走向增长的极限。而知识经济是建筑在人的智力资源取之不尽、知识创新用之不竭的假设基础之上的,以智力资源的无尽开发为目的,这一假设和目的显然是合理的,是与自然生态系统相协调的。因此,知识经济从根本上回答了"增长的极限"的问题,可以保证"可持续发展"的实现。原因如下:

## 1. 无限的智力资源将成为经济发展的第一要素

《我们共同的未来》提到了人力资源,开始了新资源的探索,然而,人力资源包括体力资源和智力资源,当时还没有认识到智力资源是第一要素。后来的研究开始提出"智力资本",把智力资源上升到生产要素的高度,但仍然不是第一要素。

知识经济认为,知识经济与农业经济、工业经济的最大不同在于:在农业经济中劳力是第一要素,土地是第二要素;在工业经济中稀缺自然资源的表征——资本是第一要素,劳力是第二要素;而在知识经济中,智力是第一要素,资本是第二要素。智力资源是可以无穷开发的,知识是可以多人共同使用的,使用的人越多,其价值越高,因此,以智力资源为第一要素的知识经济是可以持续发展的经济。

## 2. 开发富有自然资源来代替稀缺自然资源

尽管智力资源是知识经济的第一要素,但知识经济的发展离不开物

质,也就离不开自然资源。宇宙是无限的,自然资源也是无限的;就是在有限的地球上,多种自然资源,如岩石、海水对于可以预见的人类未来,也可以说是近乎无限的。之所以会发生工业经济的悲剧——增长的极限,是由于掠夺性的工业经济把人们原以为丰富的自然资源:土地、水和森林,以至煤、铁、石油,经过 200 年的无情浩劫都变成了奇缺自然资源。甚至把人们以为是上天赐予、享用不尽的空气进行了污染,连空气这种资源也改变了品质,遭到了破坏。

与此相反,知识经济不仅要集约使用短缺资源,更要利用富有资源和可再生资源:如海水、风能、太阳能和受控热核聚变能等。智力资源开发高技术利用,把人类发展基础从日益稀缺的自然资源转移到富有的、可再生的自然资源上来,因而增长的极限将被突破,可持续发展将成为可能,一种新的经济应运而生。

计算机中央处理器的主体是芯片,而芯片是由硅制造的。硅存在于普通的石头里,只要提纯到 99.99%,四个 9,五个 9 或六个 9,就可以制造芯片了,这一点不同于工业经济,如钟表的机芯所需要的钻石,也是稀缺资源。这便是利用富有资源的生动的例证。而且随着技术的发展,我们不断提高单位体积芯片的内存,从 16K 逐步提高到 256K,这样就更节约石头了。连石头这种富有的资源都要节约,这就是知识经济,当然也是可持续发展的经济。

生命科学技术最重要的核心是基因工程。就目前人类的认识水平来看,基因是一种取之不尽、用之不竭的富有资源。就是这些基因的重组,可以使我们得到高产、抗旱、抗病虫害、防腐的新农作物,从而在不多用土地、不多浇水、不多施化肥、不多用农药的情况下大幅度增产,实现农业的可持续发展,这就是知识经济时代,生命科学技术所创造出来的伟大奇迹。

新能源技术如受控核聚变技术,用氢的同位素 D 和 T 在特定高温和约束条件下进行可以控制的热核聚变反应。1 千克 D 和 T 的混合物进行热核聚变可以释放出相当于 9000 吨汽油燃烧的能量,而且无反射性污染。1千克海水可提取34毫克D和T,粗算起来,地球上的海水可供人类使用100亿年以上。

可见,知识经济为可持续发展提供了实实在在的具体途径。

### 3. 知识产品也可以提高人民生活水准

知识经济实现可持续发展的第三方面就是不断提高人民生活中知识产品的比重,由于知识产品物质消耗少,显然可以持续增长。软件就是一种知识产品,它只需录在软盘上,软盘的物质价值只占总价值的1/100,以至1/10000,几乎可以忽略不计,而制造软盘的原料又是富有资源。又如上网,除消耗少许电能外几乎不消耗物质,但是极大地改变了人们的生活,代替了报纸、书籍等许多较高物质消耗的相应产品。

### 4. 知识引导理性消费

在国内外都有一种说法,"土财主"才穷奢极侈,这里说的"土"就是缺乏知识。当消费者的知识素质不断提高,尤其是有了更多的环境、生态和可持续发展的知识以后,就会自觉地节约物质消费品,以此为荣,以此为乐。而建设学习型社会,普及知识本身就是知识经济的一个组成部分,所以从这一方面来讲,知识经济也促进可持续发展。

简单地说,知识经济就是充分利用人类各学科的综合知识,真正优化配置自然资源;用知识开发高技术以富有资源来替代稀缺资源;以知识引导人类的合理需求,知识也可以直接成为产品,部分地满足这种需求。

邓小平同志早在20世纪70年代末就提出"科学技术是第一生产力"。1985年,作者在瑞典斯德哥尔摩主持联合国教科文组织《多学科综合研究应用于发展》研究,还由联合国介绍给美国、日本、法国、英国、荷兰和奥地利6国的政府和大公司考察国际知识经济萌芽。该研究是国际上最早的知识经济系统研究,作者还撰写了英文报告创立知识经济理论。此后,1994年欧盟的穆勒以作者的研究成果为重要基础,提出"以知识为基础的经济";后来才有陆续提出的"信息网络技术引领的新经济"(美国）、"知识型社会"（日本）、"创新经济"（俄罗斯）。江泽民同志在 20 世纪末提出："知识经济已见端倪。"胡锦涛同志也提出："知识经济方兴未艾。"

作者创意的知识经济理念包含三个方面：

① 以知识优化配置自然资源；② 以知识创新技术，用富有可再生资源代替稀缺不可再生资源；③ 创造知识需求，知识也可以成为产品提高人民生活水平，改善人民生活质量。以上三个方面，分别对应着科学创新、技术创新和文化创新。所以说，科技创新和文化创意都是由新知识产生的，以知识为基础。科技创新和文化创意的理论指导和运行规律都以知识经济学为基础。

# 二、系统思维、科学修复生态的基本原理

只有把自然生态和人类社会作为生命共同体大系统中互相影响彼此依存的两大子系统，才能够科学地修复生态。

习近平总书记在十八届三中全会的说明中讲了一段很深刻的话："我们要认识到，山水林田湖是一个生命共同体，人的命脉在田，田的命脉在水，水的命脉在山，山的命脉在土，土的命脉在树。用途管制和生态修复必须遵循自然规律，如果种树的只管种树、治水的只管治水、护田的单纯护田，很容易顾此失彼，最终造成生态的系统性破坏。由一个部门负责领土范围内所有国土空间用途管制职责，对山水林田湖进行统一保护、统一修复是十分必要的。"

生态修复原理的各种研究已经谈了很多，其基本原理应是在符合生态规律的前提下以人为本，做到人与自然和谐。此外，还有如下基本原理在研究中很少提及，特别是前五条。

## （一）"纯人工生态系统不存在"原理

如前所述，迄今为止，一定规模的纯人工生态系统至今尚不存在，因

此生态修复主要是修复,而不是再造。所以生态修复的目标就是把退化系统尽可能恢复到可知的原有状态或退化程度较低的同类生态系统的现有状态。

## (二) 生态退化不可逆原理

要认识到生态系统是变化且不可逆的,修复退化生态系统,不可能复原,所谓"修复"是指将系统的动态平衡和良性循环恢复到以前的水平。

## (三) 生态系统再生原理

生态系统本身有自恢复和再生功能。在生态修复中最为重要的是要修复生态系统的自恢复能力,如把人工蓄水变成活水,即所谓"流水不腐",修复其自恢复能力,利用自然再生水的能力。

## (四) 生态承载力原理

生态承载力原理是生态修复的基本原理。如果不考虑在人增多和生产发展下用水激增和当地水生态系统的承载力,而主观恢复新疆楼兰古国绿洲,其结果必然是事与愿违,即便存短期效果,最终也必然回归沙漠。

## (五) 维系系统动平衡原理

在修复退化生态系统时,最重要的是在过程中持续不断地维系系统的动平衡。如在植树的同时种草,抽地下水浇灌时注意地下水回补,在上游蓄水的同时向下游放流。

## (六) 生态位原理

在一个生态系统中种群都有自己的生态位,其反映了种群对资源的占有程度以及种群的生态适应特征。自然群落一般由多个种群组成,它们的生态位是不同的,但也有重叠,这有利于相互补偿,充分利用各种资源,以达到最大的群落生产力。

在退化生态系统重建中,考虑各种群的生态位,选取最佳的植物组合,是非常重要的。如在森林系统中"乔、灌、草"结合,就是按照不同植物种群地上地下部分的分层布局,充分利用多层次空间生态位,使有限的光、气、热、水、肥等资源得到合理利用,同时又可产生动物、植物和低等生物生活的适宜生态位,最大限度地减少资源浪费,增加生物产量,从而形成一个完整稳定的复合生态系统。

## (七) 食物链原理

生态系统中被生物贮存的能量和物质,常以一系列吃与被吃的过程传递。各种生物按其食物关系而排列的顺序称为食物链。在生态系统中,食物链之间又相互连接,形成了一个十分复杂的"食物网"。

例如,在南美阿根廷的潘帕斯草原,将原来的落叶林和灌丛生态系统改造为草原,破坏了原来的食物链。后来,在牧场上间种大豆和玉米,就丰富了食物网,一定程度修复了原来的生态系统,部分恢复了其功能。

## (八) 物种多样性原理

自然生态系统是一个非平衡态超复杂巨系统,它是稳定的。其稳定在于非平衡态和复杂,越复杂的生态系统越稳定,而其复杂性的重要表现就在于物种的多样性。

纯人工生态系统之所以至今尚不存在,主要原因在于无法复制物种的多样性。因此,生态系统修复最重要的工作在于保护生物的多样性。

## (九) 耗散结构原理

耗散结构理论指出,一个开放系统,它的有序性来自非平衡态,也就是说,在一定的条件下,在系统处于某种非平衡态时,它能够产生维持有序性的自组织,不断和系统外进行物质与能量的交换。该系统尽管不断产生熵,但能向环境输出熵,使系统保留熵值呈减少的趋势,即维持其有序性。

生态系统各组分不断与外部系统进行物质和能量的交换,在产生相当熵的同时又不断向外界环境输出熵,是耗散结构系统。外力干扰会使系统内部产生变化,对一定限度的外力干扰,系统可以进行自我调整。而当外力干扰超过一定限度时,系统就能从一个状态向新的有序状态变化。生态工程的目的就是修复和增强其抗干扰和自组织能力,建造耗散型生态系统结构。如向缺水的生态系统注水,就增强了水生态系统的抗污染和自净能力。

## (十) 最小风险原理

生态系统修复要遵循最小风险与最大效益原理。最小风险主要在于:

① 不超出水生态承载能力,如不能过度恢复沙漠中的绿洲。

② 尽可能恢复退化生态系统原貌,即尽可能减少新人造部分。

③ 尽可能少地引入外来物种,以免打破生态平衡。

这些原理是经实践检验的、科学修复生态必须遵循的。

# 三、生态经济学的理论体系

自然生态系统的主要破坏者是使人类从贫穷走向富裕的传统工业经济,不创新建立生态经济学理论体系就无法制止这种破坏,更谈不上修复。

生态经济学与循环经济学是在同一时代背景下产生的。

## (一) 什么是生态经济学

生态经济学是研究由社会、经济和自然生态复合而成的经济生态系统的结构、功能及其客观规律性的学科。

生态经济学着重从人口、资源、环境的整体作用上探索社会物质生产所依赖的社会经济系统与自然生态系统的相互关系，其中包括发展经济和保护环境的相互关系、利用自然资源和维护生态平衡的相互关系以及生产活动的社会经济效益和环境生态效益的相互关系。

生态经济学的研究目的是通过对上述各种关系的研究，把握其中的客观规律性，从而指导社会经济在生态动平衡的基础上实现可持续发展。

生态经济学认为，人和自然，即社会经济系统和自然生态系统之间的相互作用可以形成三种状态：一是自然生态与社会经济相互促进、协调和可持续发展状态；二是自然生态与社会经济相互矛盾、恶性循环状态；三是自然生态与社会经济长期对立、生态和经济平衡都被破坏的状态。

同时也有人持另一种观点认为，生态平衡固然需要，但经济增长更为重要。应该首先保证经济增长以及增长的条件，只有这样，维护和恢复生态平衡才有资金和技术上的保证。强求生态平衡而放弃经济增长，势必影响投资和就业，从而危及人们的生活。而且，只要经济能增长，某些资源即使一时短缺也不足为奇，增长所带来的技术进步将推动代用资源的出现。而且正是持续的经济增长和生活水平的提高，才促使人们关心起人类生存的环境问题，从而对生态平衡不断提出更高的要求。这种观点是有一定道理的，在后来提出的生态经济学中也没有解决。

## （二）生态经济学的由来

生态经济学的研究最早可追溯到 18 世纪末马尔萨斯的《人口原理》以及"土地肥力递减律"。书中反驳了亚当·斯密提出的"一国繁荣最明显的标志就是居民人数的增加"的理论，马尔萨斯被西方称为没有提出"生态经济学"概念的最早的生态经济学家。

最早提出生态经济学概念的是美国经济学家 K·波尔丁，即前面已经叙述的"宇宙飞船理论"。波尔丁于 1969 年出版的《一门科学——生态经济学》一书中，提出了生态经济的理念。这种理论把地球比作太空之中的一只飞船，推断人口及经济的快速增长终将耗尽飞船有限的资源，排出的各种废弃物也将充斥飞船的内舱，其后果是飞船的内耗毁灭。此后，1972年，英国生态学家哥尔德·史密斯出版了生态经济名著《生存的蓝图》。同年，罗马俱乐部提出了研究报告《增长的极限》，在世界引起很大反响。1976年，日本经济学家坂本藤良出版了《生态经济学》，是世界上第一部内容较为完整的生态经济学专著。

在这种思想指导下，各种对策相继出现，其中有著名的"零增长理论"、戴利的"稳态经济理论"、库普斯的"资源高价理论"和"消费限制理论"、柯尔姆的"环境使用税理论"以及托宾等人的"福利经济指标体系理论"等。

生态经济拓宽了20世纪80年代的可持续发展研究，把经济与生态系统相联系。在1987年联合国世界环境与发展委员会撰写的总报告《我们共同的未来》中专门写了"公共资源管理"一章，来探讨通过管理来实现资源的高效利用、再生和循环。

此后，发达国家的后工业化可持续发展中广泛地应用了循环经济的概念。20世纪80年代，联合国环境规划署工业发展局把美国杜邦公司在20世纪初总结的清洁生产3R原则提高推广，在发达国家中广泛实施。1990年5月成立国际生态经济学会。2001年美国学者莱斯特·R·布朗出版了《生态经济》。

# 四、循环经济是使传统工业与自然和谐的最重要手段

循环经济就是在经济体系中构成资源循环，以少向自然索取、少向自然排放为准则的经济。只有这样，才能实现经济发展与自然生态的和谐。

前面已经讲到，实现生态文明进行生态修复，就要实施知识经济，否

则人类日益发展的掠夺自然的非文明手段就无法得到制止。而循环经济就是知识经济的两大支柱之一,就是要把无节制地掠夺自然资源、无控制地排出废物的传统工业经济改造成后工业化或新兴工业化的循环经济。

循环经济这一理念是人们面临自然资源短缺以后,在 20 世纪 60 年代提出的。

"循环经济"名词的创意者美国经济学家 K·波尔丁(K·Boulding)属于世界上少数的在生态与经济关系方面的先知先觉,他在 1969 年就在《一门科学——生态经济学》中提出了"循环经济"(Circular Economy)一词。他受当时发射宇宙飞船的启发来分析地球经济发展。他认为宇宙飞船是一个孤立无援、与世隔绝的独立系统,靠不断消耗自身资源存在,最终将耗尽而毁灭。唯一使之延长寿命的方法就是实现宇宙飞船内资源的循环如分解呼出的二氧化碳为氧气;分解尚存营养成分的排泄物为营养物再利用;尽可能少地排出废物。当然,最终宇宙飞船仍会因资源耗尽而毁灭。同理,地球经济系统,有如一艘宇宙飞船,若不借助太空帮助,尽管地球资源系统大得多,地球寿命也长得多,但是也只有实现对资源循环利用的循环经济才能使之得以长存。

但是,十分可惜,K·波尔丁只提出了这一新理念,并没有完成循环经济的系统研究;而在"可持续发展"理念提出以后,循环经济就自然地纳入了这一思想体系。自 1976 年日本经济学家坂本滕良出版的《生态经济学》,直至 2001 年美国的 L·R·布朗出版的《生态经济》,这些都是宣传循环经济理念方面的著作,但也都没有建立循环经济的完整理论体系。

经过一系列国际会议的讨论和宣传,"增长的极限"的警钟、循环经济理念的提出和谋求人类出路的"可持续发展"的新理念引起联合国的高度重视,1983 年 11 月成立了以挪威首相布伦特兰(C·H·Brundland)为主席的世界环境与发展委员会,专门研究这一问题。经过 4 年工作,委员会于 1987 年最后向联合国提交了题为《我们共同的未来》的报告,正式提出了"可持续发展"的新思路。

20 世纪 80 年代,以联合国环境规划署工业发展局局长拉德瑞尔(J·A·de·Larderel)女士为首,总结了国际清洁生产的经验,提出了 3R 原则,被称为循环经济。

传统工业经济是把自然生态系统当作取料场和垃圾场的一种不合理的线性经济,如把河流既当作自来水管,又当成下水道。传统工业经济的链式生产模式如图 4-1 所示。

开发资源———→ 制造产品———→ 排放废物

**图 4-1　传统工业经济的链式生产模式**

而循环经济是一种生态型的闭环经济,形成资源利用的合理的封闭循环。如对水资源的利用,形成取水、用水、污水处理和中水回用的循环。循环经济的环式生产模式如图 4-2 所示。

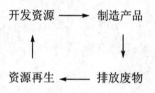

**图 4-2　循环经济的环式生产模式**

在这种循环经济的指导思想下,联合国环境规划署(UNEP)设在巴黎的工业发展局以局长 L·拉德瑞尔(J·A·de·Larderel)女士为首,于 20 世纪 80 年代初,总结如美国的福特汽车公司等世界工业清洁生产的经验,提出了著名的减量化、再使用和再循环三原则,后来在不少发达国家的工业生产中采用。

## 1. 资源利用的减量化(Reduce)原则

在生产投入端实施资源利用的减量化,主要是通过改进设计和综合利用,尽可能节约自然资源。例如改进汽车设计,能在不影响使用性能和质量的前提下节约原材料。

## 2. 产品生产的再使用(Reuse)原则

与后工业社会一次性产品推广相反,循环经济强调在保证服务的前提下,产品在尽可能多的场合下、用尽可能长的时间而不废弃。例如汽车配件生产的标准化,可以根据实地情况不断更换配件;同一辆汽车能在不同的地形和气候条件下使用等。

## 3. 废弃物的再循环(Recycle)原则

指在材料选取、产品设计、工艺流程、产品使用到废弃物处理的全过程,实行清洁生产,最大限度地减少废弃物排放,力争做到排放的无害化和资源化,实现再循环。例如回收1吨废纸可以造800千克纸,节约3立方米木材、300千克烧碱和300度电,还可以少排造纸产生的污水。目前发达国家的再生资源回收总值已超过3000亿美元,占世界国民生产总值的1%,而我国再生资源的回收远远低于我国占世界国民生产总值的相应比例。

以上又称3R原则,它是对传统工业生产认识的一个飞跃,是生产方式转变的一大创新。但是,3R原则只是一个清洁生产的原则,包括了部分消费行为,还不是一门完善的经济学。因为3R原则并没有包括资源配置、产品生产、社会分配和公众消费的整个经济过程,因此不是循环经济的全部原则。但是,生产是经济的最重要部分,因此意义重大,最重要的是通过3R原则使生产成为生态系统良性循环的一部分。

# 五、新循环经济学创立了与自然和谐共生的新经济

与传统的工业经济理论相比,"新循环经济学"在资源、资本、劳力和科学技术的经济系统四大要素中都有创新,因此可以称为一种新经济理论。

20世纪80年代作者在巴黎联合国教科文组织科技部门工作时,与时任联合国环境规划署工业发展局(局本部设在巴黎)局长、清洁生产3R原

则的提出者拉德瑞尔(J. A. de Ladreal)女士有过较多的交流。拉德瑞尔女士表示:清洁生产3R原则虽在不少发达国家的工业生产中采用,但其仅是生产的原则,因此,只是循环经济的一个重要组成部分,不等于循环经济。

作者创立的新循环经济学5R理论是在从西方经济学向新经济学过渡的循环经济3R理念基础上发展的,具有新经济学总结的性质。

新循环经济学5R理论:

## 1. Rethink(再思考)——*新经济理论*

新循环经济学强调生产的目的除了创造社会新财富以外,还要修复与维系被破坏的最重要的自然财富生态系统——创造第二财富。要承认第二财富,不能以自然财富的减少为代价来片面地增加社会财富。以此为指导在资源配置、产业建立和产品生产方面都有新理念。

当社会财富迅速增长,而自然财富减少时,就应投入社会财富修复自然财富;当自然财富被修复,承载能力增加时,在新的自然财富条件下,再生产社会财富,从而实现两种财富之间的循环,互相促进,共同发展。这样的发展才是可持续发展,才能实现人与自然和谐。

## 2. Reduce(减量化)——*新价值观*

从传统的、自经济活动源头节约资源、减少污染的理念,扩展到降低人对物质产品的需求,使之合理化。

新循环经济学认为,应该满足的是需求而不是"欲望",要有新的消费观,不单以资源消耗不断增加来体现"价值"。提倡公平分配。把传统经济学"理性人"的概念扩展到"知识人"的概念。只有这样,才能做到自然资源供需平衡。

## 3. Reuse(再利用)——*新资源观*

从传统的延长产品的使用周期、一物多用的理念,扩展到基础设施与信息资源共享、建立以他处废弃物为原料的"再制造"产业。

更为重要的是尽可能利用可再生资源替代短缺资源,只有这样,才有新的资源配置观,才能做到当代留给下一代不少于自己的可利用资源,真正实现可持续发展。

## 4. Recycle(再循环)——新产业观

从传统的生产中的废物被利用为生产原料的理念,扩展到把传统工业经济提取原料—制造产品—排出废物的开放链孤立产业体系,改造为提取原料—制造产品—排出废物—变为另一种产业的原料的循环产业体系,建立新的产业观。

## 5. Repair(再修复)——新自然观

企业应开发技术参与所在区域和国家的生态系统保护、维系、修复和建设,创建新的生态修复产业,这也是制造产品、创造财富,应纳入绿色GDP,正像生产传统产品一样,它是企业的责任。只有这样才能对人类包容,实现社会共享。

新循环经济学,不仅从经济学理论、价值观(包括劳动与资源)、产业观和自然生态观的高度把原"清洁生产"的理念以经济学的原理加以阐述和提高,还对原有的清洁生产 3R 理念加以延伸,而且提出了两个新的 R,即"再思考"——创新经济理论和"再修复"——达到清洁生产的最终目的。这在 1995 年于阿拉伯联合酋长国的"世界思想者节日论坛"上得到参会的 12 位诺贝尔奖获得者的一致认同和赞扬。本书第三篇第八章结合丹麦卡伦堡生态工业园的考察给出了新循环经济学实施的案例。

对现在层出不穷的新经济学各词总结如下(见图 4-3),从而使读者对新经济学理论及实践价格体系有个直观的了解。

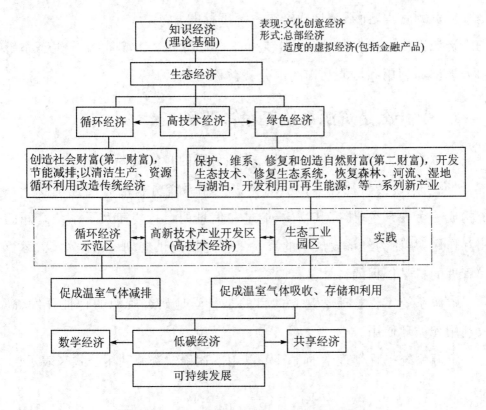

图 4-3 新经济学理论系统及其实践体系

# 六、资源系统工程管理新学科是循环经济的基础

循环经济要求以新的理念科学管理和优化利用自然资源,因此资源系统工程管理学就成为这种新经济的理论基础。

在新循环经济学的基础上作者创立了按我国学科分类,经教育部批准的管理科学与工程下的二级学科——资源系统工程管理(即循环经济管理)新学科。

资源系统工程管理学是一门目前没有,但许多人已经做了不少工作,而急需建立的新学科。国外的前期工作如"公共资源系统管理"等,主要是社会资源管理,而不是自然资源系统工程的管理。

资源系统工程管理学实际上是生态经济学的一个新分支。生态系统中人类已经利用和可能利用的部分就被称为"资源"。

## (一) 什么是资源系统工程管理学

资源系统工程管理学就是把人类可利用的自然资源看成一个个子系统,研究子系统的特征、运行规律,再以应用系统分析的方法把主要子系统构成一个大系统,研究其物质、能量和信息的运行规律及子系统之间的相互作用,从而为经济发展中的重大工程建设提供规划、设计、建设、运行和管理的科学依据的科学。

资源系统工程管理学建立的目的是科学地研究资源的合理开发、高效利用和循环使用。

资源系统工程管理学的主旨可以用下述稀缺资源利用公式来表示:

$$Rrc = \frac{GDP}{Pr \cdot Te} - Rn$$

其中,Rrc 为稀缺资源的消耗;Rn 为可再生资源的消耗;GDP 为国内生产总值;Pr 为稀缺资源的价格;Te 为有益于生态技术的开发与应用程度系数,取值 0~1。

这一公式表明:资源消耗取决于人均 GDP,因为生产不可能不消耗稀缺资源,人口越多,人均 GDP 越高,则稀缺资源消耗越多。稀缺资源的消耗也取决于可再生资源和新的富有资源的替代状况,替代得越多,则稀缺资源消耗越少。稀缺资源的消耗还取决于这种稀缺资源的价格(Pr),价格越高,则消耗越少。最为重要的是稀缺资源的消耗取决于技术系数Te,而有益于生态的高技术是资源低消耗的技术,在生产过程中使用的传统技术比重越大,技术系数越大,则资源消耗越少;反之则反。传统工业技术中也都有有益于生态的成分,所以该系数不可能为 0。

以能源为例,按稀缺资源利用公式可做出如下分析:

1）经济要发展，GDP 要提高，肯定要消耗能源，但是能源的消耗（Rr ＝nGDP）是不是应该随 GDP 的增长而线性增加？ 也就是对稀缺能源石油和煤的利用的选择。系数 n 的选取决定于三个因素：

① 国内短缺能源的储备量；

② 国际市场短缺能源的供应量；

③ 能耗/万元 GDP 的国际平均水平。

应该以这三个原则来优化配置稀缺能源石油和煤。

2）可再生能源 Rn，如太阳能、生物质能和风能等利用得越多，则稀缺的能源消耗 Rr 如石油和煤的利用越少，在式中有 Rn 越大，Rr 越小。

3）稀缺能源的消耗要由市场调节，稀缺能源消耗量越大，其价格 Pr 越高，从而抑制对稀缺能源的过度消耗。

4）更重要的是稀缺能源的消耗还要由技术系数调节。生产中，传统耗能工业技术占的比重越大，这个系数越大，稀缺能源消耗越大；而有益于生态的高技术占的比重越大，这个系数越小，稀缺能源消耗越少。

当然，决定稀缺能源消耗的还有人的节能意识和节能法制的健全等社会因素，以上只是从经济角度分析。

## （二）十大自然资源

自然资源是指人类可以利用的、天然形成的物质与能量。它是人类生存和发展的物质基础、生产资料与劳动对象，是一个国家经济发展和人民生活水平提高的重要条件，是生活财富的重要源泉。

自然资源主要包括十大类：土地、水、森林、草原、海洋、矿产、能源、气候、物种与旅游资源。自然资源具有可用性、有限性、整体性与区域性的特点。中国自然资源具有两重性：一方面，中国地大物博，资源总量大，种类齐全，是世界上少有的几个资源大国之一；另一方面，因人口众多，人均占有资源量少，部分资源相对紧缺。资源从人类利用角度来看，划分为物质资源、能量资源、环境资源和信息资源四个层次。人类对自然资源认识的渐进过程可以用表 4-1 表示。

表 4-1    对自然资源认识与利用的渐进过程

| 经济社会发展 | 农业经济 | 工业经济 | 后工业经济 | 生态经济 |
|---|---|---|---|---|
| 科学与技术发展 | 物体 | 分子—原子 | 原子核 | 电子 |
| 资源系统观 | 树落小系统 | 地域大系统 | 国家大系统 | 世界巨系统 |
| 对新资源的认识与利用 | 物质资源 | 能量资源 | 环境资源 | 信息资源 |
| 土地资源 | 农田 | 温室栽培 | 生态农业 | 全息耕地图谱生物技术农业 |
| 水资源 | 灌溉 | 水力发电 | 防止水污染 | 水资源循环利用 |
| 海洋资源 | 捕鱼 | 潮汐发电、航运 | 综合利用 | 海洋生态系统 |
| 矿产资源 | 建筑材料 | 化工原料 | 地貌 | 新材料科学全息地质图 |
| 能源资源 | 柴草 | 煤、石油 | 防止大气污染 | 可再生新资源（热核聚变能源） |
| 森林资源 | 木材 | 造纸 | 森林生态系统 | 全球生物圈 |
| 草地资源 | 牧场 | 毛纺工业、原料 | 草原生态系统 | 全球生物圈 |
| 物种资源 | 种子、家禽家畜 | 改良品种 | 生物多样性 | 基因图谱遗传工程 |
| 气候资源 | 靠天吃饭 | 地区天气预报 | 开始有效利用气候资源、全球天气预报 | 太阳能、风能的全面利用 |
| 旅游资源 | 个别人利用 | 少数人利用 | 富裕阶层利用 | 多数人 |

从人类利用自然资源的角度看,自然生态系统可以分成上述 10 个系统,这个分类可以使我们明确资源的性质,知道我们缺什么,如何保护资源,可以利用什么新资源。

## （三）资源的若干特性

对资源有多种分类,与循环经济密切相关的分类是可再生资源与不可再生资源、可回收资源与不可回收资源和稀缺资源等。

## 1. 可再生与不可再生资源

从再生角度来看,资源可以分为可再生资源与不可再生资源。

### (1) 可再生资源

可再生资源,又称可更新资源,指通过自然力(自然循环或生物的生长、繁殖),以某一增长率保持或增加蕴藏量的自然资源。这类资源主要指生物资源和某些动态非生物资源。例如,太阳能、大气、区域性水资源、农作物、森林、草原、野生动植物、海洋动植物等资源以及人力资源(包括体力的和智力的)等。

很多可再生资源的可持续性受人类活动和利用方式的影响。在科学管理、合理开发、循环利用的情况下,资源可以恢复、更新、再生产甚至不断增长;在开发、利用不合理的条件下,其可更新过程就会受阻,致使蕴藏量不断减少,甚至完全耗竭。例如,水土流失导致土壤肥力下降;过度捕捞使渔业资源枯竭,并且进一步降低鱼群的自然增长率。太阳能目前虽不会由于人类活动方式的影响在数量上有所变化,但如果人类破坏大气臭氧层,就会增加照射到地球表面的紫外线量,不利于人类健康。因此,对于像太阳能这样的可再生资也不是可以不加保护、任意使用的。

### (2) 不可再生资源

不可再生资源,又称非更新资源或可耗竭资源,指资源基本上没有更新能力,但是有些可借助再循环而被回收,得到重新利用(各种金属矿物);有些是一次消耗性的,既不能再循环也不能被回收(能源矿物)。因此,这类资源又可分为可回收的耗竭性资源和不可回收的耗竭性资源两类。

## 2. 可回收与不可回收的耗竭性资源

非耗竭性资源一般是可以回收的,这里专门讨论耗竭性资源的回收性。

### (1) 可回收的耗竭性资源

资源产品的效用丧失后,大部分物质还能够回收利用的耗竭性资源是可回收的耗竭性资源。它包括所有金属矿物和除能源矿物以外的多数非金属矿物，如铜矿、铁矿、矿物肥料（磷、钾）、石棉、云母、黏土等。这些资源是经历了亿万年的地球生物化学循环过程而缓慢形成的，其更新能力极弱。但是当它们被人类开采使用之后，可以再回收重新利用，如汽车报废后，汽车上的废铁可以回收利用。这为人类更有效地利用这些资源开辟了广阔前景。

（2）不可回收的耗竭性资源

使用过程不可逆，且使用之后不能恢复原状的耗竭性资源是不可回收的耗竭性资源。其主要包括石油、天然气和煤等能源资源（又称化石燃料）。这类资源被使用后就被消耗掉了。这些能源资源在燃烧时释放大量的热，这些热量或转化为其他能量形式，或逸散到宇宙空间之后变得不可恢复了。这类资源迟早会被耗尽。

### 3. 稀缺资源

稀缺资源是指已知保有总量或大区域地理分布不足以满足国家经济生产和人民生活需求的资源。

中国资源相对紧缺，特别是决定国计民生的人均耕地量不足与人均淡水分布的不均衡已成为发展经济生产和提高人民生活的两个制约性因素。

人们往往忽略的一种稀缺资源是濒危物种资源。物种资源是可以再生的资源，若能积极保护及科学合理地开发、利用，使资源的消耗速度符合它们恢复的速度，则可使之成为取之不尽、用之不竭的自然财富。由于人类过度的采伐、滥捕滥猎，使得一些动、植物种类数量日益减少。那些濒临绝灭边缘的物种称为濒危物种。

# 七、为什么"绿水青山就是金山银山"

不仅衣食住行是人的基本需求,绿水青山也是人的基本需求。对人的基本需求来说"金山银山"和"绿水青山"可以互相转化,所以"绿水青山"就是"金山银山"。既然"绿水青山"已遭到人类严重破坏,必须划出人们不可逾越的红线使之不再继续。

前面已经讲了"金山银山不如绿水青山""绿水青山就是金山银山"的道理,这里举两个涉及千家万户、妇孺皆知的例子。

## (一) 瓶装水、桶装水和净水器是最好的饮用水吗

目前,当自来水达不到直饮或未做到分质供水(饮用水与其他用水分路供应)的时候,瓶装水、桶装水和净水器已经成为城市饮用供水的重要手段。据粗略的保守估算,目前我国饮水机和瓶装水使用的总金额超过800亿元,把必要的约100亿元除外,每年仍达100亿美元之巨,是世界上最大的饮用水投入,5年共500亿美元的资金足以在5年内使全国大多数城市的自来水达到直饮。现在饮水机的质量和滤芯问题、瓶装水的质量和容器问题都应建立国标并严格监督检查,同时鼓励饮水机和瓶装水企业向水生态系统修复和直饮自来水制水产业转型。

### 1. 瓶装水

进入21世纪,中国瓶装饮用水行业进入稳步成长阶段,以40%左右的占比高居各品类饮料之首。在2005—2009年,瓶装饮用水每年都在以超过14%的速度增长,进一步证实了中国消费者对于瓶装水的巨大需求。作者在西欧生活8年,瓶装水不是发达国家居民饮用水的主要来源,更无法解决地球上11亿人缺乏安全饮用水的问题。

　　关于瓶装水还有另一个问题。目前我国市场上大概聚集着比国际市场上的总和还多的各种花样的"概念水"，无非是说纯洁、含氧、含矿物质。

　　对于这种现象更要向公众宣传科学概念：首先是这种对人体有益是哪个部门以什么标准批准的，又如何保证持续不断地检查。其次是即便上述要求都得到保证，公众也应该建立总量控制的概念，是否喝几瓶水就能起到这种作用。最后，实际上人从各种渠道都可以得到这种物质，不必像吃药一样从特制瓶水来补充。这些理念在不少发达国家的小学课本中已经普及，十分值得我们学习。

## 2. 桶装水

　　桶装水是我国最早实施的分质供水方式，目前已有上千万个家庭和大量的机关、企事业单位采用桶装水作为日常饮水。桶装水主要是纯净水，相对于低标准和受污染的自来水来说，质量可能有所改善。随着人们对于纯净水认识的深化，桶装水正朝着洁净天然水、山泉水，甚至是饮用矿泉水的方向发展。桶装水生产成本、运输、营销等费用高，售价是自来水的几十至上百倍。桶装水必须通过饮水机才能直接饮用，如果说自来水存在二次污染，那么桶装水就存在来自多次使用的塑料桶及饮水机带来的第二、第三次污染，则更为严重。

　　全国桶装水总体质量处于中等水平，除北京和上海等城市外，桶装水合格率均低于75%。行业内确实存在不少问题，如因某些偶然因素导致部分厂家产品没有达标，对于桶没有检测标准，假冒品牌桶装水充斥市场等。桶装水质量安全主要存在两大问题：一是不按严格生产工艺加工产品的小规模或小作坊式企业；二是以生产假冒品牌桶装水为盈利手段的造假企业。

　　同时，部分厂家为了降低经营成本使用廉价的废旧塑料、报废光碟及洋垃圾制造水桶，饮用"黑桶"水可能致癌。

　　此外，没有对桶定期清洗、消毒也会使桶本身带菌；拆封的水，如果在72小时内没有喝完，那么桶则成为"细菌培养器"，使好水变得不洁。

### 3. 净水器

据不完全统计,全国大小形状不一、进口与国产、内部滤材等不同品种和型号的净水器(直饮机)有 70 种以上。普通直饮机的净水工艺简单,滤材容量有限,对自来水净化效果的影响不小。更普遍的是,随着使用时间的增加,过滤的效果越来越差。而消费者大部分不具备鉴别滤材是否失效的能力,因滤材更换不及时造成水质下降。现在已经出现了一些采用先进技术的直饮机,所制的饮用水质量较好,但造价较高。

由此可见,无论是瓶装水、桶装水还是净水器处理过的水都有其弊病,可以部分替代自来水作为饮用水。部分家庭甚至全部用之替代自来水,是在自来水质量不高条件下不得已的办法。最根本的办法还是提高自来水的质量,逐步做到分质直饮或全部直饮,让老百姓放心喝"中国特色"的白开水,这是政府的责任所在。

## (二) 如何让我们吃上真正的绿色食品

现在"绿色食品"一词风靡世界,在我国虽然较发达国家迟了几年,但其风更甚,从专家到公众都大谈"绿色食品"。

### 1. "绿色食品"的一般说法

我们习惯于给未知事物下定义,现在关于"绿色食品"比较主流的说法是:

"绿色食品是没有污染的、安全的、优质的、营养类食品的统称。"由于和环境保护有关的事物一般都冠以"绿色",是为了更加突出这类食品出自良好的生态环境,所以定名为绿色食品。绿色食品要按照特定的方式生产,经过专门机构进行认证,许可使用绿色食品标志。

实际上,所谓安全只是生产中允许限量使用人工合成化学品,即在生产加工过程中允许合理使用化学农药、化肥和添加剂,把农药残留限制在规定的范围内。无污染也只是把污染控制在规定的范围内,因此绿色食品并不是完全无污染的安全食品。绿色食品只是在无污染的环境中种植及全过程标准化生产或加工的农产品,严格控制其有毒有害物质含量,使之符合国家健康安全食品标准。

同时,又规定绿色食品必须同时具备以下条件:

① 产品或产品原料产地必须符合绿色食品环境质量标准。

② 农作物种植、畜禽饲养、水产养殖及食品加工必须符合绿色食品生产操作规程。

③ 产品必须符合绿色食品生产标准。

④ 产品的包装、储运必须符合绿色食品包装、储运标准。

## 2. "绿色食品"之我见

其实关于"绿色食品"在国际上也没有严格的定义,因此更不可能有严格的标准。实际上"绿色食品"是一个"可持续发展"的概念。作者自1979年在联合国教科文组织接触到这一创新理念后,致力研究35年,最深的体会是"可持续发展"就是区别于"西方传统工业化"的发展。具体到"绿色食品"来说,就是农耕社会的农产品都是"绿色食品",这些食品也不可避免地有污染,有不安全因素,不过与工业化以后的农产品有数量级的差别。反之,按工业化的农业生产的产品就不是"绿色食品"。

目前,只施"农家肥"也不能真正成为"绿色食品"或"有机食品",因为农家肥的原料(人、家畜和家禽的排泄物)都可能包含大量的抗生素、激素、化肥和农药,它们将进入农作物之中,而传统农家肥的来源现在已无法保证的。因此好的农家肥的产生也是个系统工程。

工业化农业的农产品与传统农耕产品的差别在哪里呢?且不谈争议很大的转基因作物,差别在于用化肥,用农药,更大的差别在于水、大气和土壤这样的生产环境都变了。而最重要的改变是水环境的改变,地表水和地下水都受到了程度不同的污染。水是生命之源,也是农作物之源,因此是食品"非绿色"因素的最主要来源。

## 3. "绿色食品"的问题在哪里

据联合国教科文组织研究,绿色食品的非绿色因素50％以上来自于水,约 25％来自于化肥,约 15％来自于农药。

　　也就是说,"绿色食品"不用化肥、不用农药,在大棚中种植相对减少大气污染,无土栽培消除土壤污染,但它也无法消除水污染这个主要因素。而目前不仅我们的农户,就是绿色食品生产的基地也无法控制河流和地下的灌溉水源的污染以及农家肥(主要来自家畜,但目前家畜饲养大量使用抗生素、激素等)的来源,因此一半以上的非绿色影响无法消除。

　　应该说目前我们的大部分"绿色食品"是"准绿色食品",而生产真正的"绿色食品"的责任就落到了我们的水环境专家、干部和工作者肩上,提供良好的水环境是生产"绿色食品"的根本。

　　我们的工作必须从实际出发,例如作者参与过处理江南跨省水污染事件,发现当地农作物生产完全摒弃了传统的农耕方式,再不挖纵横成网的河中的淤泥(相对较好)做肥料,而是用化肥。结果造成河泥没人管,严重污染河水,造成后患无穷的本底污染,而用化肥又造不出"绿色食品",完全违反了自然规律,造成恶性循环。形成制度依照农耕传统挖河泥,制造绿肥,不仅给河道治污,生产了绿色产品,还催生了环保新企业,这一举三得的事情难道不是比提倡"绿色食品"更应成为我们水环境工作者的责任吗?

　　实际上传统农耕产品中也不全是绿色因素,只不过非绿色因素很低而已。而化肥和农药也不是不能用,但一定要控制用量,如果年年过量使用,使得土壤基本失去自然肥力,后果则是十分严重的。至于灌溉水也不可能是 IV 类以上水,但日益变差是要贻害子孙的。

　　"金山银山不如绿水青山"的道理很简单,老百姓要的不是守着"金山银山",喝脏水、吸污气、吃被污染食品的生活。

# 八、以"创新、协调、绿色、开放、共享"理念指导
## 生态文明建设

　　"创新、协调、绿色、开放、共享"的发展将指导我国进入生态文明的新时代。

"创新、协调、绿色、开放、共享"五大理念,不仅是"十三五"的发展理念,而且将指导今后的可持续发展,生态文明建设是"中国梦"的主要目标,当然应以这些理念为指导。

## (一) 创　新

生态文明建设的本身就是对 18 世纪以来延续至今的传统工业经济的创新,以生态科学为指导重新认识人与自然的关系。我们生存的地球存在着的重大生态危机是人类社会发展面临的几大危机之一,应认识、重视并力求改变资源短缺、环境污染和生态退化的现状。生态文明是一大理念创新,也是理论创新。如本书第一篇所述,生态概念早已有之,文明概念古已有之,但生态与文明相结合产生的"生态文明"理念又是一大理论创新。我国提出的生态文明理论把人类的文明、经济和生态三大理念联系起来,融合构成系统应用于发展,是对可持续发展理念的大提升。"可持续发展"是个很好的目标,但如何实现呢? 这个问题在国际上尚未解决。只有"文明发展"是不够的,只有"经济发展"是不够的,只有"生态保护与发展"也是不够的,必须使三者构成一个有机结合的系统,这就是"生态文明建设"。

## (二) 协　调

"生态文明建设"不仅是我国的总体战略,也是世界的发展前途,因此要从全球化的观点来看问题。生态文明建设包含有文明、经济和生态三大要素,分别构成了三大子系统,按系统论的观点这三个子系统内部都存在不断协调(或者说动平衡)问题,三大子系统之间也存在不断持续的、动态的协调是生态文明建设的基本理念协调问题。

### 1. 文明子系统的协调

人类历史形成了不同文明,其主要可以归纳为东西方两大文明,生态文明建设不是要比较这两大文明的优劣,而是要使这两大文明求同存异、交融、互利,最终达到协调。

在西方文明中又可以分为日耳曼文明、拉丁文明和斯拉夫等文明,也同样存在求同存异、交融、互利最终达到协调的问题,而不是以冲突和战争解决分歧和矛盾。经过战乱频仍的千年历史,屡经战乱的欧洲建立了欧洲联盟,就说明了协调的可能性与现实性。

在东方文明中又可以分为儒学文明、佛教文明、伊斯兰文明和印度教文明等,也同样存在上述问题,也完全具备通过协调来解决问题的条件。

### 2. 生态系统的协调

生态系统同样存在通过调节和再组织来实现协调的问题,中国自古就有"风调雨顺""草肥水美"的认识,说的就是协调。自然界为生态系统提供了水、空气和阳光三大要素。水不能太多,多了就是洪灾;也不能太少,少了就是旱灾。这些天灾都在地球上存在,但都是肆虐一时,最终达到协调——动平衡,使生命和人类可以持续存在。

自然又分为陆地和海洋两大系统,其中陆地又分为淡水、森林、草原、荒漠、沙漠和冻土等各大系统。由于降水和气温的变化,这些系统也发生矛盾而且互相转化,这些转化都是动平衡的体现,而最终达到协调。森林不可能无限发展,沙漠也不可能无穷扩张。

### 3. 经济发展的协调

经济发展的协调已经讨论得很多,这里就不赘述了。如投资、消费和出口之间的协调,要达成和谐的比例,哪个要素过高了都是不协调。再如,第一、第二、第三产业之间的协调,在大力发展服务业的同时,也不能削弱农业,同时要保持第二产业的一定比例。

## (三) 绿 色

绿色是生态文明的"标志色",本书在前面已经讲了很多,这里就只讨论"绿色"的科学含义。

①"青山绿水"是自古以来的中国梦。在农业经济时代河湖附近的植被很好,落叶使水变成浅绿色。由于水土保持好,土壤也吸融落叶,使之不会过多而使水过绿。由于河水流量很大,自净能力很强,因此那时水不会富营养化,从而不会过绿。所以今天富营养化的、过绿的水并不是好水。

②"绿"并不是生态系统好的唯一标志,自然生态系统是一个生命共同体,还包括昆虫、鱼类、走兽和鸟类等其他动物,而且也要考虑水资源的支撑能力,不是越绿越好。同时,如果只是单一树种地人工密植造林,没有乔灌草的森林系统,没有林中动物,绿是暂时绿了,但不是好的生态系统,而且难以持续。

③ 近 20 万年以来地球就是一个多样的生态系统,包括草原、荒漠、沙漠、冻土、冰川和冰原,如果盲目要地球都变绿,既不必要,也不可能。就是在温带平原,森林覆盖率在 25%～35%(从北到南逐渐增加)就已经能满足生态的需要了。

## (四) 开　放

地球在宇宙中是个相对孤立和封闭的系统,但也从太阳获得生命存在所必要的能量,不是绝对封闭的。

地球中的各个自然子系统之间,更是相互开放的系统。土壤、森林、草原、河湖、湿地、荒漠、沙漠、冻土、冰川和冰原等各系统之间都相互开放,进行信息、能量和水量的交换,以至范围的转化,使这些系统可以自我调节,达到自身的动平衡,从而可持续发展。

例如当降雨过多,水就渗入到地下水层,在旱年供植物吸收和人类抽取,构成了土壤、森林、河湖、湿地和人类社会系统各开放系统之间的水交换,从而达到了各系统之间的水平衡,或者叫"水协调"。

生态学近年发现的一个重要的现象被称为"蝴蝶效应",即南美亚马孙热带雨林中一群蝴蝶的异动可能在大洋彼岸引起生态变化,说明了生态系统广泛的开放性和强烈的互相影响,这是人们必须深刻认识,而且在生态文明建设中应高度注意的。

## （五）共　享

生态系统的基本原理是食物链，所谓食物链就是在链上的生物以各自不同的方式共享。

从生态文明建设来看，共享至少有三方面的含义：

① 在一个子系统内，自然生态和商品财富都应该共享，即某个人不能占有过多的资源，也不应拥有过多的商品财富。例如在法国，原则上规定不管在公务系列还是私营企业，最高薪的实际收入一般不能超过最低薪实际收入的 6 倍，靠纳税来调节，这才能"文明"共享。

② 地域的含义，即国与国之间也不应贫富悬殊。在地球这个大系统中人类应该共享文明果实，高收入国家有义务帮助低收入国家；应对温室效应应该遵循"共同而有差别的责任"的原则，在 2020 年以前，高收入国家应向低收入国家提供 1000 亿元温室气体减排的援助。

同时，减排的生态维系成果又是全球各国包括高低收入国家共享的。

③ 代际共享。生态文明的根本目的是实现"可持续发展"，而可持续发展的基本概念就是"当代人要给后代留下不少于自己的可利用资源"，即"代际共享"的原则，这也是"生态文明"的原则。

# 第五篇　科学修复生态的基本方法与价值取向

　　建设生态文明,实现新型城镇化,以至沟通"一带一路",无不需要维系与修复生态,正如习近平总书记在《"十三五"规划的建议》的说明中指出的:"生态环境特别是大气、水、土壤污染严重,已成为全面建议小康社会的突出短板"。不修补这个短板,许多美好的设想都将失去生态系统的支撑而落空、悬空以致破灭。

　　生态系统是一个钱学森先生所说的非平衡态复杂巨系统,由于变量浩瀚,又瞬息万变,至少在目前还不可能建立完整、实用的数学模型用计算机来解析。那么如何修复呢?

　　首先要对当地生态做深入的调查,而不是走马观花;其次是要研究当地的生态历史,要知道当地历史上好的次原生态系统是什么样的,同时要掌握地球上情况较好的、条件类似的生态系统的相关资料;最后以系统论为指导,建立指导性的数学模型,科学确定序参数,以协同论求得科学的解答。否则就不是科学研究,甚至可能在 8~15 年造成系统性的破坏。

　　为此要研究绿色 GDP 指标体系对生态修复予以衡量,要在省以下建立环保机构监测监察执法的垂直管理,并建立终身追责制,对提供方案的学者和决策实施的官员终身追责。

# 一、新型城镇化如何"科学布局生产空间、
# 生活空间、生态空间"

过去的城市都是自然形成的,生产、生活和生态空间布局不尽合理,在新型城镇化的过程中一定要使之科学化、合理化,使城市这个人工生态系统和谐地叠加在所在地域的自然生态系统之上。

"科学布局生存空间、生活空间、生态空间"对整个国土及近海都是十分重要的。但是其原则是尽可能依附原有自然生态系统,不产生大扰动,所以实现起来虽然十分困难,但指导思想是明确的。

"科学布局生存空间、生活空间、生态空间"对于城镇化、对于大小城市以至镇,存着更为重要的意义,因为大小城市是一个叠加在自然生态系统的人工生态系统,人口密度很高,生产和生活用地很大,必须对原有自然生态系统有大的改造,不可能以依附原有自然生态系统为主,但也绝不能为所欲为。因此,如何科学布局就十分重要。

现在许多城市,尤其是大城市都分出生态功能区,这很有必要。但是,由于大中城市的生活和生产功能区都很大,只依靠远离的生态功能区,而在生活和生产功能区内无绿无水、人车拥挤也是不行的。因此,也要建立科学布局的规范:

## 1. 每平方千米居民数

应参照国际标准与我国的具体情况,按大中小城市规定每平方千米的居民数,只在此工作而不在此生活的居民可按 1/3 计算,过高的居民数将产生一系列问题,肯定不能科学布局。

## 2. 单位面积 GDP 产出率

城市不仅集聚高素质的居民,而且要出高的生产率,因此单位城市面积的 GDP 产出率是个重要指标,否则聚集过剩产能就不是现代城市。

### 3. 高新技术产业占城市 GDP 比例

高技术产业占 GDP 的百分比,说明城市生产空间布局的合理性。

### 4. 城市森林覆盖率

森林是陆地生态系统的主体,因此,森林覆盖率是生态系统最重要的指标之一。在城市中应该有森林,纽约、巴黎、柏林等国际大都市都如此,所占面积以 15%～25% 为宜。

### 5. 城市人均绿地

城市地域面积小、人口多、工业生产集中、生活水平高、排污量大,因此构成了畸形的人造生态系统。所以,修复城市生态系统应规定人均绿地水平,让居民看得见"绿"。城市人均绿地包括树林和草地,等于城市规划区内或紧邻地区的绿地与人口之比,不包括行政城区的远郊森林,目标为 50 平方米/人,在人口高度集中的大城市适宜降到 20 平方米/人。

### 6. 城市人均水面

与城市人均绿地的概念近似,应该让城市居民看得见水。城市人均水面应该是城市规划区或紧邻地区水面与人口之比,不包括远郊的大湖、大河与湿地。其中,河流——流动水面的生态效益更高,可以乘 4～6 的系数。目前来看,城市人均水面应力争达到 10 平方米/人,与城市绿地的作用一样,可以大大减少城市热岛效应和空气污浊度。

### 7. 地下水位——生态系统状况指数

地下水位是生态系统维系和修复的第一指标,只有地下水位得到保持才能保证植被生长,方能维系城市绿地与水面。地下水位应基本保持在工业化开始时的水平,这就要求在城市应尽可能少采地下水。如北京自 20 世纪 50 年代开始工业化以来,地下水位已经下降了 23 米之多,致使街头的树、草都需以抽地下水为主的自来水浇灌,形成了恶性循环,造成了比较严重的生态系统失衡。

### 8. 污水达标排放率与处理率

城市要保证绿地清水,一定要？污水达标排放率与处理率,根据大中小城市的具体情况,应达到 75%~95%。否则? 达标排放,排污大的产业就不应建在城市内。

### 9. 单位 GDP 的 $CO_2$ 排放

"科学布局生存空间、生活空间、生态空间"不仅在地面,而且在整个大气层以内,因此就要规定城市生产单位 GDP 的 $CO_2$ 与有害气体排放,以测度城市的生产效率和保护生态空间的能力。不能把气体污染排放大、生产效率低、附加值低的产业放在城市中。

### 10. 城市公共交通利用率

城市道路的布局应向公共交通倾斜,它是解决城市交通问题的主要途径。应逐步提高城市公共交通利用率,到 2020 年大城市应达到公共交通利用率 50% 的国际水平,这样就可以少建道路,使城市空间布局科学化;少排废气,维系城市生态系统。

上述指标应该成为城镇空间布局及生态指标的红线,不能逾越。要让居民"看得见水,望得见山,记得起乡愁"。不能填河造房看不见水,不能高楼林立望不见山,更不能让居民体验的只是"大师"个人臆想的城市布局,而记不起乡愁。

## 二、以历史上较好的次原生生态系统为修复标准

追溯当地的生态历史和向地球上较好的同类生态系统借鉴是生态修复的依据。连当地过去较好的生态状况都不知道,何谈修复呢? 没有历史的依据,仅靠"大师"的臆想,只能造成对生态系统的新破坏,无论肇事者是谁,一定要终身追责。

如何科学地修复生态系统呢? 除了对当地情况认真调研和做指导性理论模型外,目前只有两种具体方法。

一是不能主观臆想,凭空规划,要追溯生态历史,要知道历史上较好

的生态系统是什么样的。不可能恢复原生态，因为人要生活。但是，我们要把现有的人工生态系统在承载力之内尽可能和谐地叠加在自然生态系统之上。哪里出了问题就修复哪里，不了解原有较好的生态系统，就不可能科学修复。

二是不能闭门造车，囿于经验。要与地球上和北京纬度和地貌相近的较好的生态系统比较，比如在纬度和地貌上北京与柏林、巴黎、马德里和华盛顿都比较接近，那就要对这些地方深入考察，借鉴自然生态系统的保护与修复。

生态建设者无权臆造，不应草率，要认真学习系统论、协同论等知识，全面研究生态史，重点进行国际生态考察，缺什么，补什么。对生态修复规划的制定应建立签字追责制度，建立同行（大小同行各占一半）、执行者——各级政府官员、参与者——各行群众代表、各占 1/3 的评审委员会，于规定的时间内依"实践是检验真理的唯一标准"审核追责。不能"又当运动员，又当裁判员"，应该对人民负责，对国家负责，对子孙负责，对历史负责。

## （一）生态系统属于钱学森先生提出的非平衡态复杂巨系统

生态系统属于钱学森先生提出的非平衡态复杂巨系统，由于变量过多、变化过快而无法建立科学的数学模型、通过计算制定规划。同时计算机的容量也达不到复杂模型的运算要求，而过于简化的模型又达不到实际模拟的要求。

非平衡复杂巨系统的情况可以用图 5-1 表示。

因此数学建模、计算运作不能成为生态建设的重要依据。

## （二）生态建设顶层设计的科学方法与北京奥运会的实证

生态建设顶层设计的科学方法可以用图 5-2 表示。

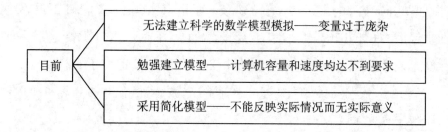

**图 5 - 1　非平衡复杂巨系统**

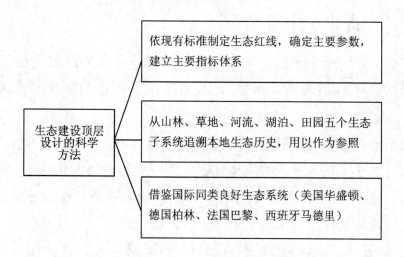

**图 5 - 2　生态建设顶层设计的科学方法**

　　这一生态修复理论在国内外得到广泛认同。1999 年 4 月 9 日,朱镕基总理和美国副总统戈尔出席开幕式的"第二届中美环境与发展论坛"在华盛顿美国国务院召开,作者以《为中国的可持续发展提供水资源保障》为题做首席发言,首次在国际社会表述了上述生态修复理论,提出"如果美国在华盛顿地区的生态修复有数学模型,愿留下来探讨。"不但没有回应者,这一观点还得到在座美国官员和科学家的认同与赞赏,美国海洋与气象局局长在发言后离席上前祝贺。

　　作者任北京奥申委主席特别助理时,负责环境问题。申奥成功后,与时任水务局长的焦志忠共同想到:"北京自 15 世纪以来的干旱期应该不会超过 10 年,否则北京不能维系乔灌草的针阔叶林混交森林系统。"焦志忠局长又派人去故宫查阅资料,显然北京自明初后没有 10 年以上的干旱周期。据此向当时的北京市领导建议,对北京奥运的水危机不必采取过度的准备措施(如 1964 年东京奥运前遭百年不遇大旱,在奥运前采取了关闭游泳池和浴室等极端措施),结果 2008 年北京迎来了自 1999 年久旱后第一个丰水年,不仅没有因可能采取的过渡措施给奥运带来负面影响,而且节约了大量资金。

## (三)生态史调研为塔里木河尾闾台特玛湖修复 "提供了宝贵经验"

生态史调研是生态建设重要的科学方法。作者主持和实施《塔里木河流域近期综合治理规划》后,采用了这种方法作为生态修复规划的依据。

由于没有任何水文资料可查,而可用水量又极其有限,只能采用追溯生态历史的方法制定科学的恢复目标。我们找到一位世代在这一带居住的维吾尔族老人(也就是说要克服一切困难调查水平好的次生生态系统是什么样的),在英苏村中他家里进行了艰难的调研。

由于当地生态史的追溯研究,制定了科学的输水规划,优化配置了有限的水资源,自 2012 年起塔里木河至英苏村不断流,到 2005 年底沿河约 2×1 平方千米小森林生态系统已经恢复,取得了明显的效果。

胡杨复苏并新生,红柳大大增加,土地沙化被遏制,草地已经恢复。野生动物除鹿的情况尚需观察,其余均已恢复群落长期生存。地下水位不断上升,并能维持在埋深 5~6 米。绿洲小村——英苏村是墙上中华人民共和国挂图中唯一的、真正的村子,为的是表示这里还有人居住,现在这里的居民已经迁回 20 户,农牧小村已经恢复,并在不断扩大。

继续输水至 2011 年共达 12 次,使台特马湖最大水域面积达到了 300 平方千米。湖区周边红柳、胡杨、芦苇等植物面积明显增加,野鸭、野兔、水鸟等野生动物数量也呈增多趋势,水环境得到极大改善。但水深只有几十厘米,远不及当年。台特马湖是罗布泊的一部分,湖北岩就是罗布庄,台特马湖的初步恢复预示着在中国地图上已经消失的罗布泊修复已经开始了。

## 三、举办我国第一个生态史展览,观众达15万人

人们看过植物史展览、动物史展览和地质史展览,但在我国还从未办过生态史展览。2014 年在北京植物园办的《北京生态史展览》是第一个,是个创新。应该把生态史研究立为一个学科,对科学的生态修复有重要意义。

生态史研究对于生态修复的重要性已在上节中阐明,为了弥补这一空白,作者在 2014 年聚集各方力量、克服多方困难于北京植物园举办了我国第一个生态史展——北京生态史展,观众达 15 万人,看过的领导交口称赞。

展览展现了 600 年前北京的山水林河湖状况,历史上北京虽经几次生态大破坏,但相对规模较小,经过几百年的自然恢复,当时的北京次生态系统还是好的。金朝时北京西北部除较少的石山外,原始次森林密布,野生动物有今天不见踪影的虎、豹、熊、狼、黄羊、野驴、羚羊、獐、鹿和野猪等数十种,平原地区德胜门外"旁多林木,蓊蔚苍翠"。东直门外有黑松林"古松万株,森沉蔽日",钓鱼台"堤柳四垂",公元 1496 年每天甚至有一只狗熊走到西直门,至 20 世纪 50 年代初清华园门外还来过狼。

鉴于篇幅有限,以下仅就水系的变迁把展览内容做一个文字描述。

自 1998 年调查研究准备制定《21 世纪初期首都水资源可持续利用规划(2001—2005)》以来,作者对北京水资源的历史研究已有 16 年之久,跑遍了北京古今的河流与湿地。北京的水历史是北京今天修复水系和水生态系统的重要科学依据,而 15 世纪初明成祖朱棣兴建北京城,造成北京地域的森林和水系大破坏之前的状态,可以作为修复次原生态基准参照。

### 1. 北京失去了历史上的玉泉水系

6 个世纪以来,北京的河流水系变化不太大,原有六大水系,现在仅存

五大水系,从东到西为蓟河水系、潮白河水系、北运(温榆)河水系、永定河和拒马河水系,五大水系干流都由西北向东南,跨度约为 100 千米,占北京市面积的 90%。

但是,15 世纪初以前,除京杭大运河与郭守敬在 13 世纪末建的一些水利工程以外,北京的河流基本上是原生态的健康河流,水量充沛,夏江水满的景象到处呈现。但流量的季节差别很大,外族入侵和水灾仍是京城的主要威胁。从对植被的文字记载看,当年的河流径流量远大于目前所有的监测数字(新中国成立后才开始监测)。

**蓟运河水系**主要为在平谷的洵河和错河,流域 1224 平方千米,占北京面积的 7.5%。洵河源自天津蓟县和河北兴隆,在京内长 66 千米,现流量 24.5 立方米/秒,年径流量 7.4 亿立方米,属于中小河流。而两个世纪以前水量充沛,应为现在监测数字的两倍以上,但今天断流严重。

**潮白河水系**是北京的主水系,当年是两条河流——分别是源自河北承德的潮河和源自河北赤城的白河,修密云水库后汇为潮白河。流域面积 5613 平方千米,占北京面积的 34.2%。潮河在京长度 72 千米,流域约 2000 平方千米。目前白河在京流量约为 9 立方米/秒,潮河为 12 立方米/秒,都已是涓涓细流,且出现断流。而当年潮河应是 20 立方米/秒以上的大河。

**北运(温榆)河水系**是北京最主要的水系,也是唯一发源于北京的水系。主要包括温榆河、北运河、沙河、清河和通惠河等河流。流域面积 4293 平方千米,占北京面积的 26.2%、居住人口的 70%。主河道在通州以上称温榆河,长 90 千米,以下称北运河,是京杭大运河的起点,共长 140 千米。温榆河流量现为 3.56 立方米/秒,北运河流量为 8.1 立方米/秒。今天看到的是涓涓细流,但已是目前北京唯一的主河道基本未断流河流,年径流量仅为 2.5 亿立方米,属于近干涸的小河,而当年可以行大船运粮。

**永定河水系**是北京元代以前赖以建城的水系,主干发源于河北张家口,上游称桑干河。永定河在北京境内有清水河、妫水河、团河和凉水河等河流汇入主干,永定河在北京长 187 千米,流域 3168 平方千米,占北京面积的 19.3%。当年水流汹涌,多次泛滥,名为"无定河"。自 1980 年起全线断流,有水段流量仅为 0.98 立方米/秒。

**大清河水系**在北京房山,主干为拒马河,有大石河等河流汇入,主干在京长 61 千米,流域 426 平方千米,占北京面积的 2.6%,是北京目前水流最大的河流,至今仍有泛滥洪灾威胁,是北京唯一与历史上差别不太大的河流。

历史上的北京,大河可以行舟,漕运船只从通县可以一直上溯至积水潭,皇帝的御舟也可以从中南海直达玉泉山和北运河。

今天,80 后的概念"河"就是一条无水的沟,"船"在北京已成为城区游玩的工具,客、货船早已成为逝去的乡愁。

元朝地域广阔,之所以在北京建近百万人口的大都——元大都,是因为有一个就近的水源——玉泉水系,距元大都的中心仅 10 千米。当年开辟北长河、南长河和金水河经都城引水入太液池(即今北海),不仅成为城市水源,而且构成城市水系。

玉泉山因水得名,玉泉山泉水金代已享有盛名,明代泉水仍旺,出水涌起一尺许,清代也有。估计当年年出水量至少在 1.6 亿立方米,以当年元大都人口 80 万计,即人均 200 立方米/年,是今天北京人均水资源量的 2 倍,足以应付没有工业和洗浴设施的市民生活。

据 1928 年、1934 年冬季考察,玉泉山诸泉总出水量仍有 2.01 立方米/秒,即 6339 立方米/年(其中玉泉出水量最大,1.41 立方米/秒),1949 年总出水量还有 1.54 立方米/秒。由于城市人口快速增加,1951 年 1 月份调查总出水量为 1.0 立方米/秒,1966 年总出水量为 0.75 立方米/秒,自此出水量逐年迅速减少,到 1975 年 5 月玉泉断流。

玉泉断流的原因是多方面的。首先是官厅水库建成后,拦蓄了上游来水。其次是永定河上游来水量也逐年减少。最后,北京地下水开采量逐年增加,地下水位不断降低,造成了玉泉枯干。这样北京不但失去了一个优质的水源,而且失去了一个水系,只剩了五大水系,造成了北京城区无河少水的局面。城市少了一个水系,就像人被截肢,北京生态建设的重要目标之一就是逐步恢复这一水系。

## 2. 北京曾是湿地水乡

6个世纪以来,北京的湿地变化可谓"水翻地覆"。15世纪初以前的北京曾是水乡,虽然很少有严格意义上的湖泊,但湿地遍布北京地域。京西万泉庄、巴沟、圆明园一带更是泉源密布,湿地遍布,史称西湖。著名的北京烤鸭所用的鸭子原料即出自玉泉山下的湿地池塘。京郊一带更是村村有池塘,直到20世纪60年代,这种局面基本还被较好地保持。

随着城市的建设和地下水位的下降,除一些著名湖泊外,大大小小的湿地几乎全部消失。

有据可查的在1860年北京水生态系统再次遭到大规模破坏以前,现北京地域大约有19万公顷湿地,约占总面积的11.5%,占平原地区面积的30%以上,达到目前世界上湿地生态系统较好国家如美国、巴西和白俄罗斯的水平,这也是历代在北京建都的重要原因。

100年来北京湿地递减状况如下:1960年为12万公顷,占北京面积的7.3%;1980年减为7.5万公顷,占北京面积的4.6%;到2012年北京有1916块湿地,共5.14万公顷,仅占北京面积的3.1%,大大低于6%的世界平均水平,北京不再是水乡,已与干旱地区为伍。而且,其中天然湿地仅占46.4%,生态功能大打折扣的人工湿地占到53.6%;同时,绝大部分湿地水深低于2米的优良湿地生态系统的国际标准(1.5~2米)。

15世纪初以前**北京东北郊**有金盏淀(今天的金盏乡)、汉石桥湿地(今天的汉石桥水库),面积均在20平方千米左右。东南延芳淀(大羊坊)超200平方千米,有大片芦苇荡,成群的天鹅、大雁和野鸭在此栖息。元朝末年水量减少,分成五六个小湖,至1860年消失。东郊有郊淀(今天的大小郊亭分别在淀的两边)面积在10平方千米左右。东郊五环以内的水碓湖(今天的水碓子)、麦子淀(今天的麦子店)和将台洼(今天的将台路地区)大大小小的湿地面积都在1公顷至0.5平方千米之间。直到20世纪60

年代,作者去看体育比赛,路过朝外大街至工人体育场之间的小村,村前都还有几亩地的池塘。

**南郊**则是京郊最大的湿地南海子,在14世纪初从丰台到大兴水面有210平方千米,水深超过2米,是十分典型和标准的湿地,自辽金时代至明清,皆为皇家狩猎场,鸟兽遍布,生态可想而知,不但风景秀丽,而且对调节北京气候起了重要作用。直至1780年还有100平方千米,到1950年仅剩7平方千米,水深还有1.5米;1965年更只剩0.6平方千米,水深只有1米。

**北郊**也是水乡,最大的是现在奥林匹克公园所在地(原来的洼里乡),面积达10平方千米以上,湿地与湖泊相连,水最深处超过20米,湿地与沙底滤水,是清河之所以清的重要原因。至今留下芦村、苇子坑和南、北沙滩等地名。

**西郊**更是湿地纵横,也是皇家园林建于西北郊、"京西稻"产于西北郊的原因。新中国成立前,北京的湿地包括圆明园的福海、颐和园的昆明湖;西起香山、东至海淀、北自昆明湖、南到蓝淀(今天的蓝淀厂),面积也近200平方千米。湿地、湖泊与河流相连,船舶如梭,至今留下北坞、中坞和南坞等地名。

研究北京的水生态史,不仅是要记起我们的乡愁,还要作为我们修复水生态的科学依据。造林不能盲目种,湿地不能无据建,而且要依据生态史全面考虑山水林田湖,不能顾此失彼,更不能造成对生态的系统性破坏,要对历史负责,对子孙负责。

## 四、以国际上自然条件近似的较好的同类生态系统为借鉴

由于人类科学地认识自然只是20世纪才开始的,所以以前很少进行生态纪录,生态史很难追寻,因此认真考察国际上条件近似的较好同类生态系统以资借鉴是十分必要的。

　　科学的生态建设另一个行之有效的方法是借鉴国际上较好的同类生态系统,为此,要做广泛的、深入的和艰苦的典型国际生态系统的实地调研。什么是同类生态系统呢?

　　① 基本在同一纬度,从而年平均温度差别不大;

　　② 降水量差别不大,以保证水生态系统相似;

　　③ 平均海拔高度近似,作为保证温湿度的补充;

　　④ 土质等其他条件类似;

　　⑤ 中心是现代化的国际大都市,人口密度相近;

　　⑥ 距海远近相似。

　　在以上 6 个基本条件相似的情况下,不同地区的原始生态系统应该是近似的,这些地区现有的生态系统就应该作为我们生态建设的重要参照。

　　纵观全球,与北京相似的是德国的柏林地区、法国的巴黎地区、西班牙的马德里地区和美国的华盛顿地区(比较情况见表 5-1)。其中更为相似的是巴黎和柏林,但巴黎地区距海较近,而柏林地区人口密度较低。马德里地区和华盛顿地区与北京差异较大:马德里地区距海较远、海拔较高、较为干旱,华盛顿地区距海较近、较为湿润,分别可以作为参照的下限和上限。

表 5-1　北京与巴黎、柏林、马德里、华盛顿的情况比较

| | 北京 | 巴黎大区<br>(法兰西岛) | 柏林地区<br>(包括周边勃兰登堡部分地区) | 马德里<br>自治区 | 华盛顿地区<br>(包括周边马里兰州部分地区) |
|---|---|---|---|---|---|
| 纬度(北纬) | 39.50 | 48.50 | 52.30 | 40.20 | 38.50 |
| 年降水量/毫米 | 576 | 619 | 580 | 412 | 1000 |
| 年均气温/摄氏度 | 13.4 | 10 | 9.4 | 16 | 20 |
| 最近距海/千米 | 170 | 140 | 175 | 268 | 110 |
| 面积/万平方千米 | 1.64 | 1.20 | 约 1.46 | 约 0.80 | 约 1.05 |
| 人口/万 | 2069.3 | 1300 | 约 500 | 约 550 | 约 601 |

| | 北京 | 巴黎大区 (法兰西岛) | 柏林地区 (包括周边勃兰登堡部分地区) | 马德里 自治区 | 华盛顿地区 (包括周边马里兰州部分地区) |
|---|---|---|---|---|---|
| 城区海拔/米 | 43.5 | 178 | 35 | 650 | 62.5 |
| 居民数/平方千米 | 1262 | 1083 | 343 | 688 | 572 |
| 大规模生态修复时人均 GDP (1950 年 美元/人) | 15000 (2013 年) | 约 10400 (1950 年) | 约 12800 (1955 年) | 约 10200 (1965 年) | 约 13000 (1950 年) |
| 生态基本修复所用时间/年 | 预计 12 年 | ～15 | ～15 | ～20 | ～12 |
| 中心距海直线距离/千米 | 160 | 140 | 150 | 285 | 170 |

　　作者在上述 4 个与北京有可比性的城市中,最长的在巴黎住了 6 年,最短的在华盛顿与马德里也分别做了 3 天的生态考察,对生态修复这门科学认识颇深,深切地感到,如果不以科学的方法考察,走马观花甚至住一段时间也不能得出正确的结论。

　　在巴黎近郊并没有消灭农业。自 17—20 世纪的农田和牧场都保留了下来,金色的麦田、紫色的苜蓿田、黄色的油菜田和绿色的牧场依然存在,成了一道亮丽的风景线,让人“望得见乡愁”。

　　在柏林,第二次世界大战摧毁了整个近郊水系。弹坑、浮桥和填土使水系支离破碎,几乎看不到一条原生河流。但柏林仅用了 30 年就修复了水系,既没有深挖扩宽,也没有砌衬,今天人们见到的都是春江水满、水岸相连的次原生态河流。

　　在华盛顿,近郊几乎保留了所有次原生态森林,在独立战争和南北战争中被破坏的原始森林主要靠一个世纪的自然恢复,原密则密,原疏则疏,也没有引进外来的“优良”树种。

　　马德里的自然条件是 5 个城市中最差的,降水量只有北京的 70%。

马德里在 20 世纪 30 年代还经历了内战的生态大破坏,但后来的生态修复遵循自然规律,没有片面地追求"绿"。到过马德里的人都感到马德里不如北京绿,但是生态修复认识到生态系统是一个生命共同体,不仅有植物,还有动物。目前马德里远郊已有狼群,说明生态修复的成功。

从上面的简单分析可以看出,借鉴国际同类较好生态系统在生态修复中的重要性。

# 五、如何划"生态红线"

科学的生态修复要按协同论找出序参量,定出"生态红线"成为法规进行定量分析,才能不越雷池不致造成"生态的系统性破坏"。

整个自然生态系统是由河流、湖泊、湿地、地下水层、森林、草原和动物群落等多个组合子系统构成的,对于每个子系统的利用、改变或者说是破坏都不是人为所欲为,而且有一定限度的,这个限度就叫"生态红线",不可逾越。如果逾越,不但破坏了子系统本身,难以或不能修复,而且将破坏其他子系统,以致造成整个自然生态系统的蜕变,其后果是十分严重的。

以下就以几条主要红线加以说明:

## 1. 河流流量红线

河流的流量是水生态系统优劣的基本指标。一般情况下,在筑堤修库截流以后,河道内应保证 60% 的水质达标水量,流量减少会直接影响其生态功能。极端的情况是干涸,干涸的河道就完全丧失了其原有的生态功能,河道干涸长度反映了河流水生态系统恶化的状况。人类为维持生活、生产和生态的河道外用水,一般不应超过河流径流量的 40%。

## 2. 跨流域调水红线

在有条件的情况下,原则上可向自然水生态不平衡的、人类生存环境附着的生态系统,即水资源总量折合地表径流深小于 150 毫米的地区调水。此外,还可向水资源总量减去居民最低耗水量(300 立方米×居民总数)后,折合地表径流深小于 150 毫米的人口密集区如城市调水。

必要的跨流域调水,调出地区的水资源总量折合地表径流深应大于 200 毫米、人均水资源量应在 1700 立方米/人的警戒线以上,而且调出水量不能超过径流量的 20%。南水北调中线调水量就是按这一红线计算得出的。

### 3. 河流入海水量红线

河口地区是咸、淡水交替的地方,许多生物在此繁衍生息,构成了具有很高生态地位的河口近海生态系统。入海水量的大小决定了河口地区的生态质量。入海水量应达到河流径流量的 10%,内陆河流域输入尾闾的水量也应达到河流径流量的 10%~15%。

### 4. 水质指标红线

水质状况决定了水体发挥什么样的功能和发挥功能的大小,污水只能危害生物的生存,降低水的生态功能。水体水质是反映水体好坏的定量体现;COD 是水污染的主要污染物,其排放量决定着水体水质,是实现"总量控制"的重要指标;污水处理率反映了污水治理的程度,决定着进入水体污染物的总量。流域排污总量,应在河流径流量的 1/40 以内,以达到自然稀释,超量的一定要达标排放,而且建污水处理厂处理到排污河流可以自净的标准。

以上 4 条红线是作者在联合国教科文工作时根据 86 国 856 个案例做统计平均得出的,时任副总理的温家宝同志批示:"此文可以适当形式摘发各地各部门参阅。干部需要经常了解有关人口、土地、水资源、环境保护等方面的知识,加深对国情的认识,增强实施可持续发展战略的自觉性。"4 条红线已被全国采用,同时被联合国多个相关组织和美国、法国和越南等多个国家采用。

### 5. 湿地恢复的红线

湿地是河湖与陆地的过渡带,有多种生态功能,更是鸟类和各种水生生物的乐园,具有补给地下水的重要功能。湿地总面积的大小,体现了其发挥调节气候等能力的大小;湿地在一定地区内的面积比率决定湿地是否还能有上述功能。自 20 世纪以来,人们由于不了解湿地的功能,抽水填土、还田,毁了大片湿地,应予恢复,一般以到 20 世纪初的 60%～80% 为标准。

### 6. 地下水红线

地下水位直接地反映了地下水储量,间接地反映了地表水状况,是生态系统最重要的指标。如果地下水位很低,不仅不能补给地表水,而且就像一个大漏洞,致使湿地和河流很难蓄住水,地表植被也难以生长。生态恢复要求达到历史上生态系统较好的水平,即抽取地下水后,地下水位应不低于保持原植被的水平,更不能造成地面沉降。在我国,针对地下水位普遍下降的严重情况,不能逾越的红线就应是地下水位不再降低,而且要努力恢复到 20 世纪 70 年代的水平。

### 7. 植 被

植被覆盖率反映了绿化、美化的程度,影响着植被涵养水源、调节气候和防止水土流失的能力。生态系统中的非人类居住和生产区内应保持80%以上的原自然生态系统的乔、灌、草植被和物种结构。在温带平原的人类生产和居住地区,森林覆盖率应达到25%,就 1 万平方千米以上的生态系统而言,不应低于 15% 的红线(沙漠、荒漠和冻原除外)。

### 8. 动物群落

在人类生存环境附着的生态系统中,较大面积的森林和草原地带至少应保持在 60% 红线以上的原自然生态系统动物群落,且应保有大型哺乳动物。动物群落是生态系统蜕变的重要标志,在森林和草原中,动物在生态食物链的高端,如果动物迁移或灭绝,就说明生态系统蜕变了,紧接着就是树死草枯。

## 9. 地球升温

为应对温室效应,《巴黎协定》已规定温室气体的排放总量应控制到不能使地球升温超过 2℃,否则将会产生灾难性后果。

## 10. 京津冀地区 PM2.5 年均浓度的控制

国家发改委和环保部于 2015 年底已给出京津冀地区 PM2.5 递减的红线,即到 2017 年应控制到 73 微克/立方米左右,到 2020 年应控制到 64 微克/立方米左右,较西欧空气良好的标准 50 微克/立方米高出 28%,已达质变临界,因此不仅是有科学依据的,也是必须达到的。此外,对生物多样性中物种的减少都应按照植物的珍稀程度划出红线。

## 11. 必须高度重视各生态红线的协同性

各个子生态系统构成了生命共同体,以上红线都是经过理论推演、统计计算或科学实验得出的,任何一条红线也不是越高越好。

例如,无度提高森林覆盖率就会改变原地域的风向和风力,使得雾霾无法扩散而持续,出现了森林生态系统与大气生态系统的不协同或不协调。

# 六、如何做到经济发展与生态建设的平衡——第二财富

经济生产的产品是第一财富,生态建设生产的是第二财富,只有承认第二财富,才能做到两者之间的平衡。

文明从来就是与财富联系在一起的,原始人所在几乎没有财富的时代被称为蒙昧时代。但是在以前,人们从未把财富和生态联系起来,认为只有社会产品才是财富,只有经济生产才创造财富,而我们所生活的自然生态系统并不是财富,可以任意滥用。今天,这种观点必须改变,自然生态系统本身就是财富,是财富的基础,由于被认识较晚,可以称为"第二财

富"。经济发展与生态建设的平衡实际上就是第一财富——社会产品和第二财富生态系统之间的动平衡。

什么是财富呢？西方经济学中指的是经济财富，或者叫作经济资产。在农业经济中是粮食、牲畜、家具、衣服、食品、房屋、水渠和道路等；在工业经济中是面包、牛奶、香肠、衣服、皮鞋、家具、收音机、电视机、房屋、公路、铁路、火车、轮船、高楼大厦、纺织厂、钢铁厂、汽车制造厂、化工厂、火电厂、水电厂、运河、水库、高速公路等；在后工业经济中又出现了计算机、音响、核电站、太阳能转换器、风力发电站和宇宙飞船等。这些都是通过劳动创造的人所需求的物品，除了宇宙飞船等极少数物品以外，都是满足人类生活直接需求的物品。人类在不断创造新的财富，就是一种与传统财富不同的财富，他与人的智力、知识相结合，智力高、知识广的人不必付出更多的钱就可以获得更多的财富。

新循环经济学中要提出一个新财富的概念，或者叫"第二财富"，这就是所有上述社会财富寓于其中的、人类赖以生存的生态系统，是自然财富，或者叫自然资产。西方经济学只把自然财富视为资源，认为通过劳动才能满足人类的生活需求。其实自然生态系统本身就满足了人的生活需求。例如，我们在一个缺水的城市建设了四环路、五环路，建设了一百座高楼大厦，如果在几十年后，由于不断地超采地下水，造成日益严重的河流断流、湖泊萎缩、湿地干涸，以致最终出现荒漠化，那么所有的环路和大厦的价值都将为零。因此，生态系统是财富的基础，是同等重要的财富，这也是新循环经济学与西方经济学最大的差异。

**1. 修复和维系生态系统创造第二财富是生产的另一个目的**

新循环经济学也认为，发展经济的目的是创造财富。但是，财富有两种：一种是社会财富，另一种是自然财富。生产既要创造社会财富，也要修复和维系自然财富，两者相辅相成，缺一不可。人类创造更多的社会财富用来满足生活的要求，也使自己有能力修复和维系自然财富；同时，人类也可以更多更好地利用自然财富来创造更多更好的物质财富。

实际上自然财富的生产就是传统西方经济学中公共物品的生产。正像一座大楼的建设不能只看人能直接利用的楼层,不看支撑它的地基一样;经济生产也不能只看产品生产,而不顾广义的公共物品生产。保护、维系和修复生态系统与建设桥梁、公路、铁路、机场和港口一样是基础设施建设,它是基础的基础,是一切基础设施的支撑,决定了基础设施的存在和效益。

因此,新循环经济学认为,恢复和维系生态系统也是生产的目的。现行经济理论认为,产品生产是经济发展的唯一目的,对于生产发生污染的治理,对于资源被破坏的恢复,对于生态系统蜕变的补偿,都是附加物,都是软约束;后来,认识提高到不能以牺牲环境为代价来发展。认识是逐步深入的。在今天,应该认为对生态系统的恢复和维系也是生产,产出的是生态产品,并且要建立绿色 GDP 的指标体系予以度量,将生态恢复提高到与产品生产同等的地位。

所以,经济生产与生态建设的平衡就是社会产品生产与生态建设生态产品生产的平衡。社会产品生产的过多了,资源利用、废物排出过多了,自然生态系统撑不住了,就要利用社会产品来维系和修复自然生态系统,加强生态产品的生产,使之能支撑社会产品生产,二者达到平衡。此时可以进一步发展社会产品的生产,如此在动平衡中的发展,就能做到经济发展与生态建设之间的平衡。

## 2. 循环经济方程的生态影响分析

前面已经讲述过循环经济方程,这里再用该方程对第二财富做分析。

$$Ie = \frac{Gp \cdot Al}{Te \cdot Pr \cdot Rr}$$

其中,Gp 为人均国内生产总值;Ie 为对生态系统的影响;Al(Apolans)为人的享受程度系数(0~1);Te 为有益于生态技术(eco - Sound Techndogies)的开发与应用程度系数(0~1);Pr 为稀缺资源的价格;Rr 为资源再利用程度系数(0~1)。

对生态系统的影响(Ie),就是第二财富,也是广大人民的根本利益。

因为,它既是"经济发展"和"生活富裕"——第一财富的基础,又是"生态良好"的本身。

技术(Te)反映科技创新与创业。科学技术是第一生产力,这个先进生产力就应该是有益于生态系统的技术,所有高技术都应是这样的技术。

人的享受程度(Al)应该是人的价值取向,或者是人类文明的前进方向,即这个文明应该是人与自然和谐的生态文明。

# 七、如何做到开发资源与节约资源的平衡 ——生态承载力

"开源节流"是中国的古训,今天自然资源的现状是:多种人类需要的资源近于枯竭,只开源、不节流何以为继?

社会经济要发展、人民生活要提高需要资源,需要资源就要开发资源,但同时又一定要节约资源。什么是节约资源呢?除不要无故耗费——浪费之外,就是要在生态系统的承载力之内开发资源,这样就做到了开发资源与节约资源的平衡。

## (一) 什么是生态系统的承载力原则

无论是产品生产,还是基础设施建设,都应在所在生态系统的承载力允许范围内进行,超过水资源量的用水和超过环境容量的排污都应改变。在把自然财富变成社会产品的生产和建设中,必须考虑自然生态系统的承载能力。当不能承载时,就必须用我们积累的社会财富和科学技术来修复和维系自然生态系统;当其承载能力提高以后,再进行新水平上的生产和建设。如此循环,才是人与自然和谐的可持续发展。

## (二) 资源开发要遵循生态系统的基本规律

要使资源开发在生态承载力之内,首先要认识生态系统的自然规律,

正如恩格斯所说:"人类可以通过改变自然来使自然界为自己的目的服务,来支配自然界,但我们每走一步都要记住,人类统治自然界绝不是站在自然之外的,我们对自然界的全部统治力量就在于能够认识和正确地运用自然规律。"而生态系统中最核心的规律就是生态系统的动平衡规律。

## 1. 对生态系统平衡的基本认识

国际研究表明,近十几万年来地球上的自然生态系统是基本稳定的。冰川期过了,造山运动停止了,陆海格局基本稳定;大气温度、降水量甚至大气环流和大洋暖流都基本稳定;就全球而言,森林、草原、湿地、半荒漠、荒漠和沙漠也基本稳定,这些自然状况就是几万年人类历史自然生态系统动态平衡的基础。生态系统是一个非平衡态复杂巨系统,但是由于自然生态系统处于动平衡状态,而没有发生剧烈变化——大扰动,人类才得以生存、繁衍和发展,因此自然生态系统内部的资源循环和动平衡是人类应该认识和正确运用的最基本的规律。

从可持续发展的角度来看生态系统动平衡,应有如下基本认识:

(1) 维护生态平衡

人类发展的历史表明应该维护生态平衡,可持续发展也要求维护生态平衡。实践证明对于现有生态平衡的强扰动、强冲击、大改变、大破坏,只可能带来暂时的经济利益,而不利于可持续发展。

(2) 生态学及其理论的不完整性

同物理学、化学等传统学科相比,生态学还是一门在 21 世纪才兴起的、很不完善的学科。生态学的基本理论是生态平衡。然而对于一个地区,其生态平衡究竟在何处? 各种自然资源应该如何分布? 这都是生态学尚不能解决的问题。

(3) 生态系统变化的不可逆性

生态系统是非平衡态超复杂巨系统,它的变化是一个十分复杂的过程,是不可逆的,这已经被科学理论和人类实践所证明。因此生态平衡和良性循环只能尽可能照原样修复,而不可能像化学反应一样逆向恢复,这一方面说明生态平衡基本恢复的可能性,另一方面也说明生态平衡破坏的严重性。

（4）对生态系统定量分析的必要性

为了进一步认识生态系统,当务之急是生态系统分析的定量化。联合国有关方面为此做出巨大的努力,如确定地表水资源折合径流深 150 毫米为生态缺水的下限、对于 1 万平方千米以上的大区域根据气候不同以 25%～50%为适宜的森林覆盖率,等。当然,这些都是统计分析得出的经验范围,不是理论计算值,但为我们研究生态系统提供了必要的参照。

## 2. 自然生态系统平衡的特点

自然生态系统是一个非平衡态超复杂巨系统,其平衡有如下特性:

① 不是简单的算术平衡,而是超多元的、复变的函数平衡,在多种元素的影响下该系统具有自我调节、在不受到大扰动的情况下良性循环的能力。

以塔里木河流域的森林子系统为例,不是有多少棵树的平衡,而是乔、灌、草复合森林系统的平衡。降雨少了,胡杨枯一些,红柳长一些,仍达到森林系统的平衡。降雨多了,又会恢复到原来的组合,体现了系统的自我调节能力。

生态系统的调节能力使其良性循环得以形成。

② 不是瞬时的平衡,而是周期的平衡,因此具有自我修复能力。

仍以塔里木河为例,雪山融水量和降水量年际变化不小,但从 30 年的长周期来看变化是很小的,塔河自然生态系统甚至自然配置了"一千年不死、（死后）一千年不倒、（倒后）一千年不朽"的胡杨,能在这样干旱的气候条件下长存。

生态系统的自我修复能力是水生态系统良性循环的基本保证。

③ 不是静平衡,而是动平衡,因此具有自我发展能力。

生态系统是一个非平衡态系统,或者说是一个动平衡系统。几千年内自然生态系统也有较大的变化,例如河流下游形成新的冲积平原,但是所在的流域自然生态系统足够大、承受能力大,总体仍处于平衡状态。动平衡的规律体现了系统的自我发展能力。

## (三) 地域自然生态系统承载力是城市可持续发展的保障

城镇化的基本前提是城镇要可持续发展,前提是城镇发展要在地域自然生态系统的承载力之内。我国和世界上都不乏兴旺一时的城镇却突然从地球上消失,我国丝绸之路上的古城楼兰、墨西哥的玛雅古城,都繁华一时却至今消失,我国和世界上在 20 世纪末也有许多矿竭城衰的城镇。原因是什么呢?

### 1. 城区是叠加在自然生态系统之上的人工生态系统

问题可以从生态学理论得到明确解释。城镇生态系统是人们在一片地域的自然生态系统上建立的人工生态系统。这个人工生态系统叠加在自然生态系统之上,要从自然生态系统中取得水源、取得氧气、取得矿产资源,利用土地种植粮食,依赖自然生态系统的支撑。

一旦人口过多,水就不够用了,水越少污染越严重,水质也越差,不能供人饮用。一旦车辆和工业过多,有害气体排放就越多,大气污染就越严重,以致引起严重的呼吸道等疾病。一旦矿产连年开采,越来越少,单一的经济就会萎缩,人们就会贫困化。一旦土壤过度耕种,日益贫瘠,连地下水也受到污染,粮食就会减产,甚至产生含毒害物质。城镇就越来越不适于人类生存,就不可能持续发展。

有人说:“水没了可以调”,其代价高昂不说,跨流域调水是违反生态学原理的,而且调出地的城镇也要发展,不可能永续调水。有人说:“大气污染了可以等风来”,气候变化至今仍不可控制,而且气体污染排放物量越大,排散就越慢,在污染时间段内对人已造成了伤害。矿产和粮食是可以调配的,但取决于运输的能力和国内外市场的价格,也对城镇居民的生活水平产生严重影响。所以,使城镇人工生态系统的发展在地域自然生态系统的承载力范围之内,是城镇化最科学合理的选择。

## 2. 城镇化的基本生态承载力

城镇的建设和发展要在地域的生态承载能力之内是城市生态理念的核心。

从生态学的理念看,城市是附着在自然生态系统上的人工生态系统,也就是说城市地域的自然生态系统必须能承载其上的城市人工系统。

### (1) 水资源与水环境承载能力

水是生命之源,也是人类生存的基本条件,水又是难以大范围调配的资源,因此,城市的人口和面积都受水资源与水环境条件约束,不能无限增加与扩大。城市地域狭小,自产水资源量少,人口众多,所以人均水资源量都较小;但是经济发达,生活水平较高,因此用水量大,而且排污量大,人均排污量高。因此,水是约束城市发展的木桶的短板。大多数城市都临河而建,所以这个矛盾相对缓解,尽管如此,我国 670 个城市中有 2/3 的城市都缺水。国际上墨西哥城、德黑兰和柏林等城市也缺水。作者在联合国教科文组织制定的可持续发展人均最低水资源量为 300 立方米/人。对于城市而言,生态用水可以相对减少而依赖周边,但至少也应达到200 立方米/人,才能支撑城市的可持续发展。

### (2) 大气环境的承载能力

城市地域狭小,对于集中的大气污染排放的扩散能力很小,尤其是依山或在盆地的城市。2013 年 1 月在我国华北地区产生的极重度雾霾天气十分清楚地说明了这个问题。因此,城市人口的增加、车辆的增加、工业的发展和城市的扩展必须考虑到这一问题,不仅要考虑本地域,还要考虑周边地域的排污问题。

### (3) 生态系统承载力

水资源和大气环境是最主要的生态系统要素。此外城市森林、城市水系、人均绿地和人均水面等都是城市生态系统的重要因素,且都有指标要求,它也决定了城市的生态承载力,均应达到。

# 八、如何做到经济效益、社会效益和生态效益的同步提升

经济效益、社会效益和生态效益都是人民的基本需求,要"以人为本"必须三者同步提升,缺一不可。

做到经济效益、社会效益和生态效益同步提升关键是以人为本。做到人与自然和谐,在于是以传统工业经济破坏生态系统的指导思想发展,还是以循环经济依附于自然循环基础之上的指导思想开发。目前国际国内广泛争论的建大坝、修水库就是一个典型的例子。修水库可发电,有经济效益,便于人民饮水,有社会效益,但是一般认为造成生态系统效益下降。这个问题能不能解决呢?能! 就在于能不能遵循"生态规划、生态设计、生态施工、生态运行"的"四生原则"修大坝、建生态水库。如果做到了,就有可能取得生产发展、居民饮水和生态修复的三赢。而不应该走要么禁止开发、要么放任开发两个极端。

作者主持规划制定的桂林生态水库修建就是一个典型的例子。

## (一) 建设"生态水库"

建生态水库要做到如下"四生"。

### 1. 生态规划

所谓生态规划就是在规划大坝水库项目时,就要以生态学的理论为首要指导思想。具体原则如下:

(1) 全年各时段(尤其是枯水期)由于梯级电站滞水后产生的河道流量减少应在15%的生态红线以下

水资源利用对河流的最大生态影响在于长时间改变河道的水流量,从而影响流域地下水位和植被系统。梯级电站滞水后河流流量减少控制在15%以下,加上其他生产取用水量4%,总量应控制在20%以下,据作者参与制定的联合国有关标准,才不致产生较大的生态影响。这是梯级

电站规模和级数规划的限制条件。

三江流域降水量的年内分布极不均匀,5—10月的雨量占总降水量的75%以上,因此枯水期的河流生态系统维系更值得高度重视。

(2) 河流形态不应有大的改变,保持一条健康河流,
　　不降低原有生态效益

除取水总量控制外,还应保证河流形态不发生大改变,即在一定的时间周期内(如1天)和一定的范围内(在河道内)河流的形态不发生改变,这样才能保持一条健康河流。根据作者在联合国制定的标准,这就需要在任何时段的任何区域用水量不应超过40%的生态红线。

(3) 尽可能减少耕地淹没和移民人口,不降低社会效益

目前三江流域总人口为920万,按目前规划建库移民28.8万人,占总人口的3.1%;耕地总面积约为2800万亩,淹没总面积为46.4万亩,占总耕地面积的1.7%。以上都在生态允许范围内,即便移民等量开荒,对整个生态系统也不致产生大扰动。

但是,必须妥善解决移民,尤其是少数民族移民安置问题,关键是安置后移民的可持续发展能力。例如,使移民就地上移开荒,不但破坏植被,而且会由于使之在更恶劣的条件下生存,从而降低其生活水平和可持续发展的能力。如果能把补偿投入,结合政策扶持发展旅游业,就会收到好得多的社会效益。

(4) 对三江并流世界自然遗产及其他文物的保护

作者曾任世界文化与自然遗产委员会中国委员,为保护三江并流世界遗产,应尽最大可能不建和少建电站,保留一段原生河流,维护国家声誉。此外,对金沙江、虎跳峡和我国古代去缅甸和印度的通道等自然和文化遗迹的保护方案也都应列入规划,这也是社会效益的一个重要方面。

(5) 建库后水流变缓,不能降低水生态系统自净能力的对策

建库后水流变缓,会降低水生态系统自净能力。尽管三江流域排污较少,水流量大,仍应在用水价格中包括生态补偿,所得资金专款专用于污水处理厂建设,尽量维系自然生态系统。

## 2. 生态设计

所谓生态设计就是要在大坝设计中,以具体设施落实规划中的生态原则。

### (1) 蓄水水位

三江流域大面积森林在海拔较高地区,据实地观察淹没面积不大,因此带来的陆地动植物物种影响也很小。即便如此,仍应结合实地情况,适当考虑蓄水水位的设计,取得经济效益和生态影响的平衡,尽可能减少生态影响。

### (2) 建鱼道

要建鱼道保证下游河段筑坝拦水对洄游鱼类的影响。例如在澜沧江下游,有洄游鱼类,筑坝拦水将影响这些鱼类洄游,应在坝上设计、建鱼道保证鱼类洄游。

### (3) 排　沙

横断山区自然条件山高坡陡,暴雨集中,水库建设后将使河流冲沙能力降低。对策是一方面应在设计中考虑排沙设施;另一方面应在用水价格中包括生态补偿,所得资金专款用于区域植被建设,减少沙土流量。

## 3. 生态施工

所谓生态施工就是在施工过程中以尽可能地维系生态系统为原则,文明施工。

① 尽可能减小施工面,尽可能减少植被破坏。施工中的渣土必须集中运走,不能因散落再造成植被破坏面积的扩大。作者在金沙江时,已看到施工中的碎山成扇面而下,将虎跳峡几乎填埋,令人痛心。

② 施工中尽可能减少修建新设施。例如运输要尽可能依托原有土路,少修新路;同时,尽可能少建施工临时房屋。作者在金沙江时就看到为施工另修新路,满坡碎石滚向江中。

③ 在合同条款中就规定施工单位在施工前清理以森林为主的库区植被,在交工时拆除临时建筑,并恢复植被或为此做出补偿。

### 4. 生态运行

所谓生态运行就是在水库完工后的发电运行时,要按生态原则进行,保证生态效益。

① 确保鱼道等生态维系设施的正常运行。

② 确保枯水期时河道中下泄的水流量。

③ 在运行中调水排沙,减少沙在水库和天然河道中的淤积。

以资源系统工程学为指导实施"四生"原则,就可以科学地建设新型水电站,促进当地经济、社会发展,尽可能减少负面的生态影响,修建生态型水库。

作者不仅提出了修建生态水库的理论,而且主持制定了第一组以修复生态为主要目的的水库建设规划方案。美国发行量第二的报纸《华尔街日报》的记者问项目主持人:"你们组织的桂林漓江水系规划的生态水库是世界第一个吗?"项目主持人回答说:"这样规模的、以生态系统修复为主要目标的水库据我所知是世界第一个;瑞士有,目标不太明确,而且规模小。"

以"四生"原则为指导实施修建的三个新型水库,加上原有青狮潭水库,四库联调总量控制,在枯季对漓江补水,保证径流量在 50 立方米/秒以上,促进了当地经济发展,大大减少了对生态的负面影响。目前对桂林上游阳朔的旅游已从完工前枯季无法上溯、仅 8 个月的旅游期延长到全年,实现了生态、经济的双丰收。

## (二) 经济效益、社会效益和生态效益相辅相成、同步提升

从桂林生态水库的建设可以看到经济效益、社会效益和生态效益是相辅相成,而能同步提升的。

### 1. 经济效益

桂林市的主产业是旅游业,而在 2004 年以前"桂林山水甲天下,阳朔山水甲桂林"的上溯阳朔游,在枯水季无法成行。规划于 2004 年 1 月制

定后,2005 年部分建成了控制性水利枢纽工程,开始了已有水库的联调,当年就缩短了枯水季的断流时间,延长了阳朔游。与 2004 年相比,2005 年桂林的 GDP 就从 3433.5 亿元增长到 3984.1 亿元,增长了 16.0%;2006 年大部分工程建成,桂林的 GDP 又较 2005 年增长了 19.1%;到 2007 年全部建成,阳朔可全年上溯,GDP 又较 2006 年增长 22.7%。仅 3 年 GDP 增长 2390 亿元,增长了 70%,是近年来桂林 GDP 增长最快的阶段。其中旅游业上溯阳朔的贡献占相当大的成分。

### 2. 社会效益

生态水库的建成使居民在枯水季节也能喝上Ⅱ类的好水(原来到枯水季水质已为Ⅲ类或劣Ⅲ类),产生了巨大的社会效益。同时,世界闻名的漓江游全年可上溯阳朔有着巨大的国内外影响。由于按生态水库的原则修建,耕地淹没、水库移民和文物损毁都减到了最低限度。

### 3. 生态效益

漓江在枯水季节的断流不仅改变了河流的形态,而且对水生态系统产生了严重的破坏。由于自 20 世纪以来连年断流,一些脆弱的水生动植物系统在丰水期也已经难以恢复,造成了近乎不可逆的严重生态影响。修建生态水库后,10 年内在多年的枯水期被反复破坏的水生动植物系统能否全面恢复? 在 2015 年已做了较全面的调查,恢复情况良好。

# 九、要研究、提倡、试行绿色 GDP,落实绿色发展

没有绿色 GDP 的指标体系予以衡量,如何能真正认识、科学判断和具体实现绿水青山就是“金山银山”?

不能唯 GDP 论,但也不能不要 GDP。估计国家经济总量需要 GDP,进行国际的比较需要 GDP,研究经济历史需要 GDP。不但中国,世界各国都如此。但是,GDP 确有不足之处,需要修正与补充,一个重要的补充

就是绿色 GDP,只有这样才能使经济效益、社会效益与生态效益真正统一。

## (一) 什么是绿色 GDP

传统的国民经济核算体系如国内生产总值(GDP),没有扣除资源消耗、环境污染和生态破坏的损失,是一种不真实、片面的统计核算。它来源于亚当·斯密的经济理论,认为资源是无限的,人类利用资源进行生产出的社会产品才算财富,而不承认资源本身就是财富,即第二财富。因此,国家要改变国民生产总值 GDP 统计的方法,建立绿色国内生产总值的核算,也就是通常所说的绿色 GDP。

所谓绿色 GDP 是指一个国家(地区)在经济领土范围内,扣除从生产活动的全流程到最终使用直至产生废弃物的全过程所造成的环境损害价值(资源耗竭、生产与消费的环境污染)后的国内生产总值。因此企业要改变生产成本核算办法,建立绿色企业评价指标,使产品的价格全面反映资源与环境的价值,要求计入资源开发成本和获取成本、环境净化成本和环境损害成本以及用户成本(对于不可再生资源来说当代人使用的这部分资源不可能被后代人再使用的损失)。

## (二) 目前国际绿色 GDP 概况及新循环经济学

世界银行、联合国统计局、联合国环境署、经合组织、世界资源研究所等国际组织和多国学术界在这方面都做了探索,结果表明扣除资源消耗和环境污染,净国内生产总值增长均要低于 GDP 的增长。

曾访问过作者的美国世界资源研究专家 1989 年对印度尼西亚"国内净产值"进行了计算,其结果是,1971—1984 年印尼国内生产总值的年均增长率超过 70%,但扣除自然资源的减少和自然生态退化部分的价值,国内净产值的年均增长率仅为 4%。在德国的统计年鉴里,第一页就是用图表示本年度共用去多少自然资源,其中不可再生资源为多少,可再生资源又是多少,循环利用的资源是多少。据估计在我国近 20 年,每年因环境污染造成的经济损失占国民生产总值的 7% 以上。

按照循环经济的观点,从理论上说工业排出的污染及其给自然资源和生态系统带来的负值(即破坏)应该为零。但传统工业经济生产与这一理想假设的差距是巨大的,因此,如果按传统西方经济学的理论统计自然资源和生态系统破坏的成本,这一成本几乎是任何一个企业都难以支付的,换句话说,就是几乎可以使所有企业破产。如何解决这一问题呢? 应该按新循环经济学的理论承认第二财富,就是说生产创造了社会财富,而对环境的治理和生态的修复则创造了自然财富。如果一个企业只生产产品那他就只创造社会财富;如果它也参与资源节约、污染治理和生态修复,那他就也创造了自然财富。所谓绿色 GDP 就是既考虑社会财富的创造,又考虑自然财富创造,等于两者之和。

## (三) 在我国建立绿色 GDP 统计的基本原则

为使循环经济能够落实到生产,我们必须要对现行的国民经济核算体系进行改造,从企业到国家建立一套绿色经济核算制度,包括企业绿色会计制度、绿色审计制度、绿色国民经济核算体系等,用绿色 GDP 取代传统的 GDP。

绿色 GDP 等于国内生产总值减去产品资本折旧、自然资源损耗、环境污染损失与自然生态退化之和。要从我国的实际出发,开展环境污染和生态损失及环境保护效益计量方法和技术的研究工作,进行绿色 GDP 的统计和核算试点,加快建立绿色国民经济核算制度,并纳入国家统计体系和干部考核体系。

新循环经济学认为生产有两个目的:创造社会财富,修复自然财富。考虑绿色 GDP,就要考虑创造自然财富的三个新生产成本,一是资源节约的成本,二是污染治理的成本,三是生态修复的成本。按新循环经济学的观念这些成本的投入创造了自然财富,绿色 GDP 等于社会财富的增量和自然财富的增量之和,改变了亚当·斯密认为"国民财富就是一个国家所生产的商品总量"的传统西方经济学理论。

## 1. 达到提高资源利用效率的指标相当于创造自然财富

达到"十一五"规划中资源利用效率提高的约束性指标和预期性指标，节约了自然财富，相对于传统的增长模式而言，形成了自然财富的"增量"，等于"创造"了自然财富。这一自然财富的增量目前可以用达到提高资源利用效率约束性条件的投入来度量。

《国民经济和社会发展第十一个五年规划纲要》提出了未来五年经济社会发展的主要目标，根据全面建设小康社会的总体要求，"十一五"时期要努力实现资源利用效率显著提高。规定单位国内生产总值能源消耗降低 20%左右，单位工业增加值用水量降低 30%，农业灌溉用水有效利用系数提高到 0.5，工业固体废物综合利用率提高到 60%。前两个是约束性指标，也就是一定要达到的；后两个是预期性指标，也就是力争达到的。达到这些指标的投入，原则上就是"自然财富增量"的度量。

## 2. 环境污染的治理相当于自然财富质与量的提高

环境污染的治理相当于自然财富质与量的提高，目前，国内外多家权威机构估计我国环境污染给 GDP 带来 4%～6%的损失。也就是说，社会财富 9%的 GDP 增长率，实际上只有 3%～5%。对于污染治理的有效投入，就是减少这部分损失，使 GDP 实际增加，或者说使绿色 GDP 增加。

以水污染治理为例，如果城市排放的劣 V 类废污水处理达标到 Ⅳ 类水，就可以作为城市景观用水，改善城市水环境，增加城市的自然财富。北京目前就将以中水用于城市景观用水的更替，保证良好的水环境，增加城市人工生态系统的自然财富。而这一财富的增量可以由中水的价值来度量，如北京有 4 亿立方米经处理的中水回用，中水价格 2 元/立方米，即创造了 8 亿元的自然财富。

## 3. 生态建设维系和增加自然财富

2000 年作者曾主持制定了《黑河流域近期治理规划》和《塔里木河流域近期综合治理规划》，这是我国最早的、有投入并限期完成的生态治理规划。这两个规划的目标都是为了河流不断流，从而保护沙漠中的沿河绿洲。而河流能否不断流,取决于河流的下泄水量和流域的地下水位,这都是自然财富,这些自然财富的维系可以由对河流下泄水量的保证与对地下水位降低的遏制来度量,为达到这些目标的投入,就是自然财富的产出。

例如,《黑河流域近期治理规划》投入 23 亿元,达到了维系黑河下游绿洲、保持黑河下游地下水位和局部地恢复已干涸近 30 年的东居延海的目的,则这笔投入就是自然财富的产出。

## (四) 绿色 GDP(GGDP)统计指标体系,落实绿色发展

新循环经济学的绿色 GDP 统计具体指标体系的建立将另文专论。这里只阐述绿色 GDP 的基本概念。

### 1. 绿色 GDP(GGDP)公式

上面建立的由资源节约投入、污染治理投入和生态修复投入创造自然财富的概念就是绿色 GDP 投入产出的基本概念。应用上述概念就改变了传统西方经济学总供给的公式。

传统西方经济学总供给公式为

$$AS = I_1 + I_2 + I_3 + I_i$$

其中,$AS$ 为总供给;$I_1$ 为第一产业增加值;$I_2$ 为第二产业增加值;$I_3$ 为第三产业增加值;$I_i$ 为总进口。

新循环经济学总供给公式为

$$AS = I_1 + I_2 + I_3 + I_i + I_p + I_R + I_e$$

其中,$I_p$ 为污染治理的投入;$I_R$ 为资源节约的投入;$I_e$ 为生态建设的投入。

又有

$$Gg = I_p + I_R + I_e$$

其中,$Gg$ 为绿色 GDP 较 GDP 增加的部分,为有效污染治理投入的环境改善产出、有效资源节约投入的维系生态系统产出和有效生态建设投入的生态系统修复产出之和。

新循环经济学的总需求公式为

$$AD = C_\mathrm{u} + G_\mathrm{u} + F_\mathrm{i} + I_\mathrm{e} + R_\mathrm{e}$$

其中，$AD$ 为总需求；$C_\mathrm{u}$ 为个人消费；$G_\mathrm{u}$ 为政府的商品和劳务开支；$F_\mathrm{i}$ 为固定资产的购置；$I_\mathrm{e}$ 为总出口；$R_\mathrm{e}$ 为环境与生态修复的开支，即广大群众对生存环境改善的需求。

因此，按新循环经济学的总供给与总需求均衡有

$$I_1 + I_2 + I_3 + I_\mathrm{i} + I_\mathrm{p} + I_\mathrm{R} + I_\mathrm{e} = C_\mathrm{u} + G_\mathrm{u} + F_\mathrm{i} + I_\mathrm{e} + R_\mathrm{e}$$

在现行 GDP 的统计公式中加入绿色部分，可成为绿色 GDP 公式。

## 2. 绿色 GDP（GGDP）的统计指标体系

综上所述就可以得出绿色 GDP 即 GGDP 的统计指标体系，它分为三个部分：

（1）人居环境改善产出的度量

人居环境改善的产出原则上等于污染治理投入的有效部分，即通过治理使大气、水体和固体废物处理等相应指标有提高的投入部分。应根据环境标准建立子指标体系，予以定量衡量。

（2）维系生态系统产出的度量

维系生态系统的产出原则上等于有效地实现能源、水、原材料等资源利用效率提高的投入。应建立子指标体系，根据以后每个五年规划的预约性和预期性指标建立子指标体系定量衡量。

（3）修复生态系统产出的度量

修复生态系统产出的度量原则上等于由于生态建设投入而产生的生态系统有效恢复。主要依据地下水位的恢复、森林覆盖率的提高、草原牲畜承载力的恢复和矿山复垦建立子指标体系定量衡量。

绿色 GDP 的研究目前不仅在我国，在世界上也是莫衷一是，止步不前。主要原因是西方实施后工业经济化——循环经济和生态修复已达半个世纪之久，绿色 GDP 已经融入了传统经济，所以不太需要了。而我国才刚刚起步，所以十分需要研究、提倡和试行绿色 GDP。

# 十、如何建立生态修复建设的"终身追责制"

传统经济生产出了废品要追责,豆腐渣工程要追责,生态修复建设没有道理不追责。由于不少后果要 10～20 年才能显现,因此要建立"终身追责制"。

习近平总书记在十八届三中全会的说明中深刻指出"只有实行最严格的制度、最严密的法治,才能为生态文明建设提供可靠保障。要建立责任追究制度,对那些不顾生态环境盲目决策、造成严重后果的人,必须追究其责任,而且应该终身追究"。中央在 2015 年 7 月已审议通过了《党政领导干部生态环境损害责任追究办法(试行)》,首次以中央文件形式提出了"党政同责"和"一岗多责"的要求。责任是多方面的,在这里只讨论对生态修复未达到目的,甚至造成后代危机的情况,及其中规划制定者、决策者和执行者的责任。

## (一) 造成不少生态修复规划问题严重的原因

我国目前生态修复问题严重的原因是多方面的:既有专家规划的原因;也有各级官员执行的原因;既有理论基础薄弱的原因,也有缺乏认真的实地调查和实践经验的原因。主要如下:

① 生态学在国际上也是 20 世纪 30 年代才兴起的新学科,真正介绍到我国来是在 20 世纪 70 年代,作者也为此做了些工作。因此,我们的生态学研究基础十分薄弱,不少人都是其他专业改行过来的,带有严重的原学科的痕迹,难免以偏概全,"顾此失彼"。生态学的基础是系统论和协同论,也都是新学科,而且要有很好的教学基础。在我国研究以系统论和协同论为指导研究生态学的,则少之又少,要"**善于系统思维**"。

② 生态学是一门实证科学,做生态规划要以当地的实际情况和生态历史为根据,但我们不少规划制定者对当地情况只做走马观花的考察,更

不用说走遍祖国典型的山水林田湖了。

③ 前面已经分析清楚,做生态规划不能靠数学模型,这是国际科学界的共识。因此参照国际同类较好生态系统是十分重要的。但是,我们又有多少规划制定者实地调研过国际上典型的生态系统呢?

④ 更有甚者,有些生态修复制定规划是在主持人只照几面,由研究生做的。难怪基层干部说:"说的不干,干的不能说","规划、规划,墙上挂挂"。规划被走过场,束之高阁,并不起实际作用。

⑤ 最严重的是已存在做生态修复规划抄袭他人的情况。

如何解决这些问题呢?关键是解决一个"终身追责"的问题。

多年生态修复的问题有治理执行能力不强的问题,有九龙治水的问题,有利益集团的问题,但最重要的是责任制问题,而其中最关键的是制定规划专家的责任问题。由于有前三个问题,专家制定出不甚合理的规划一走了之,政府如何负责?比如,滇池治理已成为规划制定的"深水区",规划执行的"险滩"。

## (二) 对所有责任人建立终身追责的体制

生态环境损害的概念并不仅仅只是大气、水、土壤、污染防治等重大环境突发事件,也包括了常年累积的环境问题。比如领导干部任期结束,环境持续恶化,这就要追责;如果领导干部离任,环境问题也需要终身追责。除追责之外,今后在环保和生态文明建设方面做得好的地方干部,也可有相应激励机制,如对其优先提拔使用等。

中央同时又审议通过《关于开展领导干部自然资源资产离任审计的试点方案》。干部上任时,有多少生态资源:水、森林、草地等,要做统计。离任时,要审计这些子生态系统是否相对平衡,"可持续发展"的支撑力有没有减弱,生态系统是否遭到大规模破坏,是否保证了生态安全,是否越了资源消耗上限、环境质量底线和生态保护红线。要科学、正确地完成以上工作,必须建立一个有效的机制和体制。

因此建议:按照十八大精神和中央领导的指示(代表人民的是国家领

导人,而不是专家,这是西方科学家的共识)修改、制定"2016—2018年滇池污染治理规划",废除被实践证明失败和不起作用的生态修复规划,目标是取得人民满意的明显效果。

①　由有合格理论基础、成功经验和曾实践参与的专家(1/2)、政府执行官员(1/4)和基层工作人员(1/4)共同组成方案制定委员会。

②　参照航天成功的经验,由工程院责成相关权威为总工程师,签字负规划制定责任并终身追责,主要执行者同样承担执行责任,注意"裸官"和"裸学"。

③　如无人承担,应在新常态下创新,找出新权威(同样要签字承诺终身追责),向作者的老师钱学森、王大珩、张维、师昌绪和张光斗等老一辈专家学习,对国家和人民负责。

④　在规划执行中,制定者和执行者应形成统一的工作体,密切合作,不断修正,互相监督,形成倒逼机制。

⑤　坚决执行由第三方实施的政策,彻底改变对"the polluter pays"的多年错译,"谁污染,谁治理"应为"谁污染,谁付费,第三方治理",清除造成的各方面不合理影响。彻底改变"既当运动员,又当裁判员"的评价现象,由当地民众、非执行体官员、真正非涉项目相关专家各1/3组成评审委员会,各举1名代表监督终身追责。

实际上道理很简单,对一座大楼的设计者要实行终身追责,对于我们的生态系统大厦,经济发展和人类生存的地基——"生态系统修复"难道不应实行终身追责吗? 更为重要的是生态修复的效果一般要在10~20年显化,因此不但要在过程跟踪追责,还要"终身追责"。

生态环境保护要坚持依法依规、客观公正、科学认定、权责一致、终身追究的原则,明确各级领导干部责任追究情形。对造成生态环境损害负有责任的领导干部,不论是否已经调离、提拔或退休,都必须严肃追责。

# 第六篇　我国生态修复与文明保护的 20 省实践

　　生态修复最为重要的是实践,对于难以科学计算的未知事物,检验真理的唯一标准是实践。作者不仅作了理论研究,而且在 1998—2004 年主管全国水资源的六年半中主持制定了四个国家级水生态修复规划:《21 世纪初期首都水资源可持续利用规划》使北京在极端困难的条件下,至今保证了水资源脆弱的供需平衡;《黑河流域近期治理规划》使黑河下游的东居延海从沙尘暴变成旅游热点;《塔里木河流域近期综合治理规划》使塔里木河保住了维吾尔聚集地下游不断流,台特玛湖已经蓄水;《黄河分水方案》留下"生态水"以后,自 1999 年至今黄河从未断流。作者还促成了扎龙湿地的修复,协助上海决策修建了使人民喝上好水的青草沙水库。

　　保住首都北京的水生态,黑河修复涉及几个世纪的边陲,塔里木河修复则是中华各民族文化的延续,黄河重新分水更是保护中华民族的五千年母亲河,所以这些也同时都是文明建设,让人民记住"乡愁"。

　　关于以上水生态修复的规划,朱镕基总理文字批示为:"一曲绿色的颂歌",温家宝总理文字批示:"……提供了宝贵的经验。"

## 一、如何再造秀美山川

　　人不能创造自然,所以秀美山川的建设不能由专家臆造,一定要合理修复,科学再造。

　　既然至今人类还没有造出良性自持循环的生态系统,如何理解"再造秀美山川"呢？可以从三个方面理解。

首先是恢复严重蜕变的自然生态系统的良性循环。如退耕还林,退牧还草,退田还湖,封山育林,恢复自然的原貌;从水量相对丰裕的其他生态系统适当调水等来补充失衡的水资源。

其次是在已有的人类生存环境中尽可能地提高资源利用率,实现资源循环的生态生产,如厉行节水和中水回用,千方百计降低环境成本,努力建造一个良性循环的准自持人工生态系统。

最后,在未来,如果真正实现了生态型的第一、第二、第三产业生产,用基因工程造出了耐旱的新物种,调来水资源丰裕的生态系统的水,利用荒漠,也不是不能建设准人工生态系统的。如在塔里木河流域内适当扩大绿洲,但是,保持其可持续的良性循环是十分艰巨的任务。

自然生态系统的资源配置不是不可改变的,人不可能、也没有必要回到森林中生活,生态建设不但是必要的,也是可行的,但要遵循如下的资源利用原则:

## 1. 可移动的资源

矿产能源和物种资源是可移动资源,可以跨系统调配,以丰补欠,应向塔里木河流域引入耐旱物种。

## 2. 半可移动资源

森林、草原和水是半可移动资源。森林和草原可以易地重植,水可以跨流域调配,但必须慎重,否则拆东墙补西墙,适得其反。在塔里木河流域内可以适当调水。

## 3. 不可移动资源

土地和旅游资源是不可移动资源,但土地可以置换,如荒地用于修水库,洪泛区用来种田,但是是有限度的。旅游资源中的自然遗产要永久保护,重建几乎是不可能的;人文遗产非万不得已也不能重建,因为它将大大降低旅游价值。因此,对不可移动资源的重新配置要慎而又慎。

### 4. 开发可再生资源和富有资源

包括阳光和风在内的气候资源和海水这两种富有资源,则是应该大力重新配置为人类所利用的。

生态就是自然界中各种自然资源之间的依存状态。生态研究的对象是自然资源系统中的平衡,而这种平衡表现为动态平衡。

"人定胜天"是人类发展史上对人与自然关系的一个阶段性认识,西方也不例外,曾认为人是自然的主宰;而今天我国已经确定了可持续发展战略,这一战略的指导思想是应该在人与生物圈这个大系统中"人与自然和谐发展"。

# 二、水资源与陆地植被的关系

水是生命之源,没有水,花、草、树木等一切有生命的物体都不会存在,从而生态系统也就不存在了。

包括森林、草原和湿地在内的植被和决定植被的水资源都是陆地生态系统的要素,从生态平衡的观点来分析,它们互相制约,达到动态平衡。所谓生态系统建设,就是恢复它们之间的最佳平衡关系,或者新建良好平衡关系的系统。根据多年来的实地考察和记录总结出的经验关系如表 6 - 1 所列。

表 6 - 1　植被与降雨的经验关系

| 状况分区 | 降水量/毫米 | 水资源总量折合地表径流深/毫米 | 产流系数 | 植被状况 |
|---|---|---|---|---|
| 十分湿润带 | >1 600 | | | 热带雨林 |
| 湿润带 | 1600~800 | >400 | >0.6 | 温带阔叶林 |
| 较湿润带 | 800~600 | >270 | >0.5 | 森林为主 |
| 半湿润带 | 600~400 | >150 | >0.4 | 乔灌草结合 |

| 状况分区 | 降水量/毫米 | 水资源总量折合地表径流深/毫米 | 产流系数 | 植被状况 |
|---|---|---|---|---|
| 半干旱带 | 400～200 | ＞70 | ＞0.3 | 草原为主 |
| 干旱带 | 200～100 | ＞30 | ＞0.17 | 稀疏植被 |
| 极干旱带 | ＜100 | | | 荒原 |

　　上述经验关系与作者到过的 50 个国家的实际情况相当吻合；作者走遍我国 31 个省、市、自治区，通过实地考察、查阅资料、参观博物馆、请老人（如新疆塔里木河下游英苏村 109 岁贾拉里老人）回忆等方法了解到的自然生态状况也与上述经验关系吻合。

　　这里只考虑到了地表水，而植被还在很大程度上取决于地下水，但地下水又和地表水紧密联系，如图 6 - 1 所示。

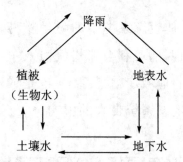

注：含在生物中的水被称为生物水，图中的"生物水"只表明生物水参与了循环。

**图 6 - 1　水循环**

　　降雨可形成地表径流。形成的地表水补充可再生地下水，当土壤水干枯时，地下水补充土壤水；土壤水被植被吸收变成生物水，使生命得以存在；植物又通过蒸腾增加大气水，通过大气环流变为降雨。

　　降雨落在植被上，直接补充生物水，被植物吸收而维持生命。如果不降雨，则植被吸收土壤水；土壤水枯竭时，吸收地下水；若地下水源不足，则植物死亡。

　　由此可见，植被的维持直接地、主要地取决于降水量，降水量不足就要靠吸收地下水或抽地下水灌溉，这对于乔木、灌木和草本植物都是一个道理。不同的降水量维持不同的植被，更科学地说，植被的维持取决于水资源总量折合地表径流深，即地表水和地下水的总和。上面给出的经验公式的数据是联合国教科文组织科技部门通过上千例大大小小的生态系统统计分析得出的。目前，生态系统和市场经济系统一样属于非平衡态超复杂巨系统，还无法求得解析解，而统计分析是自然生态系统解析的最科学的方法。

我们在干旱地区扩大植被，尤其是在西部大开发时，宜充分遵循上述自然规律，否则可能种树越多地下水位越低，地下水位越低，树越需要灌溉，这样就形成了恶性循环。当然，上面所说的是普遍现象，因为目前尚无法求得解析解，不排除特殊情况。其实，人口压力未形成时的植被状况就是该地区自然植被最好的参照，宜林则林，宜草则草，宜荒则荒，不能违背自然规律。

当然，如果引入其他生态系统中的耐旱物种，可以突破上述经验公式的阈值。例如，在美国西部亚利桑那州就引入了澳洲与非洲的耐旱物种，在降雨不到 200 毫米的地域广植了灌木，也是成功的。不过，同时必须事先考虑到新物种给本生态系统带来的影响。

## 三、《首都水资源规划》保证了北京的水平衡

一个《规划》成功与否，不是组织一批"权威"专家评定，而要去问当地老百姓，是不是得到了实惠。

由于人口剧增、经济迅速发展，北京缺水的问题由来已久，北京曾几次出现水危机。为什么北京的水问题一直得不到解决呢？主要是当时没有足够的经济实力，同时也没有从周边地区和北京共同可持续发展的大系统以生态修复理念来分析和制定规划解决问题。

北京市地处水资源严重短缺的海河流域，占北京地表供水总量 2/3

的密云和官厅两大水库的水源地都位于北京上游。因此,北京周边地区尤其是上游地区的水资源状况对北京的水资源形势举足轻重。为缓解首都水资源短缺、生态与环境日益恶化的局面,1998 年 12 月,报告主持人主持了水利部组织实施的"21 世纪水资源可持续利用保障工程",及其后的《21 世纪初期(2001 - 2005)首都水资源可持续利用规划》(以下简称《首都水资源可持续利用规划》)。这不仅是使首都水资源供需平衡,也是保护北京古文明、走出恢复北京水乡的第一步,让人民记住"乡愁"。

## (一)北京周边地区的水资源形势

制定《首都水资源可持续利用规划》,首先要搞清北京周边地区的水资源形势(1998 年)。

### 1. 北京周边地区水资源形势

北京是一个拥有 2150 万人口的超大型城市,又是我国政治、经济、文化中心,用水高度集中,供水保证率要求高,缺水的社会影响大。但是辖区内自产水资源少,可利用程度低,需要辖区外的客水支持,而北京市却又地处水资源严重短缺的海河流域。

北京所处的海河流域国土面积占全国的 3.3%,人口占全国的 10%,国内生产总值约占全国的 12%。水资源总量仅占全国的 1.5%,人均水资源量为 348 立方米,属极度缺水地区。现状:水资源开发利用率已达 90%以上,地下水超采区面积 87796 平方千米,占全国地下水超采区总面积的 48%,已经引发地面沉降、海咸水入侵、地下水污染以及沙漠化等生态和环境问题。北京及周边地区的水资源形势如表 6 - 2 所列。

表 6 - 2　北京及周边地区水资源形势

| 地　区 | 北　京 | 天　津 | 保　定 | 张家口 | 廊　坊 | 承　德 |
|---|---|---|---|---|---|---|
| 人均水资源量/立方米 | 300 | 158 | 298 | 440 | 253 | 1080 |
| 水资源折合径流深/毫米 | 243 | 126 | 141 | 53 | 146 | 91 |

北京周边地区水资源形势严峻,除潮白河流域的承德市水资源相对

较丰富,是北京周边唯一具有一定水资源潜力的地区外,其他地区人均水资源量都低于 1000 立方米的重度缺水线和 150 毫米的生态缺水线。

北京地表供水量的 66% 来自官厅和密云两大水库。由于官厅水库上游水质严重恶化,从 1997 年开始已经退出生活供水。密云水库生活供水量 1999 年为 4.944 亿立方米,成为北京市生活供水的唯一地表水源。供水安全和保证率都存在严重隐患。两库的集水面积主要在上游地区,只有在上游地区采取水资源保护、节约和调整产业结构等综合措施,才能保证北京入境水的水量和水质,实现《21 世纪初期首都水资源可持续利用规划》确定的目标。

### 2. 上游地区基本情况

官厅水库上游地区,在行政区划上分属河北、山西和内蒙古三省区,总面积 45585 平方千米,其中耕地面积 1554 万亩,总人口 752 万人,人均水资源占有量 355 立方米,略高于北京。

密云水库上游在河北省和北京市,其中河北省部分总面积 11915 平方千米,耕地面积 165 万亩,总人口 69 万人,人均水资源占有量 1080 立方米。

上游地区存在的突出问题,在密云上游是生态蜕变,在官厅上游是工业污染。主要有四方面问题:

① 两库上游来水量逐年减少,官厅水库尤为明显。

② 水污染严重。官厅水库上游产业技术落后,高污染,高耗水。每年废污水排放量 2.68 亿吨,大部分未经处理直接排入河道。

③ 水资源浪费严重,利用效率低下。

④ 植被破坏,水土流失,生态系统日趋恶化。

因此,解决北京水资源问题必须在上游地区"稳定密云,改善官厅"。以北京及周边地区共同可持续发展为目标,通过开源节流的综合措施,保障北京入境的水量与水质。

## （二）规划制定的指导思想

鉴于北京水资源问题的严峻性,1999 年年初我们即与北京市水利局商议解决对策。与此同时,温家宝副总理先后两次批示尽快解决北京的水资源问题。水利部与北京市、海委首先进行调查研究,提出了"以水资源的可持续利用保障可持续发展"的指导思想,2001 年温家宝副总理在全国城市供水节水和水污染防治会议上说"'以水资源的可持续利用保障可持续发展。'这句话讲得好。"现在,"以水资源的可持续利用保障可持续发展"已成为我国水利工作的总方针。并不断加以完善、丰富,确定了北京上游地区的规划原则:"保住密云,拯救官厅,量质并重,节水治污,保障北京及上游地区共同可持续发展。"据此,历时一年完成了规划编制,并经过与省市反复协调和著名专家论证,数易其稿。

规划从大系统分析,全面考虑经济结构、产业结构和种植结构调整与水资源的依存关系;并针对北京上游地区的实际情况,高度重视节水、治污和生态系统建设,采取多种措施保护水资源;对于污染严重、达标无望的小企业坚决关、停、并、转,为首都与上游地区的共同可持续发展提供水资源保障。

### 1. 规划的背景

北京地区缺水,制定一个水资源规划早就是迫切需要,为什么多年迟迟不能出台呢? 问题首先出在北京自身尚未实现水资源合理配置,节水与治污力度不足,致使有些专家认为北京并不缺水;其次是上游地区为保护北京水资源做出了努力和贡献,但经济发展滞后,财政困难,为经济进一步发展,上下游利益究竟应该如何调整;最后,以前也采取过不少措施,但考虑不够系统,投入力度不足,都没有取得预期的效果。如何解决难题呢?

（1）进行北京是否缺水的讨论

在历史上北京并不是缺水地区,北京总水资源量折合地表径流深为

243 毫米,高于 150 毫米的生态缺水线。历史上有明朝刘伯温建设北京城之说,当时对水资源也是有考虑的,至 1949 年新中国成立时北京有 220 万人口,人均水资源量达 1800 立方米,高于 1700 立方米的缺水警戒线。而到今天,包括流动人口,北京的实际用水人口超过 1400 万(1998 年),人均水资源量不到 300 立方米,还不如以色列,就属于极度缺水了。一个小孩吃一个苹果够了,七个小孩吃一个苹果就少了。

同时,必须承认北京的缺水有严重的人为因素。节水的工作做得不够,治污的工作做得不好,水资源浪费现象比较严重。"首都水资源规划"就正视了这个现实,抓住了这个难点的关键,做了一个严格、现实、着力投入的节水和治污计划。

(2) 提出以海河流域的生态修复为主线北京及周边地区共同
　　可持续发展

"谁污染,谁治理"和"谁受益,谁补偿"从来是人们认识到污染问题,并准备治理时上下游各执一词的理由。从法理上来说,谁污染了水资源,谁就应该付出代价,至于他能否治理,要看他有没有这个能力。谁从治污中受益,应该对国家有所贡献,但其方式一般不应是直接付给污染方。

如何来解决这一难题呢? 仍然是用可持续发展的思想和水生态系统的科学原理。可持续发展的一条基本原则就是地区要与其周边共同可持续发展,地区和周边的水资源要共同可持续利用。下游水生态系统蜕变,同样会使上游受损,如因下游缺水而超采地下水引起地面沉降,就直接影响到上游。而地区的经济也要和周边地区互相支持,互相促进,共同可持续发展。经反复协调,最后,基本达成了"谁污染,准治理;谁受益,谁补偿;国家支持"的共识。

最后国务院领导决策,上游地区的水资源保护全部由国家投入,达 70 亿元人民币左右。应该说,在国家财政并不宽裕,甚至还有困难的情况下,这是个十分不容易的决定,但是,是最合理的决定。大型基础设施建设应由国家投资,即公共财政,这正是政府转变职能应做的投入。较富裕地区在税收上向国家多做了贡献,政府就应该宏观调控,向较贫困地区的、有跨地区影响的大型基础建设投入。这一决定再次说明,生态建设就是建设,而且是最重要的基础建设之一。

## (三)规划的制定工作

北京的水资源问题由来已久,也采取了不少措施,但问题没有解决,形势还相当严重,必须考虑一些长治久安的措施。

### 1. 生态修复保护水资源调整产业结构是主要措施之一

必须结合保护水资源,建立行业万元国内生产总值(GDP)用水定额指标体系。合理配置水资源,调整产业结构,淘汰低效益、低技术、高耗水、高污染的企业。要转变经济增长方式,建立上游水资源保护生态农业经济发展模式,实现当地群众的脱贫致富,从根本上保护上游水资源。

开辟北京故宫—承德避暑山庄"清史游"旅游专线,发展第三产业。外国游客对中国清朝的历史是比较感兴趣的,267 年的清朝历史,有 1/3 的重大事件都发生在承德。北京现在每年有外国游客 300 万左右,如果通过宣传把来北京的外国游客拉过来,一开始吸引几万人,也是一笔不小的收入。长远看来,如果宣传得法、得力,能够把 50 万人拉到承德观光旅游,按每位游客给承德带来 200 美元的收入计算,算起来每年就是 1 亿美元,接近规划对承德的总投入。因此不能等、靠、要,而要培养自身发展的能力。同时通过产业结构的调整还可以把劳动力转移到旅游服务业等第三产业上来,从而减少剩余劳动力乱采乱挖的破坏山林行为。

### 2. 建设生态农业示范区,发挥对周边地区的辐射和带动作用

报告主持人在上游有关地区调查时,了解到那里生产 1 吨水稻需水 1300~1800 吨,耗水太多了,印度产 1 吨水稻才需要 1200 吨水。承德地区覆盖地膜种植水稻的试验表明,同样生产 1 吨稻谷所需水量是 300 吨。少量的投入就可以节省这么多的水,为什么不搞呢?我们直接牵线搭桥在承德做的种植中草药板蓝根、冬枣等大量节水项目在当地很受欢迎,群众的积极性很高,既节约用水,增加植被,又提高经济效益。同时,还应建

设绿色食品生产基地,创出品牌。国务院领导说,提供有绿色标志的蔬菜供应北京市场。绿色蔬菜可以卖到普通蔬菜 2~3 倍的价钱,大大提高了经济效益。通过建设生态农业示范区,可以发挥对周边地区的辐射和带动作用。

**3. 注重生态系统建设,保护植被**

我们在承德调查时,当地有的农民介绍每户每年要搂 10 亩地的柴草来生火,我看 20 亩也不一定够,以 15 亩计,10 万户每年就彻底破坏了 1000 平方千米的植被,我们的水土保持规划,每年才能治多少平方千米!《首都水资源规划》中提出要以户为单位建设沼气替代柴草的生态措施试点,这次国家有了投入,每户出 1/3,以工代价 1/3,规划投 1/3,沼气灶就能普及,生态示范区就能建设,既改善群众生活,又保护植被。

**4. 用最坚决的措施治理污染**

对于高污染企业能治则治,不能治的坚决关、停。对于污染量大和对达标有严重影响的企业,要重新估算。要禁止小铁矿等乱采滥挖破坏植被的行为,把污染企业的多余农业劳动力转移到生态系统建设上来。报告主持人做过实地调查,上游开采的小铁矿品位不过 20%~30%,而国际上为了保护植被,低于 50% 品位的铁矿基本上不采了。这里不但采,而且以河洗矿,枯水期入密云水库的水已成红色。采矿农民每月收入不过 200~300元。现在有了投入,可以请他们上山种树去,收入和采矿差不多,把首都上游的生态系统保护住。当时的承德市委副书记对我说,有了投入保证能做到。规划就保证了投入。

## (四)《首都水资源可持续利用规划》的内容

根据北京及周边地区水资源形势,可持续发展水资源保障工程分为北京及周边地区两个部分,当时就提出了按流域把京津冀问题一体化解决的系统思想,后因协调太困难而略去天津。

## 1. 北京地区的措施

对北京地区采取以下三大措施：

（1）启动北京应急供水措施

鉴于近两年北方地区持续干旱和供水短缺的严峻形势，按照"节流优先，治污为本，科学开源，综合利用"的城市水资源方针，在北京市充分治污的基础上，近期启动北京应急供水措施，提前实施首都水资源规划中的官厅水库治理工程，尽快恢复官厅水库的饮用水源功能，同时以建设地下水备用水源地等措施，解决北京用水的燃眉之急。

（2）采取可持续利用对策措施

从现在起到 2008 年，立足本地水资源条件，通过北京及上游地区的各项水资源可持续利用对策措施，平水年可基本满足北京及周边地区对水资源的需求。

（3）通过调水缓解供水问题

2008 年后，主要依靠外流域调水。通过调水与当地水资源的优化配置保护水资源供应。根据水利部向国务院汇报的南水北调工程总体规划，尽快开工建设中线第一期工程，先期引水 80 亿～90 亿立方米，过黄河水量 50 亿～60 亿立方米，主要用于解决南水北调沿线的城市供水，向北京供水 10 亿立方米，从根本上缓解北京及周边地区的水资源问题。

## 2. 上游地区水资源规划

（1）规划范围

本次规划包括官厅水库和密云水库上游河北省和山西省部分地区。

（2）规划思想

在数量和质量上，保证水资源的供需平衡；在城市和乡村，保障防洪和水环境的安全；在地上和地下，维护水生态系统的平衡。

（3）规划原则

保住密云，挽救官厅，量质并重，联合调度，保障供给。

（4）规划目标

2005 年，密云水库入库水质保持在Ⅱ类，河北省入境水量平水年达到

6.0 亿立方米,特枯水年份不少于 3.0 亿立方米;官厅水库入库水质达到Ⅲ类标准,平水年来水量达到 3.0 亿立方米,特枯水年份不少于 0.6 亿立方米。

（5）北京上游地区水资源供需分析

在考虑北京入境水量要求的前提下,北京上游地区水资源供需分析见表 6-3。

表 6-3　北京上游地区水资源供需分析表

| 水平年 | 地区 | 需水量/亿立方米 | | | | 可供水量/亿立方米 | | | |
|---|---|---|---|---|---|---|---|---|---|
| | | 工业 | 农业 | 生活 | 合计 | 地表 | 地下 | 其他 | 合计 |
| 现状 | 河北 | 1.55 | 11.07 | 0.82 | 13.44 | 7.55 | 5.89 | | 13.44 |
| | 山西 | 2.17 | 6.09 | 1.00 | 9.26 | 3.61 | 5.65 | | 9.26 |
| 2005 年 | 河北 | 1.89 | 10.15 | 1.25 | 13.29 | 7.02 | 6.01 | 1.04 | 14.07 |
| | 山西 | 5.07 | 9.17 | 1.60 | 15.84 | 5.26 | 6.04 | 0.22 | 11.52 |

从表 6-3 可见,在保障北京入境水量的前提下,通过采取治污为本、节流优先的综合措施,可以基本实现上游地区水资源的可持续利用。其中,河北省部分通过采取节水措施,需水量逐年减少,从现状的 13.34 亿立方米,递减到 2005 年的 13.28 亿立方米,立足当地水资源,支撑了经济发展,并为北京保障了水量;山西省部分规划水平年较现状用水水平有较大增长,主要是考虑了引黄入晋工程完成后所提供的外流域调入水量。

（6）具体措施:"一保,二节,三管,四调整"

① 保护水资源,防治水污染,治理水土流失。把上游地区水污染防治和水资源保护作为上游地区水资源规划的首要任务,实施安全饮用水保障措施。要根据水体功能区划要求和 2005 年水质目标,坚决贯彻国务院"一控双达标"的要求,2000 年年底前实现工业污染源达标排放,经努力不能实现达标排放的企业,要坚持执行关停并转。可在上游地区安排水污染重点治理项目 129 项,使污水处理能力达到 2.26 亿吨,处理率达到现状废污水排放量的 84%。项目完成后,官厅水库上游各控制断面水质提高

一个等级,水环境得到基本改善;密云水库上游重点污染源基本完成治理,个别河段水体超标问题得到解决,河流水质达到规划目标要求。

要对北京上游地区进行水土流失重点治理,实施退耕还林还草,进行山水田林路小流域综合治理。争取治理水土流失面积 13933 平方千米。治理任务完成后,两库上游地区水土流失累计治理面积达到 70%,水土流失基本得到控制。

② 实施节水工程,提高水资源利用效率。上游地区农业用水量占总用水量的 70% 以上,用水效率很低。在密云上游地区发展节水灌溉面积 30 万亩,年可节水 0.85 亿立方米;在官厅上游地区发展节水灌溉面积 98 万亩,年可节水 1.84 亿立方米。

工业用水的重复利用率,官厅水库上游地区为 52%,密云水库上游仅为 21%。争取到 2005 年,密云上游地区工业用水重复利用率达到 45%,年节水 0.08 亿立方米;官厅上游地区工业用水重复利用率达到 65%,年节水 2.29 亿立方米。

通过各项措施,上游地区年可节水 5.06 亿立方米。所节水量,主要用于当地经济发展和保障北京入境水资源量。

③ 加强水资源统一管理,建立规划协调机构。建议成立由国家计委、财政部、水利部、国家环保总局、北京市、河北省、山西省参加的 21 世纪首都水资源可持续利用协调机构。加强对北京上游地区水量水质状况的监督管理,落实入河污染物总量控制的行政首长负责制。

建立省界水量水质监测系统,规划在两库库区、入库和出库断面及省界控制断面,建设水量水质自动监测站和水量水质信息采集、传输、处理系统和决策支持系统。

建立首都及上游地区水资源保护区,其中河北省部分为重点保护区。

④ 调整产业结构,转变经济增长方式。两库上游地区生态脆弱,环境承载能力不足,现状发展主要是依靠耗竭自然资源、严重破坏生态的粗放式经济发展方式。必须结合保护水资源,建立行业万元 GDP 用水指标体系,合理配置水资源,调整产业结构,转变经济增长方式,建立流域水资源

保护生态农业经济发展模式,实现当地群众的脱贫致富,从根本上保护上游资源。

围绕着上游地区生态经济建设问题,可采取 5 方面的具体措施:

① 在官厅水库上游张家口地区大力调整现状产业结构,发展适宜的高新技术产业,用高技术改造传统产业。

② 在密云水库上游承德地区建设京承生态农业示范区,通过沼气灶推广使用、绿色食品生产基地、中草药深加工等项目建设,发挥对周围地区的辐射和带动作用。

③ 建设服务首都的绿色食品基地,以户为单位开展沼气替代柴草、保护植被的生态措施试点。

④ 调整产业结构,开发旅游业,开辟北京故宫—承德避暑山庄"清史游"旅游专线,把农业劳动力转移到旅游服务业等第三产业上来。

⑤ 多方筹资,植树造林,并把乱挖小铁矿、破坏植被的剩余劳动力转移到上游地区生态系统建设上来。

需要强调指出的是,上述措施考虑的是在正常来水年份进行的供需平衡。当遇到枯水年或连续枯水年时,平衡首都水资源供需主要靠北京市内部挖潜,限制某些产业的用水需求。除此之外,上游地区应通过节水,适时调整一部分农业的种植结构,甚至牺牲一部分农业,来保证首都城市生活用水的安全。

汪恕诚部长多次指出,这是水利系统做得最好的规划。我国著名生态学家、前中国科学院副院长、人大常委孙鸿烈院士评价:"规划围绕着可持续利用,有新意,体现了我国制定的可持续发展战略。规划的指导思想非常明确,是积极的、以新思路和新方法解决水资源现实问题的规划。"国务院领导指出:"规划指导思想原则是明确的,新确定的目标是合理的,原则同意这个规划。"规划通过后,朱镕基总理即针对南水北调提出"先节水后调水,先治污后通水,先环保后用水"。

## （五）规划实施取决于能力建设、责任制和管理体制创新

有了好的规划，没有执行规划的能力，没有落实的责任制和科学的管理体制，也难以取得好的工作效果。

### 1. 加强能力建设

一个好"规划"的实施，有赖于得力的、具有高素质人才的执行机构。我们所说的能力建设包括标准的制定、建立信息系统、监测信息系统、宣传和执法手段，人员培训等内容。

标准的制定：我国万元 GDP 用水量是世界平均水平的 4 倍，上游地区的行业万元 GDP 用水量还高于全国平均水平，可见水资源的浪费相当严重。同时，还要预防入关以后，一些在其他国家禁止的高耗水、高污染行业向这一地区转移。

建立监测信息系统和专家决策支持系统：对水质进行系统的实时监测，有严重污染事故时，迅速反馈，及时处理。

宣传和执法手段：加强宣传，树立全社会"爱惜水、节约水、保护水"的意识，严格执法工作，加强监督，建立节水防污型社会。

人员培训：希望各有关省市落实人员培训，水利部也可以组织一些内外培训，坚决启用一批高素质的干部来执行规划。

### 2. 建立明确的责任制

为真正落实规划的修改和实施工作，应制定明确的责任制。我提出了"八该"的原则。"八该"即：该负责的要负责到底，谁不负责找谁；该完成的一定按时完成，谁不按时完成谁负责；该报的一定要报实，谁不报实情谁负责；该从预算中扣的一定要除，谁不扣谁负责；该放的水一定要放够，谁不放够谁负责；该治的污染一定要治清，谁不治清谁负责；该关的污染厂一定要关死，谁关的死灰复燃谁负责；该测的数据一定要测准，谁测得不准谁负责。

### 3. 管理体制创新

没有城乡水资源统一管理的水务体制保证，就无法全面协调节水、治污和水生态系统建设，也就不可能按规划要求按时、按质、按量把水送到密云和官厅，也就无法完成"首都水资源规划"。根据规划，北京、河北承德和张家口、山西朔州和大同都成立了水务局，以报告主持人倡导的这种创新管理体制保障了北京水资源的供需平衡。

现在，已经16年过去了，这一科学的规划，经过以北京为主几届相关水利工作者的持续不断的努力，不仅保证了北京奥运会的成功申办和顺利举行，而且至今保证了北京水资源脆弱的供需平衡。南水北调也经过《规划》的论证，而从提议进入了具体方案制定的阶段。

这一成果再次说明"实践是检验真理的唯一标准"，《规划》好不好不是组织一批无关专家来评定，而是去问当地老百姓，要对制定者终身追责。

## 四、生态修复使黑河从沙尘暴源变成了旅游热点

黑河下游如何从15年前北京的沙尘暴源，变成了今天的旅游热点？这一成果的认定不是"权威"专家评议的，而是实践证明了的。

作者时任全国节水办公室常务副主任、水利部水资源司司长，在国务院和水利部领导的指导下在1999—2001年做实地调研，经过黑沙蔽日、昏天黑地的沙尘暴，住过刚建成的、设备如20世纪70年代一样简陋的阿拉善"旅馆"。作者主持制定的《黑河流域近期治理规划》经国务院国函【2001】74号文批准，与《21世纪首都水资源可持续利用规划》和《黄河重新分水方案》得到专家的高度评价，四个规划一起被时任国务院总理朱镕基批示为"这是一曲绿色的颂歌，值得大书而特书。建议将黑河、黄河、塔里木河调水成功，分别写成报告文学在报上发表"。时任国务院副总理的温家宝批示："黑河分水的成功，黄河在大旱之年实现全年不断流，博斯腾湖两

次向塔里木河输水,这些都为河流水量的统一调度和科学管理提供了宝贵经验"。

## (一) 大漠往返八千里对规划的制定、修订和检查

黑河是我国西北地区第二大内陆河,流域面积 14.29 万平方千米,中游在甘肃张掖地区,农牧业开发历史悠久,史称"金张掖",是古丝绸之路上的重镇。北部的黑河尾闾 3 个世纪以来是清朝戍边要塞,半个世纪以来又是我国发射卫星的基地所在,对黑河的修复在文化、科技和国防方面都有重大的意义。

1958 年还分别有 270 平方千米和 35 平方千米的尾闾东、西居延海经 30 年先后干涸。20 世纪 50 年代以来,黑河流域人口增长了 1.42 倍,耕地则增加了两倍。

北方边疆重镇额济纳旗人口从 0.233 万增加到 3 万,牲畜从 3 万头增加到 16.6 万头。因此,用水量从 15 亿立方米增加到 26 亿立方米,进入下游水量逐年减少,造成河道干涸、林木死亡、草场退化、沙尘暴肆虐等生态问题日益严重。同时,黑河断流持续延长,将威胁到古丝绸之路重镇张掖,自古以来的"金张掖"将变成"沙张掖"。1999 年荒漠化已经严重威胁了当地各族人民的生存和发展,并成为我国北方沙尘的主源头之一。

2002 年 8 月 24—31 日,作者率检查组对《黑河流域近期治理规划》实施情况进行了全面检查,做了修订,并解决了问题。检查组行程 3900 多千米,实地考察了黑河下游及尾闾东居延海的生态状况,中游张掖、酒泉地区规划项目实施情况,听取了黑河流域管理局、甘肃省水利厅、内蒙古自治区水利厅、阿拉善盟、张掖地区行署、额济纳旗、金塔县关于规划实施情况的汇报,通过与当地农民的多次交谈,详细了解了规划实施的现状。

## 1. 2002 年黑河分水情况

7月8日起,2002 年度第一次"全线闭口、集中下泄"工作开始。7月8—10 日,张掖地区中游干流沿岸所有引堤水口门依次向下逐县(市)闭口;至7月23日,第一次"全线闭口、集中下泄"结束,前后历时15天。出山口的莺落峡累计来水3.54亿立方米;7月底在已干涸的尾闾东居延海最大水域面积23.66平方千米,总蓄水量1036万立方米,平均水深0.44米,最大水深0.63米。作者到时仍有湖面约15平方千米。随着湖区水面的形成和扩大,一群群水鸟迁徙湖区,追逐嬉戏,由于10年没有来水,尚未见到湖区的芦苇和水草有所复苏。

## 2. 规划项目的成果

截至2002年8月,上游源流区(青海省)完成围栏封育30万亩,占《规划》近期治理目标(180万亩)的16.7%;黑土滩、沙化草地治理10.5万亩,占《规划》近期治理目标(35万亩)的30%;天然林封育10万亩,占《规划》近期治理目标(60万亩)的16.7%;人工造林1.2万亩,占《规划》近期治理目标(10万亩)的12%。

中游及下游鼎新片(甘肃省)完成节水退耕9.06万亩,占《规划》近期治理目标(32万亩)的28.3%;生态退耕18万亩,占《规划》近期治理目标(32万亩)的56.3%。干渠建设174.75千米,占《规划》近期治理目标(485千米)的36%。建筑物868座,占《规划》近期治理目标(3500座)的24.8%。田间配套5.8万亩,占《规划》近期治理目标(90万亩)的6.4%。废止平原水库8座,占《规划》近期治理目标(8座)的100%。高新节水3.5万亩,占《规划》近期治理目标(43.5万亩)的8%。压缩水稻8.4万亩、带田23万亩,大力调整产业结构(粮、经、草比例由43:53:4调整为35:57:8),开展了节水型社会及水权试点工作。

下游额济纳旗居延三角洲地区(内蒙古)已完成封育胡杨林6万亩,占《规划》近期治理目标(30万亩)的20%。饲草基地0.6万亩,占《规划》近期治理目标(4万亩)的15%。生态移民300人,占《规划》近期治理目标(1500人)的20％。

## （二）把12年前的沙尘暴源变成今天的旅游地

《黑河流域近期治理规划》考虑水生态系统的承载能力,通过分水,"以供定需",保证逐步做到黑河不断流。规划实施后,经过连续不断地输水,2013年东居延海已实现连续9年不干涸,水域面积维持在36.61～54.93平方千米,水深为2.11米,水面重现,地下水位升高,动植物系统开始恢复。额济纳绿洲东河地区的地下水位上升了近2米,多年不见的灰雁、黄鸭、白天鹅等候鸟成群结队地回到了故地,东居延海特有的大头鱼重新出现,湖周水草也开始复苏。

林草覆盖度提高,胡杨林得到抢救性保护,面积增加33.4平方千米,而草地和灌木林面积共增加了40多平方千米,沿湖布满绿色的生机,野生动物种类增多,生物多样性增加。有效地缓解了下游局部地区环境恶化、沙漠侵袭的势头,局部地区生态系统得到较大改善。输水后,昔日渺无人烟的沙地又恢复了旧日的东居延海,20世纪90年代波及北京的沙尘暴源成了旅游重地。2013年"十一"黄金周游客达33.26万,已成为热门旅游景区。

## 五、生态修复使塔里木河下游迁出的维吾尔族老人又搬回来了

为什么塔里木河下游英苏村因缺水迁出的维吾尔族居民又搬回来了?这是在沙漠中溯本,在饥渴中求源,在风沙中找路,从而制定科学的规划,指导实施修复绿洲生态的结果。

作者经过全面的实地调研,在沙漠中追溯生态史,主持制定和指导实施了《塔里木河流域近期综合治理规划》,成效明显。塔里木河尾闾的修复依靠的是当地生态历史的追溯,但保护了维吾尔族在沙漠中求生存的

文化历史,也是文明的修复。至今塔里木河尾闾台特玛湖始终保持着一定湖面,最大时曾达到 200 余平方千米,是修复罗布泊"中国梦"的第一步。

## (一)追溯沙漠绿洲的生态史

由于没有任何资料可查,而可用水量极其有限,只能采用追溯生态历史的方法制定科学的恢复目标,不让节约下来的灌溉水白白流入无限荒漠。据世代在这一带居住的、109 岁的维吾尔族老人阿不提·贾拉里(2000 年作为世纪老人在京受到江泽民主席接见)在村中他家里说,历史上的英苏是一个(典型的)荒漠绿洲,塔里木河在此转弯,形成一个约 3×2 平方千米的小森林生态系统,有 20 多户的维吾尔族居民居住在英苏小村。

植被——乔木:较密的胡杨林;灌木:很密的红柳;草:茂密可放牧。

野生动物——鹿、黄羊、狼、野兔形成群落,长期生存。

地下水位——挖几米即可出水,从胡杨林生长需求看,埋深小于 7 米。

由此制定了以有限的水在茫茫大漠中修复绿洲的规划。

## (二)输水前后生态基本情况的比较

以下是输水前的生态基本情况:

植被——林区蜕化为半荒漠地区,胡杨干枯,红柳少且干黄,草近绝迹。

野生动物——动物群落绝迹,偶尔出现外来黄羊。

地下水位——埋深降到 12～13 米。

居民状况——全部迁离。

据此决定输水的路径、总量、批次与时机,修复生态系统。

输水后的情况:

植被——胡杨有新芽，红柳返绿，草在输水河床上成片长出。

野生动物——较多见到黄羊、野兔。

地下水位——埋深平均 7.8 米，最高 4.5 米。

阿不来提·贾拉里老人说："江主席给放水，我们搬回来了"。

## （三）修复生态系统的效果

根据当地生态史的追溯研究，制定了科学的输水规划，优化配置了有限的水资源，自 2002 年起塔里木河至英苏村不断流，到 2005 年年底沿河约 2×1 平方千米的小森林生态系统已经恢复，效果明显。

植被——胡杨复苏并新生，红柳大大增加，土地沙化被遏制，草地已经恢复。

野生动物——除鹿的情况尚需观察，其余均已恢复群落长期生存。

地下水位——维持在埋深 5～6 米。

居民——20 户的农牧小村不仅已经恢复，现已扩大到 40 户。

由此可见，一个生态系统的动平衡完全被打破到不可逆转的状态也不是轻而易举的。生态系统，即便是很脆弱的生态系统也有很强的自我修复能力，如果科学地给以外力，没有被人类彻底摧毁的生态系统通过人类建设而逐步恢复是完全可能的。同时，更应该看到，生态系统的恢复不是一朝一夕能够实现的，是个长期的过程，一般比其被破坏来得慢，其代价也比破坏时的"受益"大得多。因此，维护生态系统，不要"先破坏，后建设"，这是人类近百年来经济发展取得的最宝贵的经验。

继续输水至 2011 年共达 12 次，台特马湖最大水域面积达到了 300 平方千米。湖区周边红柳、胡杨、芦苇等植物面积明显增加，野鸭、野兔、水鸟等野生动物数量也呈增多趋势，水环境得到极大改善。但水深只有几十厘米，远不及当年。台特马湖是罗布泊的一部分，湖北岸就是罗布庄，台特马湖的初步恢复预示着在中国地图上已经消失的罗布泊修复已经开始了。大漠星火的英苏小村内部和外来的人气越来越旺，不少人都前去参观。

# 六、母亲河——黄河不断流关键在于留下了"生态水"

延续 20 多年，一直到 1998 年大洪水还断流的黄河，为什么自 1999 年连旱多年而至今不断流，源于一个新概念——"生态水"的建立。

黄河是我国第二大河，也是世界上著名的多沙河流。黄河发源于青藏高原巴颜喀拉山北麓，自西向东流经青海、四川、甘肃、宁夏、内蒙古、山西、陕西、河南和山东九省区，至山东垦利县入渤海，全长 5464 千米，流域面积 794712 平方千米。

黄河流域本身的生态系统十分脆弱：上游植被遭到破坏；中游水土流失严重，水少沙多，水沙异源；下游发展成地上悬河，灾害频发，历来以害河著称。加之长期以来水土资源不合理的开发利用，黄河存在洪涝灾害严重，下游断流频繁发生，中游水土流失、下游悬河加剧、水体污染致使生态系统蜕变等突出问题，给人民的生命财产带来巨大损失，极大地制约了黄河流域的资源开发和经济建设的发展。

## （一）黄河断流国际影响重大

黄河下游首次断流发生于 1972 年，河口利津水文站累计断流 3 次，共 15 天，断流河长 310 千米，断流始于 4 月 23 日。1972—1997 年的 26 年中，黄河下游共有 20 年发生断流；利津水文站累计断流 70 次，共 908 天。1997 年，黄河出现有记录以来最严重的断流现象，利津水文站 2 月 7 日开始断流，全年断流 13 次，共计 226 天，断流河长 700 千米，中游各主要支流控制水文站多数出现断流或接近断流。

黄河断流时间和断流河长呈逐年增加趋势。1972—1989 年利津水文站共有 13 年 191 天断流，平均断流河长 249 千米，断流最早发生于 4 月；1990—1997 年，利津水文站共有 7 年 717 天断流，平均断流河长 426 千米，断流最早发生于 2 月。

黄河——中华民族的母亲河断流,不仅引起全国人民和中央领导的高度重视,同时也引起了国际上的广泛关注。如果继续断流不去,几十年内黄河将成为内陆河,当年中华文明的母亲将不复存在。黄河断流的修复,不仅是流域生态的修复,也是中华文明的修复。

## (二) 黄河断流的危害

黄河断流给下游沿黄地区工农业生产造成了较大损失,对黄河防汛也有不利影响。据初步调查分析,黄河下游沿黄地区 1972—1996 年因断流造成工农业损失 268 亿元,减产粮食 99 亿公斤。进入 20 世纪 90 年代后,黄河中游连续几年发生高含沙洪水,而冲沙入海的水量大大削减,致使大量泥沙淤积于下游河床,河道行洪能力减弱,造成小水大灾,时时存在决口改道的威胁。

黄河断流严重影响了下游及河口生态系统。由于黄河水量减少,入河废污水量不断增加,水质趋于恶化。又由于水沙来量减少,加重了海潮侵袭和盐碱化,河口湿地生态系统退化影响了生物多样性,使得黄河三角洲日益贫瘠。断流加剧所引起的水荒和下游决口改道的威胁并存,影响区域经济可持续发展,因此,缓解黄河断流迫在眉睫。

1998 年作者去考察时,黄河在大洪水年断流,河口一片沙地,见不到一滴水,几株干枯的芦苇显示这里还有岌岌可危的生命,水鸟没了踪影,触目惊心,真是"君不见黄河在哪里? 何以面对中华子孙"。任何一个有良知的水环境工作者都会暗下决心:"一定要修复黄河!"

更为重要的是随着断流时间的加长,断流河段的延长,黄河最终要变成一条内陆河,这就完全破坏了黄河生态系统,摧毁了中华民族的摇篮,这一后果尽管是不堪设想的,但是是完全可能的。

## (三) 黄河断流的原因

黄河水资源贫乏,不能满足快速增长的用水需求是断流的首要原因。

黄河流域地处干旱半干旱地区,多年平均径流量580亿立方米;人均水量593立方米,为全国人均水量的25%;耕地亩均水量324立方米,仅为全国平均的17%。而黄河沿岸年用水量已由20世纪50年代的122亿立方米,增加到90年代的300亿立方米。目前黄河水资源利用率超过50%,在国内外大江大河中属较高水平。农业灌溉占黄河用水的92%,且主要集中在下游,20世纪50～90年代下游地区用水增长4.6倍,引黄灌溉面积增加6.4倍,引黄工程设计引水能力4000立方米每秒,远远超出黄河可供水量。

近年降水和径流偏少使下游断流现象更趋严重。花园口以上流域年降水量20世纪80年代偏少1.3%,1990—1996年偏少10.3%。由于上中游广泛开展水土保持综合治理和农田水利建设,起到明显的截水拦沙作用,在同等降水条件下,河川径流相应减少。各主要控制站径流从80年代末期开始呈明显减少趋势,致使近年黄河上中游来水量锐减。

缺乏有效的管理体制,难以实现全河水资源统一调度也是断流的重要原因。由于干流骨干工程和大型灌区的运用管理分别隶属于不同部门和地区,没有形成流域统一管理与区域管理相结合的调度管理体制,很难做到全河统筹,上下游兼顾。一遇枯水年份或枯水季节,沿河工程争相引水,加剧了供水紧张局面,也造成水资源的浪费。

## (四) 解决黄河断流问题

解决黄河断流的关键,第一是认识问题,第二是管理问题,有了可持续发展的科学认识,再加强实地的分水管理,就可以解决黄河断流的问题。

### (1) 多了一个"生态水"

黄河断流的原因是客观存在的,人口急剧增加,生产迅速发展,气候趋于干旱等多重因素叠加,黄河流域的确缺水。但是,如何认识缺水?生活用水不能少,生产用水不能少,"生态用水"就可以少,为什么要让白花花的水流到海里去呢?这种认识是断流的症结。上中下游都考虑自己的发展,喝光用光,不留生态水,黄河自然要断流。作者在国务院会议上提出了"生态水"的概念,即用水不是"两生",而是"三生",不仅有生活用水和生产用水,还有生态用水,生态用水也是不可或缺的用水。生态水就是维系生态系统的最低用水,没有生态水,生态系统就会退化和崩溃,而生态系统是人们生活和生产、赖以生存的基础,不留生态水就是自毁生存的基础。国务院领导肯定了这种新认识,重新制定分水方案的工作就启动了。

(2)统一管理解决黄河断流问题

1999年,国务院批准作者主持的以"生态水"为指导思想的重新分水方案,黄委会开始对黄河水资源实行统一管理和调度,在基本保证治黄、城乡生态和工农业用水的条件下,在疏浚已淤塞的河道,甚至要不得不派人把口防止分水的极端困难的情况下,保证生态用水。1999年黄河仅断流8天,执行这个方案以后,没有断流。2000年,在北方大部分地区持续干旱和从黄河向天津紧急调水10亿立方米的情况下,黄河实现全年未断流。

必须说明的是,自1999年以来,黄河从未断流,但在四年之中有个别时段入海流量只有几立方米/秒,这个流量有时长达一星期。应该承认,这有象征意义,但生态功能是很小的。今天黄河口已是另一番景象,巨流滚滚,湿地修复,芦苇丛生,水鸟成群,生态已基本修复,也成了旅游景区。

# 七、闻名全国的生态修复——挽救扎龙湿地

在历史上"湿地"被称为"烂泥塘""水泡子"和"沼泽"是在什么时候,又为什么才在我国得到科学的新认识和高度重视的?

今天,"湿地"已经是一个家喻户晓的名词,但仅仅在12年前,这一名词还鲜为人知。1991年我任中国常驻联合国教科文代表团参赞时,根据国内外材料进行了3个多月调研,提出建议并经国务院批准,于1992年3月1日中国加入《关于特别是作为水禽栖息地的国际重要湿地公约》(即

1971 年订立的《拉姆萨尔公约》),作者参加了签字仪式。自此中国的湿地以扎龙为首开始进入世界湿地名录。自此"湿地"才得到足够重视,成为一种新知识逐步融入中华文明。

11 年来,作为"地球之肾"的湿地在我国得到广大人民日益增加的关心和中央领导越来越高的重视。远在黑龙江一隅的扎龙湿地也受到社会和媒体的广泛关注,水利部门自 2001 年组织对扎龙湿地输水得到普遍称赞,同时各种报刊也反映了扎龙湿地补水难以为继的问题,目前有关部门还没有提出一个解决办法。东北、黑龙江以至扎龙湿地情况究竟怎样,其问题又如何解决呢? 2003 年 8 月我实地考察了扎龙湿地,2004 年 5 月又考察了世界闻名的黑龙江三江平原湿地。

## (一) 湿地的概念与我国东北的湿地

在大家关注湿地的情况下,"什么是湿地"的科学概念显得尤为重要,以前认为湿地就是"烂泥塘"或"沼泽",而没有科学的定义。只有搞清了什么是湿地,才能尊重湿地的自然规律,从而科学地保护和修复湿地。

### 1. 湿地的概念

目前大家对湿地定义的认识都来自《拉姆萨尔公约》,但该公约第一条明确指出"为本公约的目的,湿地是指……"也就是说公约中所指的湿地是特别作为水禽栖息地的湿地,是一种特殊的湿地。什么是湿地呢?可以定义为:自然形成的、常年或季节性的,其低潮时水深不超过 6 米,季节或年际水深变化超过 50% 的水域,如沼泽地、湿原、泥炭地、滩渚地或其他积水地带。

这个定义强调了两个问题。一是湿地水不深,如低潮超过 6 米就不是湿地,而是海或湖了。二是湿地水位要变化,如太湖平均水深仅 3 米,但水深变化很小,所以是湖,而不是湿地;新疆的艾比湖局部水深达 10 米以上,但年际变化很大,就是湿地,而不是湖。我所到过的波兰东部的湿地这些特征也都很明显。水浅和水位变化决定了湿地的特殊生态功能是湿地的自然规律。一般来说,湿地就是干干湿湿、不断变化的一片积水地带。

## 2. 中国的湿地

全世界的湿地约有 209 万平方千米,占陆地总面积的 1.4%。

（1）我国的湿地

国家林业局于 2004 年 6 月宣布,我国首次进行的全国性湿地调查（从 1995 年开始）结果显示,全国湿地 3848 万公顷（不包括水稻田湿地）,其中自然湿地 3620 万公顷,包括沼泽湿地 1370 万公顷,近海与海岸湿地 594 万公顷,河流湿地 821 万公顷,湖泊湿地 835 万公顷。全国有 1600 万公顷、占 40% 的自然湿地纳入 353 处保护区,得到较好的保护。

调查对象是面积在 100 公顷以上的湖泊、沼泽、库塘、近海与海岸湿地,以及河床宽度大于或等于 10 米、面积大于 100 公顷的河流等。全国湿地资源调查结果显示,现存自然或半自然湿地仅占国土面积的 3.77%。

中国湿地可分为 8 个主要区域,即东北湿地、长江中下游湿地、杭州湾北滨海湿地、杭州湾以南沿海湿地、云贵高原湿地、蒙新干旱湿地、蒙新半干旱湿地和青藏高原高寒湿地。目前,中国已列入《湿地公约》国际重要湿地名录的湿地有黑龙江扎龙、吉林向海、海南东寨港、青海鸟岛、江西鄱阳湖、湖南洞庭湖、香港米埔 7 处,约占世界湿地面积的 16%。我国湿地面积仅次于加拿大和俄罗斯,居世界第三位。

与此同时,我国也新建以水稻田为主,加上水库和农民自挖池塘等人工湿地,总面积达 50 万平方千米左右。

（2）人工湿地

如果把水稻田、水库和水塘都算成人工湿地,湿地总面积并没有减少,关键在于这些人工湿地能否起到被毁湿地的生态作用。

① 水稻地:就总体而言,水稻地水太浅,而且一年中有多半年无水,基本上不具备湿地的生态功能。

② 水库:山谷水库是人工湖,不是湿地;平原水库虽能起到一定的生

态作用,但与由于降雨、地形、地质结构和周围大生态系统而自然形成的湿地有很大差异,不但总体生态功能低下,而且生态功能与相应水量之比更低,用水很不经济。

③ 池塘:池塘一般面积太小,构不成生态系统,因此也谈不到有多大的生态功能。

### 3. 我国东北湿地的变化

东北的湿地主要有齐齐哈尔市的扎龙湿地、三江平原的三江湿地和吉林通榆县内的向海湿地三大块。其中扎龙湿地将在后面详述,向海湿地较小。

三江湿地不仅是最大的一块,也是最典型的一块。黑龙江省20世纪四五十年代湿地面积为8.5万平方千米,而三江平原湿地为3.4万平方千米,占全省湿地总面积的41%。当时三江平原湿地平均水深30厘米,储存地表水100亿立方米。近五十年中,三江平原相继建起了34个国有农场,使湿地全部镶嵌在大型现代化农场的耕地之间。尤其是20世纪90年代以来,以稻治涝,大规模发展水田、修建强排强灌水利设施等行为,使不少湿地萎缩退化严重。而今,三江平原湿地仅剩4489平方千米,半个世纪湿地面积减少近3万平方千米,87亿立方米的地表水量也随之消失。

2004年5月作者去考察时,只见到大片农田,湿地只在兴凯湖周围才看得比较明显,地貌变化很大,令人痛惜。目前我国境内的湿地保护区2225平方千米,居民1000余人,达到国际湿地保护区标准。但小兴凯湖问题较大,小兴凯湖总面积170平方千米,平均水深仅为1.8米,实际上就是一片湿地。由于1943年日本人使穆棱河改道入小兴凯湖,加上近年来上游生态系统的破坏,大量泥沙入湖,造成淤积。近年来小兴凯湖不但水质日渐变差,目前已在Ⅲ～Ⅳ类,防洪能力减弱,生物多样性遭到破坏,而且,60年来平均淤积厚度已达0.35米,估计再过半个世纪生态功能将大部分丧失,因此,急待采取在上游保持水土,兴建清除工程,甚至调整、恢复水系等措施。

大、小兴凯湖之间由一道自然形成的长 60 千米、宽 100～400 米、约 10 米高的湖岗隔开,内外水位差约 3 米,全部在我国境内。岗上郁郁葱葱,全是百年以上的森林,两边是湖,环境清幽,景色优美,如果在这里举办马拉松赛,真是奇特无双。这段湖岗是我在世界上见到的自然奇迹之一,甚至有可能申请世界自然遗产。

但是,由于保护区附近个别居民滥伐林木、挖取岗沙和违法建筑等破坏行为,湖岗上已形成了几个风沙口,犹如密林中的沙漠,如果不断扩大,湖岗这道自然奇迹将消失;如果大小兴凯湖连通,鉴于水位差,小兴凯湖将不复存在,而且将引起国际问题。当地提出了治理风蚀和沙口的项目,的确应该高度重视、大力支持、及早实施。

## (二) 以扎龙湿地为例说明湿地的作用

湿地是"地球之肾"已为人熟知,但这只是一个比喻性说法,扎龙湿地究竟有哪些生态功能呢?

### 1. 保护松嫩平原生态系统

扎龙湿地最大的作用就是和嫩江以西的湿地一起形成过渡带,保护石油基地大庆和东北粮仓的所在地——松嫩平原。

① 相当自然水库,调蓄洪水。1998 年大洪水扎龙湿地调蓄水量达 20 亿立方米,使大庆和松嫩平原不致受淹。

② 保持地下水位,防止土地沙化。扎龙这片湿原,每年可向松嫩平原补充地下水数千万立方米,保持地下水位,挡住了西部荒漠的东侵蚕食。

③ 调节松嫩平原的气候。湿地每平方米可释氧 10 千克,吸收二氧化碳 13.75 千克;同时增加空气湿度和调节气温;对松嫩平原的小气候有重要影响。

④ 净化水质。湿地之所以称为地球之肾,就是因为它有净水功能,扎龙湿地的水最终都流回嫩江,对下游,尤其是哈尔滨用水起到了很大的净化作用,可以说是个天然"自来水净化厂"。

### 2. 为中国和世界保护物种

中国之所以加入《拉姆萨尔公约》，扎龙之所以被列为国际湿地名录，就是因为扎龙湿地有保护物种、保护水禽，尤其是保护丹顶鹤和白鹤等稀有国际水禽的功能。

扎龙湿地是世界稀有水禽——鹤夏季的栖息地。全世界共有 15 种鹤，中国有 9 种，扎龙就有 6 种。特别是丹顶鹤全世界现存约 2000 只，扎龙保护区就有 400 余只。扎龙也是西伯利亚白鹤的栖息地。丹顶鹤东去日本，西伯利亚白鹤北飞俄罗斯，都是国际水禽。我们既然签了公约，就有义务保护这些水禽，保这片国际重要湿地。

扎龙湿地还有野生植物 500 多种、鱼类 40 多种、鸟 260 多种，其中国家重点保护鸟类 35 种，在保护物种方面起着重要作用。

### 3. 经济价值

湿地都有很高的生物生产力，不仅有生态功能，还直接产生经济价值。如扎龙湿地一般年产 10 万吨芦苇，每吨芦苇可造纸 0.5 吨，相当于 2 立方米木材。年产 10 万吨芦苇相当于 400 公顷森林所产的木材，以森林 20 年代一次计，相当于 80 平方千米的森林。

同时，扎龙湿地年产鱼达 2000 多吨，还有多种药用、食用、饲料和纤维植物产出。

## （三）扎龙湿地的问题如何解决

扎龙自然保护区位于黑龙江省齐齐哈尔市东南，嫩江支流乌裕尔河、双阳河下游的湖沼苇草地带。扎龙自然保护区包括齐齐哈尔市铁峰、昂昂溪两区、富裕县、泰来县和大庆市的林甸县、杜尔伯特蒙古族自治县的交界区域，总面积 2100 平方千米，其中核心区面积 700 平方千米，是我国最大的以鹤类等大型水禽为主体的珍稀鸟类和湿地生态国家级自然保护区，1992 年被列入国际重要湿地名录。

## 1. 输水拯救了扎龙湿地

1999—2001 年,扎龙湿地及其水源补给地乌裕尔河和双阳河流域遇到大旱,至 2000 年湿地发生大火灾,延续多日,芦苇连根燃烧,几乎摧毁了扎龙湿地的生态系统,700 平方千米的核心区只剩 130 平方千米有水,湿地几乎覆灭。2001 年在水利部指导下,黑龙江水利厅、刚成立不久的齐齐哈尔水务局和水利部松辽流域水利委员会发挥统一管理的体制优势,筹措资金,启动扎龙湿地应急调水工程,当年就向扎龙湿地补水 3500 万立方米,保住了仍在萎缩的 130 平方千米的湿地。

扎龙湿地调水工程于 2002 年 4 月竣工后,2002 年全年向扎龙湿地补水 3.5 亿立方米。2002 年 8 月 25 日朱镕基总理和水利部汪恕诚部长到湿地考察,对补水工作予以表扬。2003 年计划全年向湿地补水 2.5 亿立方米,到 7 月底已补水 1.2 亿立方米。两年来总计已补水超过 5 亿立方米,约占湿地正常蓄水量的 70%;恢复湿地核心区达 650 平方千米以上,占 93%;丹顶鹤种群总数超过 400 只,较 2000 年增加 30%。每个亲历的人都看到,芦苇新绿,湖沧蓄水,水鸟成群,鹤类可见,扎龙湿地基本恢复了旧貌。在此居住 5 代、57 岁的农民关青山说:"我们的日子又好过了。"

湿地并没有明显的经济效益,对于补水单位更是只有投入没有产出,连续两年的补水之所以能够进行,主要是实现了水资源的统一管理,只有统一管理,才能从自然生态的大系统看问题,为保护自然、实现人与自然和谐而互相协调,集中投入。

## 2. 扎龙湿地为什么需要补水

扎龙是一片历史上一直存在的自然湿地,为什么需要补水呢? 补水的表面原因是大旱,但还有更深层次的原因,主要有以下两个。

① 湿地补水的主要来源是洪水泛滥。200 年来嫩江大洪水有 30 次,形成了向湿地补水的自然机制,近年来由于堤防的兴建,嫩江洪水再也不能进入扎龙了。

② 流入扎龙的乌裕尔河和双阳河上游用水增加。乌裕尔河年平均径

流量约 3.6 亿立方米,双阳河年平均径流量约 0.4 亿立方米,都流入扎龙湿地散失,多年平均可入水 4 亿立方米。近年由于上游用水增加,仅有 1 亿立方米的水进入扎龙保护区,削减量近 2/3。

### 3. 持续向扎龙湿地补水的问题

向扎龙湿地补的水来自 150 千米以外的嫩江,江中取水和渠道维护,每年都需投入大量的资金。输水实施单位黑龙江省中部引嫩管理处为扎龙湿地补水的成本目前已高达 3156 万元,要持续补水必须落实资金。

（1）扎龙的年补水量

2002 年向扎龙补水 3.5 亿立方米,2003 年补水 2.5 亿立方米,也就是说,在枯水年份年均补水 3 亿立方米左右。

应该抓紧做好扎龙补水的水资源综合规划,测算出扎龙湿地核心保护区 700 平方千米的总蓄水量。据我估算,核心保护区常年蓄水量大约在 7 亿立方米左右。在枯水年,应当保核心区,除去能入湿地保护区的 1 亿立方米左右水量,应补水 2.5 亿立方米,保证两年内换水即可保证生态功能。平水年和丰水年(丰水年应加扎龙地区自产水 0.5 亿立方米)可根据情况递减,从我们考察的情况看,2003 年就至少是平水年。

湿地的自然规律就是随着气候变化丰丰枯枯,而湿湿干干能够自然修复的干涸是允许的,不必年年输水。扎龙国家级自然保护区管理局李长友和 57 岁的当地老农关青山都说,20 世纪 50 年代的干旱比 2000 年以来这次更为严重,我们这次乘船考察,水深达 2 米的水泡子都干涸了,但是后来这里的生态系统又自然恢复了。

（2）扎龙湿地补水从哪里来

要解决向扎龙持续补水的问题,首先要保证补水的来源。扎龙是一块自然湿地,本不需要补水,主要是人为的原因危及湿地的存在,因此需要人工补水。而补水应尽可能采取生态的手段,这才是尊重自然规律,也只有尊重自然规律向扎龙湿地的补水才可能持续。采取这种做法,需要更深层次的统一管理。

　　1）在乌裕尔河和双阳河上游退耕还林

　　乌裕尔河和双阳河上游是较贫困的山区,近年来由于人口增加和生产发展,使得向扎龙湿地下泄的水量从 4 亿立方米左右锐减到 1 亿立方米,上游耗水增加约 2 亿立方米。

　　应对上游实施扶持政策,促进退耕还林;发展沼气灶保护植被;调整产业结构和种植结构,限制高耗水产业。这些措施可保证在平水年向扎龙湿地多下水 1 亿立方米以上,这是保证向扎龙输水的可持续生态手段,也是上游居民走向全面小康的必由之路。

　　2）通过工程使嫩江洪水能部分进入扎龙湿地

　　历史上扎龙湿地远不止目前划定的 2100 平方千米,是由洪水形成的、北自乌裕尔河、南抵松花江、东起嫩江、西至通肯河、以大庆市为中心达 2 万多平方千米的大湿地的一部分。今天当然不可能恢复到历史上的情况。但是,今天的输水必须尊重洪区形成湿地的自然规律,实施工程让嫩江洪水能部分进入扎龙湿地,使平均年输入达到 0.5 亿立方米,为恢复原有生态系统做贡献。

　　3）继续由引嫩管理处向扎龙补水

　　在枯水年继续由引嫩管理处向扎龙湿地每年输水 1 亿立方米左右。鉴于这一地区的人口增加和经济发展,湿地的保持不能只依靠生态系统的自我恢复能力,在枯水年仅仅用生态手段,还不足以保住扎龙湿地,因此向扎龙的工程输水仍是必要的。

## 4. 向扎龙湿地的工程输水由谁"埋单"

　　为保住扎龙湿地,工程输水的目的是补充生态用水,但这笔费用长久地由国家公共财政支付、由政府埋单是不现实的,即便专项拨款,也不可能持久。究竟怎么解决向扎龙湿地补水这一重大困难呢?

　　如上述分析,由于采取国家一次性投入、可持续补水的生态手段,在枯水年需要工程补水的补水量已由 2.5 亿立方米,减为 1 亿立方米。以目前供水成本 0.063 元/立方米计,枯水年年供水成本达 630 万元。解决这一问题可以通过统一管理、采取"三个一点"的政策，即"受益者交一点，管理局投一点，国家补一点"。

(1) 应实行市场经济的原则，由受益者付费

政府投入对生态系统维护产生经济效益后，由受益者提供对投入的补偿，使政府投入成为有源之水，这是国际通行的做法。据估计，补水保持扎龙湿地之后，苇业和渔业可产生 1.3 亿～1.5 亿元的经济效益，应收水费约 500 万元，因此，在补水年份收 200 万～300 万元的水费是合理的。

(2) 调整保护区产业结构，保护区管理局可以适度经营

保护区核心区内有 4000 人口，已大大超过 2 人/平方千米的自然保护区内生产居民限制的国际标准，目前除考虑由国家一次性投入迁出部分人口外，还可使剩余居民转入旅游业，大大降低从事生产对保护区的破坏程度。同时，以保护区每年吸引 8 万游客计，仅相当于给保护区内增加了 110 人/年的生产人口，但可有近 200 万的收入，经营得好，以 100 万投入输水成本是可能的。

# 八、青草沙水库——让上海人民喝上好水

争议较多、迟迟未提上日程的上海青草沙水库是如何建成，而让上海人民喝上好水的？

生态修复的根本目的是"以人为本"，让人民喝好水、吸清气、吃绿色食品。但在 2012 年以前，上海的饮用水供应存在着水质和水量的严重问题。上海是全国第一大城市，2014 年人口达 2425 万，近年来城市范围不断扩大，人口还在增加，饮用水供应问题将越来越大。

## (一) 上海供水水源态势

目前上海城市供水水源主要有黄浦江上游水源、长江口边滩水源、内河及地下深井淡水水源。自 20 世纪 80 年代以来，上海以开发利用黄浦

江上游水源为主。由于黄浦江处于太湖流域的下游,为敞开式河道直接取水,受上游污染影响,水质较差且不稳定。目前上海城市供水在黄浦江上游的取水总量超过多年平均流量的 30%,已接近联合国教科文组织制定的 40%的国际公认的警戒线。若进一步扩大黄浦江上游水源的取水规模,将导致上游水位降低,加剧中下游污水上溯,使水源水质更加恶化;同时可引起黄浦江河势变化,对黄浦江的水环境造成严重的破坏。因此,对黄浦江上游取水总量还要控制、适度利用。

像所有大城市一样,上海人口集中,工业发达,用水量大,但地域狭小,自产水资源量很小,主要靠过境水资源。长江口淡水资源丰沛,占上海过境水资源总量的 98.8%,水体自净能力较强,尤其是长江入海段十分宽阔,距岸 3 千米以上的中心地带水质相对稳定,基本符合饮用水水源水质要求。而且上海城市供水在长江口的取水总量仅占多年入海最低流量的 0.4%,对河口生态系统仅有微扰动,因此具有巨大的开发利用潜力。具体措施是在长江中心建青草沙水库。

## (二) 关于建设青草沙水库的讨论

青草沙水库是世界上最大的江河中心水库,是上海“十一五”期间投资额最大的单体工程,总投资达 170 亿元。利用上海附近仅有的长江中心水域优质水源改善上海饮用水水质,是关系上海民生和城市供水安全的“百年工程”。该设想于 1990 年提出,对于这一出奇的大胆设想,前 10年基本处于讨论和准备阶段。2000 年时作者任全国节水办公室常务副主任、水利部水资源司司长,在上海市领导的全力支持下,上海水利局改组成水务局,成为水资源统一管理机构,主持制定创新方案。水务局成立后对建青草沙水库设想予以支持,使该项工作进入实施轨道,2007 年在上海市委和市政府领导下水库终于开始建设。经过建设者 3 年半时间的努力,2011 年 9 月水库已开始投入使用,使上海人自来水厂的原水提高了一个等级,让上海人喝上了好水。北京几乎所有到上海出差的人都说:“上海的水没有漂白粉味了。”工程 2012 年竣工,2020 年达到设计规模。

青草沙水库依托江中心的长兴岛,建在距长江入海口27千米的江心,总面积66.26平方千米,有效库容4.38亿立方米,咸潮期最高蓄水位7.0米,运行常水位6.2米。这样一个大型水库建在江心,在世界水库建设史上没有先例。

## (三)青草沙水库方案实施的决定和意义

青草沙水库是个大胆的设想,其实施更是科学决策的结果,这一为城市保水的创举值得总结和借鉴。

### 1. "以人为本"是工程分析的第一考虑

在一个工程规划的分析中要有施工条件、工程技术、经济成本和环境影响等多种考虑,但在这些考虑中"以人为本"是第一位的。只要对人生活的生态系统在一定周期内不产生大的扰动,人的需求就是第一位的,施工有再大的困难也要克服。根据作者实地考察的莱茵河、泰晤士河和塞纳河的国际经验,要想根治长江中下游的水污染(包括地下水)、把水质提高一个等级,至少要20~30年的周期。现在的上海人应不应该在国家已经财力雄厚的情况下喝上好水呢?更何况还要影响后代。上海人民世代喝长江水,而今天长江中心的水就是上海附近最好的水源。上海人民以前的饮用水质是众所周知的,所以像这样让上海人民喝上好水的工程是必须建设的,这不仅是民生问题,也是文明的回归。

### 2. 多学科综合研究,科学分析生态影响

对《青草沙水源地原水工程规划》的一大质疑是生态影响,但"生态影响"不是一句空话,要有科学根据。作者参与了对此的定量的科学分析。

首先,青草沙水库年设计供水量为719万立方米/天,仅约为长江入海流量的0.4%。实际上长江每年入海流量都不相同,从统计规律看,0.4%完全在正常波动范围内,不致对入海生态系统有影响。

其次,长江在长兴岛青草沙处江面十分宽阔,而本来就有崇明岛和长兴岛把长江分流,建库后,两边水道仍各有3.5千米的缓冲区,对航运与

河口生态系统均不会有较大影响。

再次,工程包括在库前建人工湿地,由于长兴岛浅滩广阔,所以湿地生态系统只是西移,并未减少,反而扩大了上海市的湿地生态系统。

### 3. 城市水资源统一管理是兴建大工程的保证

2000 年成立了涉水事务统一管理的上海市水务局,改变了原有的九龙治水局面。没有这样全面职能的水资源管理机构主导,从统一规划、各方协调、统一监测和统一实施等各个方面来看,这样巨大的工程都是难以实施的。这一经验也值得城镇化中城市管理借鉴。

青草沙水库的建成和运行,也是新型城镇化使城市健康发展、居民安居乐业的典型事例,说明城镇化不仅要征地,还要保水。

# 第七篇　世界生态系统与文明的百国实地考察

前面提到对我国不同的生态系统的修复，必要的科学知识是亲身实地考察地球上条件类似、情况较好的生态系统。作者用 37 年的时间考察了 101 个国家，基本上走遍了地球上具典型性的生态系统，包括森林、草原、荒漠、沙漠、冻土和海岛等各大类。人与生态系统是生命的共同体，所以这些考察也离不开对文明的考察。限于篇幅，河流和山地生态系统就不赘述，本篇只收录了较特殊的、人们不易前往的生态系统。

## 一、阿根廷的潘帕斯是目前世界上最好的草原生态系统

世界上有三大草原，欧洲的乌克兰草原、亚洲的呼伦贝尔大草原和美洲阿根廷的潘帕斯草原。前两个都遭到严重的破坏，本节记述的潘帕斯是世界上保持最好的草原生态系统。

俄罗斯的顿河草原、中国的呼伦贝尔草原和阿根廷的潘帕斯草原并列为世界的三大草原，它们的面积都有上百万平方千米，有着丰富的畜产，但是今天都面临着程度不同的生态蜕变，其中蜕变程度最小的当属潘帕斯草原。

阿根廷西北部的潘帕斯大草原在布宜诺斯艾利斯以西，巴拉那河以东直至安第斯山，北起阿根廷与玻利维亚和巴拉圭的边界，南至科罗拉多河。在这片广袤的土地上湿地连着草原，草原连着大豆田，蜿蜒的萨拉多

河和清冽的奇基塔湖滋润着草原。

潘帕斯大草原不仅盛产畜产，而且在草原上间作大豆，成为阿根廷大豆的主要产区。阿根廷年产大豆3500吨左右，使得阿根廷成为世界最重要的大豆出口国之一。潘帕斯这个远在天边的草原今天与我国竟也有密切的联系，自2007年以来，它影响着中国豆油的价格和供应，2008年中国超市里大豆油的缺货就与这片草原密切相关。

## （一）潘帕斯草原概况

阿根廷的畜牧业有80%集中在潘帕斯大草原，阿根廷作为畜牧业大国，来阿根廷而不见潘帕斯，那真是白来了。潘帕斯大草原的牛存栏数大约4000万头，羊存栏数近1000万头，对于潘帕斯约100万的农牧业人口来说，合每人50头牛羊，此外还有为数可观的马。2004年宰牛量为1200万头，平均每3个阿根廷人杀1头牛，每年光吃潘帕斯的牛肉就有余。牛奶产量为80亿升，合阿根廷每人每年240升，即每人每天半升多奶。其余羊肉和皮革等产品也都是全阿根廷人用不完的。

潘帕斯大草原以拉潘帕省、布宜诺斯艾利斯省西部、科尔多瓦省、内格罗河省、门多萨省、圣路易斯省和内乌肯省为主，在100万平方千米的土地上，大约100万农牧民在牧耕。在潘帕斯大草原，约每人拥有1平方千米，也就是1500亩土地，人人都是"大地主"，有足够的生态足迹。

潘帕斯草原年降水量达900毫米，气候温和，当年是个森林生态系统，一棵大榕树可以作证。在布宜诺斯艾利斯圣马丁广场不远还有一棵500年的榕树，是阿根廷最大的榕树，作者用脚量了一下，遮阴的半径为26米，遮阴面积为2160平方米，即3.3亩地，可谓一树成园，但比起我国云南一树成林的辐射根榕树还是小巫见大巫。从这棵大榕树也可以看出，当年的布宜诺斯艾利斯是森林生态系统，变成了草原是人工伐树的结果。

今天看潘帕斯草原，最好不过是在飞机上看，因为大草原有上百万平方千米，任何一个局部都难以反映它的全部。从飞机上鸟瞰潘帕斯草原，下面是一片由土黄、嫩绿和草绿组成的颜色奇特的平原,其间有白色和蓝色的系带,还镶嵌着蓝色的宝石。

大草原上土黄、嫩绿和草绿色都构成线条整齐的长方块,依次相间,原来是草原的轮牧。土黄色是被吃光的草场,嫩绿是正在生长的草场,而草绿是正在放牧的草场,这种三元轮作法使得潘帕斯草原成了世界三大牧场中保护得最好的牧场,从而也是畜产最多的牧场。农田可以轮作,牧场为什么不轮作呢? 其他牧场都应该借鉴。

牧场中白色的系带是公路,蓝色的飘带是河流,镶嵌的蓝宝石是湿地、湖泊和水库。潘帕斯草原东部多河流和湿地,北部也有湿地和湖泊,西部有安第斯山的雪水,南部相对缺水,就建了罗斯科罗拉多斯水库和梅西亚水库来保证草原的用水。蓝色的宝石也各不相同,湿地看起来是浅蓝色的宝石镶着树林的绿边,与湖泊和水库有明显的区别;而水库较深,所以比湖泊更蓝,这在飞机上看得清清楚楚。

17 世纪初有 200 个西班牙家族陆续移入潘帕斯大草原,经过大约200 年的伐木引水,把原来森林和草原相间的潘帕斯改造成了今天的潘帕斯草原生态系统,至今已经有 200 年之久。200～300 年是人工新生态系统形成的周期,今天已完全构成了人工改造的新生态系统,以维系森林生态系统的降水量保持今天的草原生态系统,自然是绰绰有余了。

作者在飞机上俯视多彩多姿的潘帕斯草原,看不到多少树,人们要单纯地为了提高森林覆盖率而植树造林吗? 阿根廷的森林覆盖率只有13%,只相当于联合国教科文组织制定的温带地区的 25% 的森林覆盖率的 1/2,而且这里有充足的水源,有大规模造林的条件。但是阿根廷人没有这样做,政府也没有强求。看来阿根廷人民和政府是懂得生态的:一个被改造的生态系统经过 200～300 年就形成了新的生态系统,复原会带来新的生态不平衡,产生难以预见的后果。所以如果没有发现被改造系统有严重弊病,还是不动为好;即便出现了严重问题,也一定要经过长期认真的科学研究,然后再行动,否则很可能适得其反。

## （二）潘帕斯草原的依托——拉普拉塔河网

像俄罗斯和乌克兰的顿河草原水源是伏尔加河、顿河和第聂伯河,中国的呼伦贝尔草原水源是黑龙江的上流额尔古纳河、呼伦湖和贝尔湖一样,潘帕斯草原的主水源是拉普拉塔河、萨拉多河和科罗拉多河,所不同的是拉普拉塔河是个密布的河网,这也是潘帕斯草原得以保留的最好最重要的原因,正所谓水肥草美。黑龙江年径流量为 3940 亿立方米,但草原在上游,所以经过呼伦贝尔草原的流量大约在 2000 亿立方米左右;伏尔加河、顿河和第聂伯河三条河的年径流量在 3330 亿立方米,草原在中下游,所以过顿河草原的流量大约在 2500 亿立方米;而拉普拉塔一条河的年径流量就在 4680 亿立方米左右,尽管在草原东边,再加上萨拉多河和科罗拉多河,潘帕斯草原的年径流量也在 3000 亿立方米以上。因此,维系这三个百万平方千米的大草原的水量之差就显而易见了。"有水才有草,有草才有牧场",所以三大草原的质量和载畜量也就清楚了。

拉普拉塔河口的河网地带有 1.5 万平方千米,差不多 1 个北京大,在这个地区密布着 4000 条小河,是比我国的江南更密的水乡河网。我们从布宜诺斯艾利斯乘汽车到河口,再乘火车到东北 40 千米联邦首都区达米亚县的老虎(Tiger)镇。一路上浏览了阿根廷的农村风光:如茵的草地,稀疏的绿林,纵横的小河,墙上长满爬藤的乡间别墅,在蓝天和阳光之下显得分外美丽,空气清新,环境安静,这里已经成为世界富人竞相来养老的地方。

河上游艇也都不大,但漆得五颜六色,在春江水满的河上显得十分鲜艳,好像五彩的大鱼在游弋。我们上船才领略到拉普拉塔河网的气势,河挨着河,河连着河,仿佛是大城市中的路,船可以拐向任何一个方向,再绕回来。一般在河流中航行是很难迷路的,直来直去,但在这里驾船,对生人来说不迷路很难。到了这里,才知道为什么西班牙人于 1536 年上岸 5 年后又离开这里,到上游的巴拉圭定居。迷魂阵一样的河网,丛林中的老虎,水中的鳄鱼,林中的蛇虫,的确让人难有立足之地。当年老虎多,也说明这里是森林,因为虎是不在草原上生活的。

我们上溯的河流是拉普拉塔河的支流乌拉圭河,河大约 30～40 米宽,水满得好像要溢到岸上,两岸的绿树仿佛生在水中,岸边有松树,也有柳树,有芦苇,也有棕榈。树间就是一座座岸边别墅,别墅有大有小,有穷有富。富的房屋高大,有玻璃阳台、大花园、篮球场,还有人工的河边小沙滩游泳场。而小的别墅只有几间板房,衣服就晒在门前的绳子上。但是无论穷富,家家都有个小码头,码头深入水中的栈桥上还都有个小邮箱。

还有更穷的家庭在岸上没地,就住在水边的高脚屋中,没有码头,船就系在屋边,邮箱也挂在那里。不论穷富,家家都没有污水处理设施,通过管道向河中直接排污。但是,拉普拉塔河的水量太大,有 10 个黄河的水量之多,所以完全在其自净能力之内,因此,河流水质大约维持在 II～III 类,达到饮用水的标准。

河上像公路上一样有水上加油站,是深入水中的高脚屋。屋边吊着许多旧轮胎,初看以为是店主不及时清理,驶近才知是为避免船撞屋的缓冲之用,真是废物妙用。

我们在一个叫布朗休(Blanco)的小岛上岸,这里距乌拉圭才几千米远,岛上有一个旅游饭店,包括我国领导人在内的多国领导人曾来这里游览就餐。餐厅外就是一个大花园,多数餐桌摆在临河的露天木架上,吃着烤肉,看着游艇,人们就餐时可尽情欣赏拉普拉塔河网地区美丽的大自然。

餐厅花园在密林前的一片草坪上,密林过去就是乌拉圭了。真想花两个小时钻过去看看,不过没这个时间。在这个花园中有长满红花的高大木棉,有长满紫花的不知名树木,有低矮的柏树,也有如柳条的灌木。餐厅实际就是一个小岛,四面都是河,除了我们乘船来的是大河外,两边都是只有 10 米宽的小河,有如小路,河边都停着船,有如路边停着车。

## (三) 洛佩斯牧场庄园

看潘帕斯草原当然不能只从空中,也不能只看水源,一定要到一个牧场庄园。我们乘车去了在布宜诺斯艾利斯西偏北约 60 千米的唐·塞尔亚诺(Don·selyano)山村的洛佩斯(Lopes)农场。这里是潘帕斯草原的东缘。

洛佩斯的牧场始建于 1820 年 6 月 28 日,即潘帕斯草原牧场基本形成的时候,现在有 330 公顷土地,也就是 3.3 平方千米。牧场共有 3300 头马和牛,合 1.5 亩草场 1 头大牲畜,还算合理放牧。牧场除了牧牛羊外还种大豆和马黛茶。

旅游小牧场很小,苗壮的草场边种着大豆,大豆地用铁网隔开,地边有浇水的沟,沟边上种着树。我们走向大牧场,这里的草场显然比呼伦贝尔草原的草好,说不上"风吹草低见牛羊",但草也有 30 厘米左右高,草场中有开着黄花和白花的高草,显得鹤立鸡群,随风摇曳。草场边有仙人掌和剑齿草,说明这里在春天的旱季也缺水。潘帕斯一望无际的绿色草原上有上百匹棕色骏马,从浅黄色一直到深棕色,好像调好料染的一样,在蓝天之下真像一幅美丽的油画。天边有奶油色的农舍,是这幅美景的点缀。

农场主在农场的餐厅中为我们准备了丰盛的午餐,大约有百名游客就餐,可谓生意兴隆。午餐的主菜当然还是烤肉,不过烤的是牧场产的牛羊肉,分外鲜嫩,连喝的葡萄酒也是牧场酿制的;最有特色的是一种自制的牛血肠,味道还可以,但多吃后感觉有些腥气。值得一提的是马黛茶,这种茶采自一种野生的常绿植物,是印第安人在欧洲人到来之前就饮用的,味道比较特殊,西班牙人到来以后推广种植,成为阿根廷尤其是农牧场中的一种常用饮料。

潘帕斯大草原得以保存是因为欧洲殖民者因地制宜地用它做牧场,大豆只是间作,这种欧洲文明与当地自然生态相和谐。

# 二、乌克兰草原生态系统的变迁

乌克兰大草原被破坏的历史说明了农业是人类生存的基础,但自然生态是农业的基础。

## （一）乌克兰草原生态简介

叫乌克兰大草原并不确切,它是在俄罗斯的顿河、乌克兰的顿涅茨河和第聂伯河之间的广袤的顿河草原——第聂伯河大草原,有 60 万平方千米之广。其中第聂伯(Dnepr)河是欧洲第 4 大河,发源于俄罗斯瓦尔代丘陵,经白俄罗斯入乌克兰,长 2200 千米,流域面积 50 万平方千米,年径流量 526 亿立方米,比黄河还大,中游河谷就宽达 6 千米。第聂伯河是乌克兰的象征。顿河是欧洲第 5 大河,长 1870 千米,流域面积 42 万平方千米,年径流量 284 亿立方米,比黄河年径流量的 1/2 还大。历史上著名的哥萨克就是在这一大草原兴起和成名的。

乌克兰水资源量折合地表径流深为 85 毫米,仅为在温带维系森林生态系统最低水资源量的 57%,所以,在历史上这里就是一个草原生态系统,草肥水美,养得好马,正如呼伦贝尔大草原孕育了蒙古骑兵一样,这里孕育了哥萨克。可惜哥萨克比蒙古骑兵晚了 3 个世纪,否则两者在乌克兰大草原上一战,还真难料胜负。

自 1861 年俄罗斯废除农奴制以来,解放的农奴开始到草原开荒,如此经过了 1 个世纪,尤其是苏联十月革命以后,集体农场的机械化开垦,已经使乌克兰西部的草原几乎荡然无存。

## （二）乌克兰草原生态考察

作者考察了大草原的西部,是在从敖德萨到基辅的 470 千米,即近千里的地段进行的。中间有第聂伯河沿岸高地,不是一马平川,但在如此广袤的平原上,从驱车来看只是起伏而已,看不出明显的高地。当年自成吉思汗开始的蒙古大军西征,到这里后无不感叹,以至产生了将蒙古主部落西移的想法。

今天的乌克兰大草原只能看到零星的痕迹,大部分地区已被开垦成农田。农田谁都见过,但如此浩瀚的农田却很罕见,连中国著名的北大荒也比不上。浩瀚的田野上,有青黄、花黄、褐黄、油黑、乌黑、灰褐、黄绿、嫩绿和青绿等 10 种颜色的地域。每一种颜色都一望无际,要驱车几分钟,即走 10 千米以上才能看到尽头,真是世界奇迹。可惜未从空中察看,那一定是一种壮丽的景色。

其中,青黄色的是玉米田,青色的包叶,浅褐的须穗,一望无边。花黄色的是油菜田,无边无垠的黄花伸向天边。褐黄色的是小麦,麦田已收,浅褐的麦秆一片狼藉,滚向白云。油黑的是犁过的土地,黑得流油,流向天际。乌黑的是烧荒的痕迹,处处过火,好像经过了一场大战。灰褐色的是清走秸秆的表土,在太阳暴晒下成了灰褐色的裸地,也没有尽头。黄绿色的是向日葵田,仿佛从天上撒下的笑脸,从云边一直滚到了路边。嫩绿色的是一年生草原,不是原生的草原,而是轮作中歇息的农田里长出的新草,绿油油的像铺上了一层地毯。真正的草原是青绿色的,但这样的草原不过是我们走过路途的 1/10,现在乌克兰草原已经都被开垦成农田。现有的草地,青绿色的草有 30～40 厘米高,比呼伦贝尔大草原的草要好,茫茫的草原上长着丛丛灌木,这大概就是原生态乌克兰草原的特征。草原上有一群群牛在低头吃草,是这草原上精妙的点缀。

也许人们说,多种些粮食再养猪不是很好吗?留下草原有什么用呢?但作者在路上问了在路边卖水果的农民,其中 73 岁的萨莎说,从他孩提时到现在,河流的水在减少,而地下水是越来越难抽上来了。这就是生态恶果,无节制地垦荒是要受到自然的惩罚的。开垦才 100 多年就这样了,再过 100 年呢?会不会逐渐荒漠化呢?乌克兰有 1400 万农民,耕地近 60 万平方千米,合每人有 4 公顷地,即近 60 亩,而我国农民每人不到两亩地,又将如何耗竭水资源和土地的肥力呢?

乌克兰大草原也不是没有树木,在我们驱车前进时,大约几十千米就有一片小林子,看来在土地开垦时对树林还是尽量保留的。萨莎的朋友——一个 52 岁的壮年,对卫国战争那段历史很熟悉,说当年抗击德国的游击队在这一马平川的地方无法存身,所以都隐蔽在森林里。他还说:

"不能说斯大林不好，没有斯大林卫国战争不能胜利。""现在当然比苏联时代自由，但是什么事都没人管了，汽油可以随意涨价。"而且"苏联时代虽然不让干许多事情，但是可以偷偷地干。"完全是一个苏联时代的共产党员的观点。

从生态上看，原生态的乌克兰平原降雨少，河不多，尽管上游使地下水较丰富，但仍然只能维持一个在低地有小片树林、平地有许多灌木丛的草原生态系统。所以人工改变草原成农田，从系统分析来说，对乌克兰是必要，还是过度？现在还不好下结论。但是绝不能再开垦那残存的树林和"碍事"的灌木。

乌克兰大草原上也有山地，在从敖德萨去基辅的路上，我们的生态考察组只去了一处风景点，就是距基辅大约 220 千米的乌曼（Vman）市索菲娅花园。花园在第聂伯河沿岸高地的中央，有大约 200 米高的山林，花园依山谷深处的湖泊和森林而建，构思巧妙，充分利用自然风景。公园为 1794 年始建，是波兰-立陶宛国王斯坦斯拉夫二世为其王后所建，没有想到第二年即 1795 年，王国就被俄国、普鲁士和奥地利瓜分，斯坦斯拉夫二世退位，公园所在地归属了俄罗斯，此后叶卡捷琳娜二世和亚历山大一世继续建设花园，至 1802 年花园落成。

现在，花园是广阔的乌克兰草原上不多的风景点，一进门就是背靠密林的一个幽静的小湖，向里走有茂密的森林和草坪坡地，是自然园林。由于几易其手，战乱频繁，园中建筑不多，但是依山势而建的一些人工景点还是很有创意的，比如在湖边很陡的坡地上建了有图案的草坪花园，仿佛挂在湖前的一幅巨画。

维系与建设自然园林是生态建设的原则，千万不要建什么标志性建筑物，那既不是自然的，也不是人民的。至于"大师"的巨型艺术作品，从历史上看那只属于他自己和个别欣赏者，最好摆在家里。

今天乌克兰的人均水资源量只有 1160 立方米/人，接近重度缺水的边缘，这与大草原的消失使气候变化关系很大，如果缺水进一步严重，乌克兰这个世界著名的粮仓将不能维持今天的产量。所以乌克兰大草原变为农田是利还是弊,要由历史来检验。

# 三、沙漠也是生态系统吗

沙漠中也有生命,只是生物较少而已,因此也是一种类型的生态系统,也值得认真研究,尤其是许多历史上的绿洲今天变成了沙漠。

人们常认为沙漠中是没有生命的,因此在沙漠里不存在生态系统。事实并不是这样的。作者考察了世界的四大沙漠:非洲的撒哈拉大沙漠、澳大利亚的维多利亚大沙漠、中国的塔克拉玛干沙漠和阿拉伯半岛的鲁卜哈利沙漠。沙漠里都有绿洲不说,就是在沙漠本身也有沙生灌木红柳和芨芨,沙生乔木梭梭和胡杨,胡杨还成林。不但有大量的沙漠昆虫、爬行动物蛇与蜥蜴,还有哺乳动物兔子,甚至还有体型很小、与沙同色的"沙漠之狐"。

鲁卜哈利是作者在世界四大沙漠中最后考察的一个,与其他大沙漠相比既有共性,又有特点。鲁卜哈利沙漠中的绿洲是伊斯兰文明的发源地,所以对伊斯兰文明的研究离不开沙漠生态系统的研究。

## (一) 走向鲁卜哈利大沙漠

沙特阿拉伯的鲁卜哈利(Rubal Knali)大沙漠主要在沙特阿拉伯东南部的东部省和奈季兰省。但包围利雅得省、在利雅得东部的代赫纳(Dahna)沙漠与鲁卜哈利沙漠相连,再加上也连在一起的、东部省的贾雷拉(Jafirah)等沙漠,它们统称鲁卜哈利大沙漠,面积几近全国的30%,约有70万平方千米。

作者进入的是利雅得附近的代赫纳沙漠,从利雅得乘车向西北方向,开80千米就到了小镇侯赖米拉,过了小镇就是占满利雅得省东部的、从北向南带状分布的代赫纳沙漠。我到过世界上的四大沙漠,进入所有大沙漠都要先经过荒漠。所谓荒漠就是植物极少,但是无沙。荒漠的边缘有许多小"绿洲"，所谓"绿洲"只不过是几家甚至是一家农牧户，几幢房子和几棵树，但这附近有可以喝的水，一般是地下水位较高、可以打井的地方。所以，种树可以活，人可以在这里生存。过了小绿洲才是真正的荒漠，无人、无树，只有一些沙生植物，都是灌木，一人高的灌木在茫茫荒原上就像一簇草，在地下细看，有一些沙生昆虫，如蚂蚁之类生活在此。

代赫纳沙漠的边缘就是半荒漠和小绿洲。半荒漠就是还有一簇簇的沙生灌木，偶尔看见几颗棕榈像沙漠中的小草孤零零地立在那里，灰头土脸，仿佛要被土埋住一样。小绿洲是几家农户，屋边有十几棵棕榈但成"小林"，现在沙特政府已把自来水管铺到每户居民家中，为这几户人家不知要花多大代价。三五头黑骆驼在屋边游荡，它们是我们在漠野中仅见的动物。黑骆驼在世界其他地方很少见，但也蒙上了一层灰。

再向前走就是荒漠，所谓荒漠，在代赫纳沙漠就是除了黄色，再无其他颜色。黄色的土岗，黄色的土台，构成各种形状，有的像楼，有的像墙，有的像雕像，有的可以被认作宫殿，很像新疆的魔鬼城。代赫纳沙漠的特点是被公路辟开的土岗，断面层层相叠、纹路清晰，仿佛是淤成的土层，这是怎么形成的呢？难道万年之前这里是湖泊？

过了荒漠就是沙漠了。对沙漠最恰当的形容是"沙海"，真像海一样浩瀚，沙丘就是海浪，小丘是小浪，大丘是巨浪。日本把沙漠越野车称为"巡洋舰"是十分贴切的，车在沙漠的路中飞驰，恰似船在巨浪中穿行。

大概人们看沙漠都是从路上看的，所以和海不一样，至少还有路，除了黄色还有"黑带"，也就是路。如果在沙漠之中真正走到什么都看不见的地方，那是十分危险的。因为没有参照物，如果不带指南针可能不辨方向，甚至向沙漠中心走去，就走不回来了，越走越渴，越渴越走不动，真正是"不归路"。为沙漠考察和探险而失事的彭加木和余纯顺是训练有素的专家，当然不会犯这种低级错误，但可能有一叶孤舟在海上航行一样的恐惧感，产生海市蜃楼的幻觉。我能体会，这是意志力极强的人也会难以克制的一种感觉，因此也会迷失方向，这大概就是失踪之谜，不身临其境是难以想象的。我在新疆的荒滩中迷过路，但最终还是走回来了。

　　看沙漠最好的办法和看海一样,在飞机上看。从飞机上向下望去,那是一片真正的黄色海洋。我乘飞机穿越过非洲的撒哈拉、澳大利亚的维多利亚和新疆的塔克拉玛干三大沙漠,这次又穿越了鲁卜哈利沙漠。当飞机升入云层时,如果下面是山或是海就什么也看不见了,大沙漠则不然,下然是一片"黄气",神秘莫测,最上面还有橘黄的颜色,十分漂亮,仿佛沙粒升腾到高空一般,实际上可能是沙漠反光的缘故。

　　被认为没有生命的沙漠也是一种生态系统。实际上也不是全无生命,第二次世界大战中德军北非沙漠军团司令隆普尔就被称为"沙漠之狐",沙漠之狐实有其物,沙特阿拉伯也有,体长才 40 厘米,但它实际上生活在荒漠地带,只是偶尔在沙漠中出现。据说有人在沙漠中心还见过蜥蜴之类的爬行动物,这里沙下可能有埋深很浅的地下水,蜥蜴有水可喝,但它们吃什么呢?

## (二) 河谷王都变荒漠

　　人可以造绿洲,人更可以造荒漠。所谓"人造荒漠"是怎样形成的呢?这个过程就是在有水的绿洲中,由于人口增加和生产发展过度用水,在丰水年可以勉强支撑,但在枯水年就只得过量抽地下水,产生累积效应。如果遇大旱年份再过度抽水就造成地下水位急剧降低。水抽不上来了,植物根系也吸不到水了。连旱几年,就造成了生态系统的崩溃,河流断流、湖泊干涸,植被枯萎,从而人不能生存,只得迁走。我国新疆的楼兰、尼雅等古国原来居民为什么消失?其实原因并不繁杂:没水了。沙特家族从利雅得附近的迪里耶老家迁出,看来也很可能是同样的原因。而今天的利雅得则不能重蹈迪里耶的覆辙,不然还往哪里迁呢?

　　利雅得周围水资源状况的变迁可以从我对沙特家族的发源地迪里耶的考察里看出。迪里耶在市中心西北 25 千米处,15 世纪起沙特家族就在那里居住,是个水草丰盛的地方,当年有迪里耶河流过。今天在利雅得迪里耶河已不见踪影,但到了迪里耶,河道还十分清晰,沿岸棕榈丛生,绿色盎然。尽管河中已无水,但由于曾是河道,地下水位高,所以仍有生命。

更让人惊叹的是还修有水坝,估计至多是六七十年前的建筑,可见当时河水还很大。但今天已滴水不见。原因很简单,从一个几百人的小村,到今天 500 万人的大城市,怎么能不把周围的水资源都用光呢?

现在沙特阿拉伯王国的王室家族——沙特家族在迪里耶居住的最早历史记载是 1446 年,在 1478 年就开始了与印度的贸易,当时只是一个很小的部落。自 17 世纪开始建设城堡,不过,居民增长不快,这就是迪里耶河谷得以长期保持的原因。迪里耶是沙特第一和第二王国的首都,从 1745—1818 年,开始大规模建设。今天,王室的废墟就立在干涸的河岸边,都是黄色的石泥大建筑,没有外装饰,高大的外墙,极小的窗户,有的小窗只有 1 米见方,上下成行、左右成排,像枪眼一样。寒带房屋窗小是为了"保暖",沙漠房屋窗小是为了"保凉",人早就知道顺应自然。

堡楼有高有低,楼顶的箭垛是三角形的,带有明显的阿拉伯风格。宫殿有沙特特有的三角形窗户,外面镶有白色的窗边,是城堡仅有的外装饰。现在整个城堡已成废墟,外围都是碎石,只有墙外的棕榈还显出当年的生机。在几千米的范围内,城堡有几处,最大的一处长 1 千米、宽 600 米,可见当年的规模。

再向上游走,出现许多许多阿齐兹建立第三沙特王国以后,亲王和王子的别墅。由于国力日渐强大,别墅共有几十处,连续延伸几千米。有的是铁栅栏门,像个军事基地;有的是阿拉伯式门,像个城堡;有的是现代的大木门,也有阿拉伯风格。相同的是里面都有棕榈林,大门都紧闭,里面无人居住。为什么废弃了呢?因为河里已没有水了。

再向前走,看到一个水坝。水坝在沙特十分罕见。估计水坝建筑的年代最早在 20 世纪 30 年代。如今已经毫无用处,像个模型,坝前已有大树,树龄至少 40 年,可见 20 世纪 70 年代以前河已完全断流。在孤零零的坝前留影,让人有一种苍凉的感觉。

旧宫周围棕榈和长不大的小老树丛生,由于临过去有水的河道,这里仍是一片绿洲。但由于人口日渐增长,河断流了,草不绿了,绿洲日临退化的痕迹十分明显。这里是退化生态系统考察的一个最好的地方,让人们在实地切身体会到了生态史的苍凉。

## （三）侯赖米拉绿洲实验站

利雅得是一片大人工绿洲，是沙特倾全国之力建设的一片大绿洲，连郊外空地面积达 2500 平方千米。阿齐兹国王科技城也建了一片绿洲，是个实验站，就在代赫纳沙漠边侯赖米拉小城前，大约只有 1 平方千米。侯赖米拉是个在利雅得西北 80 千米的小城，有地下水，但以现在的标准不能喝。以前因为水苦，这里只有很少的居民。自从小城建立了苦咸水处理厂，人口很快增加到 3 万。

绿洲实验基地的研究目的很明确，就是研究有苦咸水的沙漠边缘能否建人工绿洲，让人类生存和生产。科技城想以这里为典型，把经验向全国推广，并向外输出这些技术和植物品种。

作者在鱼池棚看到，各类鱼都养在大箱之中，当时大鱼正在出售，小鱼苗则被连水装入大塑料袋，再放入盆中运走免费给周围农民试养。和我一起进来的沙特农民正在等着取鱼苗，身着民族服装的高大沙特农民一再对我说："我就是个农民，不懂什么。"他是个小农场主，朴实地告诉我，不要误以为他是领导，看气派还真有点像，但以我的经验还不至于误会。沙生耐旱植物的研究是我最感兴趣的，基地在长达 10 多年的时间内培育了多种，但至今适于在当地生存、并不带来引进物种问题的只是几种，多是阿拉伯半岛的品种。可见生态在物种方面也是个系统，一方水土养一方草，不能乱引进。

科技城的侯赖米拉试验站里有一片片小树林，尽管也蒙上了一层土黄，但是给荒漠带来了绿色；更为重要的是试验站工作人员在引入生命，给大片荒漠带来了生机。

侯赖米拉小城沿公路两边而建，街道整齐清洁，房屋稀疏有序，不多的几个商店老板坐在门口晒 2 月份的太阳。奇怪的是街上尘土并不多，看黑汽车就很清楚，可见万年风吹早吹走了能吹的东西，其余的就被沙生植物等各种作物固住了，非沙尘暴来而不起。但人类不断开发又摧毁了地表的固沙系统,就造成了扬尘、沙尘天气以致沙尘暴。

# 四、极地的冰岛冻土生态系统

极地与高原的冻土生态系统是世界上最脆弱的生态系统之一,冰岛精心维系了它,我国的西藏也应该高度重视。

在联合国官员中谈到一个人走过的国家多,或是否到过所有的发达国家,人们提出的问题几乎是相同的:"您到过冰岛吗?"可见到冰岛之难和到过冰岛的人之少。

## (一) 全国都是自然保护区

冰岛位于北大西洋中部,主岛北端擦着北极圈,等于躺在北极上,是欧洲仅次于英格兰的第二大岛。面积 10.3 万平方千米,与我国江苏省相仿;而人口只有 30.8 万,平均 3.3 人/平方千米,刚好符合自然保护区过渡区的标准,整个冰岛除首都雷克雅未克外就是一个巨大的寒带自然保护区。冰岛属寒温带海洋性气候,我们 8 月底到时,西南部温度在 8~15℃,比想象中的要好一些。

冰岛人均水资源量高达 58.8 万立方米,是丰水标准的 2000 倍,折合地表径流深 5880 毫米,即 5.88 米,也就是在地表盖了 5.88 米厚的一层水,是太湖水深的两倍。为世界之最。但是,由于气候寒冷,森林覆盖率仅为 0.3%,在夏日的冰岛看不到树和草,是一片苔藓和砾石的荒原,和到了西藏的感觉一样,像到了另一个世界。冰岛有丰富的地热、水利和渔业资源。地热年发电量 72 亿度,合每人 2.4 万度;水力年发电量 70 亿度,仅此两项每人合每年有 5 万度电用,是世界上清洁能源利用程度利用率最高的国家。

早在公元前 4 世纪就有希腊航海探险家到过冰岛。公元 874 年一名叫英格尔夫·阿纳尔逊的挪威贵族被国王驱逐,携全家和仆从移民冰岛,定居雷克雅未克,成为冰岛的最早居民。

以后,挪威、爱尔兰和苏格兰的移民不断到达,公元 930 年称为"阿尔庭"的全民大会首次召开,冰岛共和国诞生,是世界上最早的共和国,当时居民约 1 万人。公元 965 年全岛分 30 个区,各区选 1 人出席国民议会——阿尔庭,共 39 人,即每人代表 250 人,是世界上最早的议会。

## (二) 雷克雅未克的清洁能源

冰岛首都雷克雅未克这个天寒地冻的地方,得天独厚地享受了大自然的赐予——清洁能源。古代第一批在这里定居的人,把温泉里蒸腾而起的水汽误认为是烟雾,于是便把这个地方取名为"雷克雅未克",意思是"冒烟的城市",这些烟实际上就是因地热而冒出的蒸气。古人没想到这股烟,正是可以利用的清洁能源。

在目前世界上能源危机的情况下,冰岛利用现代科学技术充分开发温泉和地热的能源,在市内修了密如蛛网的管道,总长度达到 940 千米,把温泉的热水、地热的蒸气输送到办公楼、住宅区和商业区供人们取暖使用。送到用户家中的水温达 90℃,可直接泡茶、煮咖啡和饮用;用温泉水建造的暖房里,可种植花木,生产蔬菜。所以,雷克雅未克的居民照样能够吃上鲜嫩的黄瓜、西红柿、葡萄和苹果;甚至还能吃上自产的香蕉等热带水果。这可算是在北极圈附近创造的一个奇迹。温泉水还用于游泳池,发展游泳,地处极地的冰岛游泳运动员在世界大赛还得过名次。由于雷克雅未克充分利用了地热资源,很少用煤和石油,汽车比欧洲城市也少,因此,古代的雷克雅未克得名自"冒烟的城市",现在变成了一个"不冒烟的城市"。

由于冰岛用的都是地热,看不见烟囱,工业污染距城市较远,尽管年人均二氧化碳排放量为 7.9 吨,约为世界平均水平的 2 倍,但人实在太少了,所以排放总量不大。雷克雅未克市赢得了"世界上最干净的城市"的称号,这里没有欧洲一般大都会那种耸入云霄的高楼大厦,没有大街闹市那种如流水似的汽车,没有烟雾,没有灰尘,没有喧嚣,没有嘈杂;有的是清新、肃穆、安宁和静谧,但也因冷落、空旷而显得孤寂。

## (三)有水就有生命——大间歇泉和朗格瀑布

我们上路游览冻土,在冰岛那一望无际的原野上开始了我们的生态考察。广袤的原野上没有树,也没有灌木,只有苔藓和草,草也是小草。草原和苔原还是分得清的,草原发绿,苔原发黄,黄绿的一片,无边无垠。远处的黑山仿佛一只只巨大的怪兽卧在天边,没有毛——山上不长树。冰岛多湖,我们到了一个不小的湖,湖水很蓝,十分清澈,仿佛黄绿原上的一个蓝色的水盆。一路上,真是天苍苍、野茫茫,没有人烟,没有生灵,连鸟也看不见。据说在人登陆定居前这里最大的动物是狐狸,鸟也只有几种,虫、蛇、苍蝇和蚊子等许多物种都没有,好像到了另一个世界,有到西藏高原那种无比开阔、无限宁静的感觉,但不是离天近,而是到了地边。而且由于阳光明媚,西藏给人的感觉是圣洁,这里则中午阳光也不强,显得冷寂。

冰岛世界闻名的地热和温泉,有个集中的体现,就是地面喷出的间歇泉,地热以泉的形式喷出。最著名的是世界闻名的大间歇热泉(Great Geysir),它是冰岛重要的旅游景点,位于首都雷克雅未克东北约100千米的平原上。到了大喷泉区,地面到处冒出灼热滚烫的泉水,热气弥漫,烟雾腾腾,宛如一处仙境。走近一看,其中以大间歇泉的喷水高度居冰岛所有喷泉和间歇泉之冠。大间歇泉是一个直径约18米的圆池,水池中央的泉眼为一口径约2.5米的"洞穴",洞穴深23米,洞中水呈碧绿色,洞内水温在100℃以上。每次喷发之前,先隆隆作响,响声越来越高,沸水也随之升涌,冒上许多气泡,最后如发炮一般,突然冲出洞口,喷向高空。原来上喷的水柱高有70~80米,我们看见的约有50~60米,水柱旋即化作白珠银玉,从高空呼啸而下。每次喷发过程,原来可持续约5分钟左右,我们到时约有3分钟,然后渐归平息。如此反复不息,景色十分壮观。近年来喷水高度有所下降,喷射时间减少,间歇时间也有所延长,不同的喷泉从3~6分钟至10多分钟不等。间歇泉的喷发为什么减弱,倒是个十分值得研究的问题。可见许多自然生态系统都是十分脆弱的,人类必须十分小心。看来冰岛旅游实行高物价政策,出于生态保护的考虑,也不是没有道理的。

这个间歇泉举世闻名,以致自 1647 年起,即用它的名字,作为全世界所有间歇泉的通称(即 geyser)。当地居民引喷泉热水为家庭取暖做饭,或培育瓜果蔬菜。现在大温泉区的许多温室,还培植了温带花草树木和热带的香蕉。我仔细看了看周围的农舍和暖房,的确是寥寥无几,但都漆成鲜艳色彩,周围只有几棵树,称不上是"过度开发"。

从老议会向东北就到了冰岛四大瀑布之一——朗格(Lang)瀑布,这里是冰岛的旅游胜地。瀑布位于冰岛西南奥德恩西斯拉县、肖尔索河支流赫维塔河上。瀑布虽然比北美尼亚加拉瀑布要小,但气势不弱。冰岛西部朗格冰源消融的雪水,汇集而成数百米开阔的赫维塔河水,从上游浩浩荡荡奔流而至,汇入肖尔索河。肖尔索河是冰岛大河之一,年径流量130 亿立方米,是黄河的 1/4,可见小小冰岛水量之充沛。由于山高水急,水流冲击着河里屹立着的许多突兀岩石,激起团团浪花,形成千回百转的漩涡,激起千姿百态的浪花,气象万千。朗格瀑布比尼亚加拉那种帘状瀑布看得更为真切,比南美的伊瓜苏瀑布也显得更为汹涌,是世界上别具特色的瀑布。当河水涌至落差为 32 米的峭壁之上,夺口而下,势如千军涌来,万马奔腾,隆隆巨雷,数千米以外可闻其声。瀑布溅出的水花,可以冲上 30 多米的高空,溅到站在崖顶观赏的游客身上,如雾状升腾。我们到时恰逢晴空丽日,随着上升的雾气,隐约可见条条美丽的彩虹。

瀑布旁就是黑色岩石的峻峭山顶,我们从瀑布侧面沿坡而上,由于水源丰富,苔原更绿,草也更高,而且出现了小片树林,但毕竟风大寒冷,树长不高。攀到大约 200 米高的岩顶,登高远望,瀑布有如浪涛汹涌的海湾;远处真正的海湾又有如一面巨大无比的明镜,远处墨绿色的山顶有如一块从天而降的、硕大无朋的礁岩,让人赞叹大自然的神功。朗格瀑布即便在冰岛也不算最大的瀑布,但它别具特色,而且远离人烟,除几阶木梯外,没有任何人工建筑,是在世界上难以见到的、从来未被人类破坏过的真正的原生态。

## （四）冰岛生态系统破坏的主要原因是天灾

我们去世界自然文化遗产——2008年新入选的瑟尔塞岛，要绕道走雷恰角半岛南缘。沿路，我们再一次领略了冰岛的苔藓和绿草之原的风光，不过这里草更多，也更高，因此开始见到牧场，在茫茫的草原上只有几十只孤零零的绵羊，好像几十朵白花飘向天际。对于如此羸弱的草原系统，如果再放牧，是不是毁灭性的破坏呢？但是，如果在冰岛的最南端都不能放牧，冰岛的牧业就无法存在了，冰岛人又吃什么呢？国内有学者发表文章，说日本和冰岛就是两个生态系统被人为破坏又恢复的实例，对日本来说还可以，冰岛则不知此公来过没有？冰岛的生态系统怕是从未被彻底破坏过，如果有，修复是不可能的。

冰岛人住小房，不盖巨大的公共设施，因陋就简，尽可能利用可再生的自然资源，在旅游点也不建标志性建筑物，维系原生态，这就是冰岛的文化，或者叫"极地文明"。

如果说冰岛生态系统被破坏，那指的是另一件事，是天灾，而不是人祸。在我们前进的路上，忽然黑石嶙峋，连成一片，仿佛大地被烧熔过一样。原来这就是火山爆发后的火山岩场，石场大大小小，岩型千奇百怪，无边无沿，是黑龙江五大连池的火山岩场所不能比的。但是，由于在高坡和大海之间，显得不那么壮观，其实是汽车跑了50千米即百里之遥还看不到头。看一个事物壮观与否，人眼经常被参照物所欺骗。

早年冰岛的移民登陆后，主要住在雷恰角半岛北部沿海平原、雷克雅未克以南的地方，到1783年已经达到10万人。没想到，1783年来了一场比中国汶川大地震还严重的灾难，这一地区3/4的火山同时爆发，滚滚岩浆瞬时吞噬了村庄和草原，多数人倒是来得及跑，但家园和牧场已化为灰烬。冰岛每年有大小地震200次，想当年人也有戒备，但是，550平方千米的草场顷刻焦土一片，羊没草吃，人就没有肉吃，于是岛上仅有的10万人饿死了1/5，只剩了不到8万人，只得向北迁移到雷克雅未克地区。

# 五、古巴的海岛生态系统特殊在哪里——森林变蔗田

古巴海岛生态系统从森林变为蔗田已有近 200 年，从生态修复的观点看还要变回去吗？既无可能，也无必要，人与自然都已适应了新的生态系统。

## （一）古巴生态系统简介

古巴岛有 11.1 万平方千米，与我国江苏省差不多大；位于北纬 20～24 度，与我国广东省的纬度差不多；而人口 1124 万，仅与我国天津市相近。古巴人均水资源量 3355 立方米，属丰水国家，平均降水量 1370 毫米，水资源量折合地表径流量为 345 厘米，足以维系亚热带森林生态系统。但目前古巴森林覆盖率仅为 21％，还达不到温带维系良好生态系统的、25％的标准，显然是由于人为过度砍伐所致。

古巴岛海拔 300 米以下的平坦地区占全岛的 70％，西北、中部和东南部的高原和山区仅占 18％，以东南部的马埃斯特腊山区面积最大，地势也最高，平均海拔为 1400 米。最高的图尔基诺峰为 1974 米，比我国 2160 米的华山主峰还低。全岛有 200 多条河流，最大的河考托河也在东南部，全长才 370 千米，在中国就是小河了。

古巴岛的生态系统大致可以分成三个区域：古巴岛西部是科斯特即岩溶地形的丘陵和广大的甘蔗田、烟草田；中南部有小山和广阔的牧场；东南部是森林覆盖的马埃斯特腊山区，全岛最大的考托河也在这里。

在古巴岛西部南面海域上还有古巴的第二大岛——青年岛，距主岛仅 50 千米，有 2400 平方千米，是一个独立的森林生态系统，革命前是流放犯人的地方，卡斯特罗曾被囚禁于此，现在成为古巴仅次于巴拉德罗海滩的旅游胜地。

我们时间有限，对古巴的生态考察只限于西部哈瓦那和马坦萨斯两

省,从哈瓦那去巴拉德罗海滩来往共 300 千米的路程,由于古巴的路不算好,150 千米要开两个半小时以上,所以除了停车下去考察,路上我们也得以走马看花。

出了哈瓦那城,就是哈瓦那省。哈瓦那省有 5731 平方千米土地,和北京的密云县、延庆县加上平谷区一样大,但人口只有 70 万,与密云和延庆两县人口之和一样多,由于全是平原,可谓地旷人稀了。刚出哈瓦那城,还有些小树林,农村的统建小楼隐在绿荫之中,统建房都是苏联式的火柴盒,但农民能住上楼也不容易了。

出了近郊,车辆越来越少,路况也越来越差。北边是茫茫的大海,南边是一望无际的甘蔗田,由于甘蔗已经收获,只剩下田中刚长出的嫩草,翠绿一片,但很稀疏。还有的地方露出黄土,田埂边有些灌木丛,远处的小山坡上才有小树,想当年哥伦布绕岛航行看到的密不通风的原始森林,早已成了历史。

## (二) 古巴生态系统的变迁——森林变蔗田

古巴的生态系统改变和物种变迁可以用两个例子来说明:一个是古巴中西部的森林生态系统被改造成了蔗田生态系统;另一个是中国的苦瓜移植古巴后的故事。

古巴处于亚热带,水资源折合地表径流深高达 345 毫米,所以在历史上肯定是亚热带森林生态系统。1492 年哥伦布在古巴登陆,从海上新航路到达美洲后,绕岛航行一周,确定古巴是一个岛,以后他及他的部属把甘蔗带到多来尼加和古巴,结果古巴更适于甘蔗生长。自 1515 年西班牙人在哈瓦那建城以后,以哈瓦那为根据地大肆屠杀印第安人,仅过了 20 年,原住岛上的 20~30 万印第安人,到了 1537 年只剩下 5000 人,不及原来的 2%。从而,古巴岛中西部的广大平原都归于西班牙殖民者,大批西班牙人开始经营种植园。引入几种作物后,发现甘蔗和烟草在这里生长得十分快,而且果实质量高,于是大面积砍伐森林,不断扩大种植面积。

蔗田的大面积种植缺乏劳动力,自 1823 年就从非洲大量输入黑奴,使这里成了世界上最好的甘蔗和烟草的种植园,在这里生产了世界上最好的蔗糖和雪茄。从而这里的森林生态系统被完全改造成了蔗田、烟地生态系统,蔗糖和烟草经济迅速发展,哈瓦那成为古巴的经济中心,仅过了 70 年,1589 年古巴殖民的总督首府就从东部的圣地亚哥迁到了哈瓦那。

我们驱车在古巴广袤的蔗田上,目前古巴蔗糖已大幅减产,但蔗田还是布满路边。10 月份甘蔗已经收获,但古巴气候温和多雨,青草已经长出,有植被的生态系统还是得以维持,所以没有出现严重的水土流失。目前看来,西欧文明改造的古巴生态系统还算基本成功。

但是蔗田和草地生态系统对地下水位的保持能力和对二氧化碳的吸附能力还是无法与森林生态系统相比较的。所以,蔗田边的草地都发黄,没有森林生态系统那种水肥草美、绿油油的景象;同时古巴的人均二氧化碳排放量为 2.1 吨,在同类国家中不算低,如果有巨大的森林吸附,排量可以大大降低,可成为小排量国家的典型了,可惜当年的森林生态系统已不复存在。

# 六、新西兰北岛的森林变成了牧场

新西兰的北岛是人与自然适应了新生态系统的另一个实例。经过百年,今天人们都说新西兰的环境好,看来传统工业文明的这一改造是成功的。但成功的主要原因是由于至今地旷人稀,而从其后果仍待今后近 1 个世纪的观察。

新西兰北岛的面积为 15 万平方千米,在欧洲人登陆以前,在这里居住着 60 万～70 万毛利人。由于这里气候温和,北岛占新西兰毛利居民的绝大部分,每平方千米约 4～5 人,达到目前自然保护区外围区的标准,居民有足够大的生态足迹。更何况毛利人以捕鱼为生,主要依托海洋,因此北岛的原始森林生态系统基本上未遭破坏,估计当年森林覆盖率在 70%

左右。

　　1642 年荷兰人到达新西兰,1839 年英国任命总督正式殖民,军队开始对毛利人残酷镇压。到 1861 年移民才到 10 万人;1872 年移民达到 25 万人,而毛利人仅剩 4 万,新西兰人口密度没有大幅增加,所以原始森林生态系统得以保存。

## (一) 新西兰北岛原始森林生态系统的人工改造

　　1890 年新西兰北岛开始发现黄金,随着淘金热的升温,1907 年新西兰移民人口已达 80 万,加上毛利人,总人口近 100 万,即平均每平方千米约 67 人,生态足迹刚好满足人的需求。但是淘金需要的劳动力是有限的,而且金矿日渐衰竭,所以大批劳动力需要另觅职业。

　　几十万劳动力去做什么呢? 新西兰的英国移民和澳大利亚的不同,大移民时已经过了流放罪犯的时代。来新西兰的英国移民主体是一些没落的贵族,他们留恋在英国的牧场生活,希望把新西兰改造成英国那样的牧场。因此从 20 世纪初开始的伐林种草运动,至今已有 100 年,几乎与我国东北的土地开垦在同时开始,其结果也一样。今天,新西兰北岛的森林生态系统已在百年之间变成了一个草原生态系统,新西兰也成了一个牧业国家,现在有 1/4 的人口是牧民。

　　我们从奥克兰驱车向南,离开市区后驶离北岛北部的狭长部分。映入眼帘的是一片黄绿,起伏的丘陵向天边伸展,由于是旱季,草都发黄,像黄绿色的海洋中起伏的波浪。在经过哈密尔顿市到维多摩溶洞的 150 千米的路程中,这种景色延续了 300 里。草原边上有牧民的小洋房,白墙红顶,十分醒目,但都不大,而且不新,偶然看见有一小片森林,算是这片黄绿海洋中的墨绿点缀。原来的大片森林已不见踪影,在百年之内被改造成了一个草原生态系统。

　　新西兰的牧场有 13.5 万平方千米,和我国的安徽省一样大,牧场的 2/3 都在北岛,差不多有我国的江苏省大。新西兰共有 24000 个牧场,平均每个牧场 5.6 公顷,即 84 亩大。2005 年牛羊存栏头数为 4500 万头,平均每个牧场有 200 头牲畜,员工不到 10 人,所以多数属小牧场。合全国每人有 11 头牛羊,可谓世界之最;合每公顷牧场仅 3.3 头,也就是 4.5 亩草场才有 1 头牲畜。由于都是英国移植来的良种牧草,因此低于牧场生态系统的承载能力,也就是说与我国内蒙古、青海和新疆不同,这里没有超载放牧。年产肉量达 130 万吨,合每人每年 315 千克,也就是说差不多每人每天有1.7 斤肉吃,光是肉都吃不完。羊毛产量占世界的 1/4,居世界第一位。乳制品也大量出口,高档奶制品的一种制剂,还是新西兰的专利,各国都不能自己生产,要从新西兰进口。

我们进入了路边的一个牧场,外边有铁栅栏拦住。虽然在旱季,远处牧场草色微微发黄,基本上是绿的,是因为这里喷灌的缘故。新西兰的牧民不是游牧,而是每户有固定的牧场,牲畜在自己的牧场中散养。牧场大约有 2 平方千米,也就是 3000 亩地,近公路处是平地,远处有小土丘,上面泛黄的草犹如一大片黄绿色的地毯;更远处有小丘陵,上面绿树成林;草场上都是牛,有黑牛、黄牛也有花牛,粗估一下,大约有 200～300 头牛,看得出这里不是过度放牧。在蓝天白云之下,成群的牛在静静地吃草,我们待了半小时,竟没有一头牛发一点声音。在骄阳之下,清新的空气,寂静的原野,新西兰北岛的牧场虽是人工所为,却和大自然融成一体,适度放牧的牧业是与自然和谐的产业。

新西兰的牧场草原生态系统改变了作者的一个认识,即:至少到今天,人工不可能很成功地彻底改造生态系统。而新西兰北岛从森林向草原生态系统的人工转变,从 100 年后的结果看,应该算是比较成功的。但是,旱季枯黄的草也说明这里原来并不是草原,根深叶茂的乔木对旱季就没有这样灵敏的反应。其实如果不浇水,新西兰的草原连黄色也保不住,怕是要枯死了。新西兰的牧场对草地普遍实施抽地下水喷灌,这就是人工生态系统所带来的问题,抽地下水使水位降低,草更缺自然水。但是新西兰雨量较大,地下水回补较好,对生态系统还影响不大。而如果在半干旱地区这样做就会造成恶性循环。同时,新西兰抽地下水浇灌也消耗了大量能源,所以虽然新西兰几乎没有重工业,但人均 $CO_2$ 排放量也很高。

## （二）中国华北牧区北移的生态系统改造及其后果

其实，中国也进行了大规模的生态系统人工改造，中国的华北北部和内蒙古南部就是个典型的例子。就在 120 年前，即 1890 年以前，华北的农区实际上都是牧区，以长城为界，长城以内基本不种粮食，长城以内直到北京为界种粮也很少；长城以北更全是牧区。而自 1890 年以后满清政府的控制力日渐减弱，俸禄也逐渐减少，蒙古王爷开始出卖土地，一些牧场被垦为农田。辛亥革命以后，蒙古王爷干脆断了俸禄，于是大规模出卖牧场；民国后，军阀割据的局面也结束了南粮北调，迫使北方种粮。因此，长城以北的优质牧场几乎尽数辟为农田，至此，在华北北部和内蒙古南部就出现了恶性的生态循环。

近 120 年来把上述优质牧场地区开辟成大片农田，因草本植物根浅，腐殖质层浅，土地不够肥沃，同时，地区降水量不足以维持农作物生长，因此，必须引黄河水灌溉，造成黄河流域水资源量不衍需求，以致到 20 世纪 70 年代黄河开始断流。作为补充的方法就是抽地下水灌溉，造成本来就不充裕的地下水位降低，从而破坏了良性水循环，更降低了水生态系统的承载能力。从而，使华北北部和内蒙古北部地区成为不适于农业发展的地区。

而牧区被迁到了内蒙古北部的不适于放牧的劣质草场，以致载畜量大大降低，形成过度放牧，不但使牧业难以发展，而且进一步破坏草场，致使不少草场地面裸露，甚至形成沙尘暴，造成了严重恶果。我曾乘火车横穿内外蒙古，外蒙古一侧的草场与内蒙古草场连成一片，本来质量也不高，但由于载畜量低，看起来明显好于内蒙古的草场。

## （三）对大规模改造原生生态系统的认识

由此可见，我国在 120 年来客观上人工改造了华北北部和内蒙古的生态系统，把优质牧区改成了低质农区，而把干旱地带改成了低质牧区，造成了华北水资源严重缺失，生态系统破坏，农区竭泽而渔，水资源和土地肥力却日益降低,牧区过度放牧,草原蜕化的严重后果。

新西兰北岛从森林生态系统改变为草原生态系统则由于人口密度低得多,恶果尚不明显。长远结果如何? 还有待观察,一个生态系统的变化是否对人有利,大概要 200 年才能得出比较科学的结论,因此原生生态系统的改造,如跨流域的调水,新水系的构建,不是哪个专家或哪组专家能轻易决定的,因为他们实际上负不了责任。

## 七、尽力保持了原生态的文莱热带雨林生态系统

文莱热带雨林生态系统的保护固然主要是由于人口少,但当地的其他做法也值得我们借鉴。

文莱的全称是"文莱达鲁萨兰国",是世界上自然生态系统保护得最好的国家之一。之所以保护得好,过去是因为贫穷;而现在呢? 是因为富裕,宗教,还是什么别的原因? 这就是作者考察的目的。

### (一) 文莱的红树林

世界上的红树林都生长在河口处淡水与海水交汇的地带,是目前在世界各地遭到严重破坏、急需保护的一类特殊生态系统。

红树是一种耐盐的常绿乔木,高的可达 8～15 米,生长于南北纬 32 度之间的海滨泥滩湿地,最适于生长在风平浪静、淤泥较厚的海湾。世界上在作者考察过的亚马孙河口、密西西比河口、中国广州和台湾的河口等地原来都有大片的红树林。今天被人类破坏得只剩下亚马孙河口和亚洲加里曼丹岛河口的红树林还保持较大面积,而文莱河口的红树林就是加里曼丹岛重要的红树林区。

我们乘船向里深入大约 15 千米,是连绵的红树林,两岸的林宽超过 100 米,总面积超过 3 平方千米。由于我没去过亚马孙河口,这里是我在世界上见到的最大的红树林之一。

我们逆流而上,靠近海湾的地方,是单一树种,几乎全是红树。红树是一种乔木,由于长在水中,露出水面的往往达不到主干高于 1.5 米的乔木标准,尤其是长出许多呼吸根——俗称气根,像杂乱的胡须,越发显得像一片灌木丛;但有的红树十分高大,可达 10 米,又给人以森林的感觉。

红树实际上没有一处是红的,之所以叫红树是因为其浅黄的树皮可以熬出红色的颜料来。红树林实际上是绿的。红树长着密密的小绿叶,远远看去密不通风,甚至像水中的一簇簇绿草。近看,底部根系密布,尤其是吊立的气根,密不透风,别有一道风景,显然具有极强的挡风抵潮作用。

越向上溯,两边开始有杂树,有棕榈,还有一些叫不出名的树木夹杂在红树林中,河中出现小岛,小到只有几平方米,看见上面有两只黑头白身的水鸟,也不知道叫什么名字。

红树林最美的是颜色变换,红树林是一片翠绿,绿得像盆景一样,但当阳光斜照时又变成一片银色,而在落日时分又变成一片黄色,仿佛一片变色林,美不胜收。

红树林区有巨大的生态系统保护作用,主要有以下几方面:

一是净水。红树不但可以吸收盐分,还可以吸收多种污染物并进行生物转换处理,是河口的天然污水处理厂,割了红树林等于拆了污水处理厂,这是我国广州湾海面出现赤潮的重要原因。可以说人们太缺乏生态知识而做了很多蠢事,割了天然污水处理厂——红树林,而又占用良田建污水处理厂,占地耗财,得不偿失。

二是可以阻挡海啸,密密的红树林连同它们盘根错节的气根,构成了对台风海啸的立体防御。结果人们又做了蠢事,毁了这道自然堤防,又要填海造堤防台风,也要占地耗财,得不偿失。

三是红树林是海洋和陆地的过渡带,起着保护陆地、不发生塌岸的作用。结果,人们还是做了蠢事,毁掉了这段过渡带,再用土石方工程固岸,也是得不偿失的。

作者在文莱河中亲眼看到,人们在距红树林不到 10 米的地方就建了村庄,不担心海啸,不怕排污水,不怕塌岸,放心而平静地生活在那里。临水而居又有水中树木保护,满足了人们对宜居环境近水依林的要求。实际上毁了红树林再筑堤栽树,白费了功夫,人们还要住得离水更远。尽量少破坏自然生态系统,简单地临水而居,与自然和谐有什么不好呢?

更让人感到与自然和谐的是红树林中还有许多稀有物种——长鼻猴,据说由于他们的家园——红树林不断被破坏,现在世界上不足万只。在船工的指引下我们见到有十来只长鼻猴在红树林的树梢上轻舒猴臂,跳来跳去,好像在滑翔,真担心他们会枝折落水。实际上担心是多余的,它们世代如此生活,知道什么样的枝条可以承担自己的体重。生态系统不但构成了食物链,也构成了活动链,正所谓巧似天工,神工鬼斧,至少到今天,人还是赶不上的。

长鼻猴,身体和一般猴子大小相仿,红脸上还有一圈白毛,很漂亮,特点是鼻子很长。看来他们并没有因为人类搬来而迁居,因为他们的家——红树林还在,只要人们不捕杀,他们就不会走。保住红树林,不赶走长鼻猴,不是比摧毁红树林,然后又建小动物园好得多吗?所谓生态系统是一个生命的共同体,除了在大城市里,人们完全没有必要建植物园,动物园……而是要用这些投入来维系生命共同体。

文莱河口的红树林应该引起人们对生态系统保护和自然和谐的许多思考。

## (二) 尤鲁·坦布荣国家森林公园

文莱有多处国家森林公园,或者叫自然保护区,都达到了核心区人类活动小于 1 人/平方千米,过渡区小于 3 人/平方千米,外围区小于 7~10 人/平方千米的标准。其实这个标准是对温带地区适用的,对于文莱这样的纬度仅为 5 度的标准热带雨林地区,由于生态系统承载力高,人类的生态足迹可以减小,长期居留人数的限制可以降低,即可以住略多的人。在文莱的这些森林公园中,最大的、也是保护得最好的就是尤鲁·坦布荣国家森林公园。

世界上保护得好的原始森林有三类：一类在热带，一类在高原，一类在寒带，都在人类难以生存的地方，可见破坏原始森林的元凶是人。热带原始森林由于毒蛇猛兽和虫菌瘟疫的侵扰和几乎所有热带国家都是发展中国家、开发能力较低，所以深山中的原始森林得以保留，如亚马孙河流域、刚果和加里曼丹岛等地。高原则是因为缺氧和难以耕作所以人口密度较低，而且，几乎所有高原地区都是发展中国家，开发能力较低，所以原始森林得以保留，如吉尔吉斯斯坦、秘鲁和中国的西藏等地。寒带则主要是由人口密度低，如西伯利亚和加拿大北部等地。

从斯里巴加湾市出发，过了属于马来西亚的文莱湾，则进入淡布伦河，沿河上溯就开向尤鲁·坦布荣国家森林公园。森林公园面积为 500 平方千米，占了淡布伦区面积的 38%，即包括了整个区的南部，再向南就已经到了世界上保护得最好的原始森林之一——加里曼丹原始森林的腹地。那里丛山峻岭，在文莱境内高于 1000 米的山峰就有三座，其中巴干山高 1850 米，是文莱的最高峰。

从邦阿小镇乘车，约 5 千米就到了淡布伦河的码头，这个小码头因陋就简，尽可能不破坏原始森林，不像我国有的旅游点大拆大建。它实际上就是旅游点一座小木屋前的几阶石梯。小河又窄又深，从屋内到河面要下五六米。

小河大部分只有 20～30 米宽，两岸陡峭，上面又是茂密的原始森林，所以我们好像在深谷中航行。除了近处林中有两三座木屋和树上的旅游屋以外，向前航行就再也见不到人迹了。自然倾倒的古树粗干躺在河边，小的树至少也有百年，而枝杈早已冲走，浸没的大树干远看像化石一样，可能已有几百至上千年，而后面的密林中好像隐着千年的故事。没有人为的破坏，植被也不见得保护完好，我们看到一大片山体滑坡，留下一片裸露的黄土，在绿色的世界中好像一块秃斑，但是估计这片滑坡不过几年，经过十几年是会恢复为绿色的。

越向上游河流变浅，船工灵巧地避开浅滩和礁石，那黑色的礁岩和白色的鹅卵石像河中镶嵌的珍珠。忽然，天上出现一架横贯两岸的天桥，才给这密林小河添了点人气，但还是看不到一个人。原始森林中的河流并不如想象中的清澈见底，水是发灰的，因为有枯枝落叶入水分解所致，但水质是好的，肯定在Ⅰ类。

我们陶醉在大自然中，时间过得真快，1 个小时内 25 千米的航程转眼即逝，我们又到了一个中间站，在这里淡布伦河分叉。码头又是一间高脚木屋，我们在这里吃了午饭。下一个节目就是上山。

山上全是铺上铁网的木板阶梯，十分简陋、狭窄，也为了保持原生态，铁网是为了防滑。我们在遮天蔽日的密林中登山。很奇怪的是，山上不但没有走兽爬虫，就是连鸟也看不到。树林虽不透光，但并不是密不透风，没有满地的枯枝落叶和满树的爬藤，这显然是修木梯登山道造成的。这一条登山线已经不是原始森林，枯枝落叶层已由于施工而不存在，所以地上只有一些草，灌木已很稀疏，爬藤自然也就由于断了生物链而失去了生存条件。只要有路，只要有旅游设施，那密不透风、毒蛇猛兽的加里曼丹原始森林就看不到了。大概在世界上任何地方都是如此，说明生态系统一旦被破坏，受到人类活动的干扰以后，是多么难以恢复。想看原始生态，旅游是办不到的，只有像我们在亚马孙河一样，去探险了。

又爬了 30 多米的土路，我们又见到了人工的设施——一个高耸达 50 米的铁架桥，两边各是一座高达 50 米的铁塔，中间是铁板桥，为的是能在海拔 585 米的高度鸟瞰森林公园，远眺边境加里曼丹中部的高山。作者鼓足余力，又登了一个北京的景山，在塔顶的天桥上"一览众山小"。

登高看林发现林的确像海，所以才有"林海"的叫法。尤鲁·坦布荣林海真像一片海，无边无垠，起伏的森林好像大海的波涛。蓝天白云之下，灰黑的山峦起伏，正像大海中有无尽的宝藏一样，这密林中又隐着多少毒蛇猛兽和珍奇动物？我们在林中看到的灵芝，可能不止千万朵吧！

从高塔上下来，去探一条小河的源头。作者到过多少大河的源头，但乘汽艇从源头到河尾，一米不落地看一条长仅 500 米的无名小河还是第一次。小河的水宽有 10 余米,深只有 30～80 厘米,我们下船卷起裤腿上溯。小河流水十分清澈,因为河短,所以其中的枯枝落叶很少。小河两岸大树参天,枝叶茂盛,仿佛给小河搭了凉棚。小河中有石滩,还有小岛,麻雀虽小,五脏俱全,真是一条大河的模型,是做河流生态实验的好地方。河中枯木上长着青苔和白木耳,有一段枯木上还开着黄花。

我们走到了河的源头,这里是一段黑色的悬崖,高约 20 米,上面有一条宽 5～6 米的瀑布,飞流而下,在崖下形成直径 20 米的小水潭,小潭就是这条小河的源头。站在源头,看着林中透过的阳光、飞流而下的天水、洁净透明的水潭、潺潺细流的小河、枝繁叶茂的密林,尽情地呼吸着原始森林清新的空气,顿时忘记了涉水的艰难和疲劳。坦布荣森林公园让人看到了真正的原生态,让人回归了自然。谁说世界上多几个这样的地方,哪怕是次原生态的,不是人类文明发展的需求呢?

文莱次原生态系统的保护与维系,有富裕的原因,有宗教的原因,但最关键的还是政府与民众的生态文明理念。

# 八、尼日利亚热带雨林生态系统的变迁

尼日利亚热带雨林生态系统正面临崩溃的危险,值得高度重视。

尼日尔河是非洲第三大河,流经热带雨林,在我的想象中应该是两岸丛林密布,河水清澈充沛,但看到的情况与我的想象大相径庭,两岸的草地稀疏,河中不多的流水使人惆怅。如果说埃及的尼罗河、美国的科罗拉多河今日的状况是天生的,中国的黄河是半人为的话,那么,印度的恒河与西非的尼日尔河则主要是人为的了。

莽莽的热带原始森林变成了树不多的草原漠野,不过是 200 年的事情,这就是西非的现实,也是尼日利亚的现实。人类要生存,要发展,不改变生态系统是不可能的,但是,如果人类把生态系统改变到难以支撑自己生存和发展的程度,这就是人的无知、短见和愚昧了。人类必须变得聪明起来,以科学发展观有节制地改变生态系统,实现人与自然的和谐。

尼日利亚在非洲西部临几内亚湾,面积 92.4 万平方千米,是我国西藏自治区面积的 5/6。尼日利亚属热带季风气候,分旱雨两季,年平均温度 26℃。尼日利亚人均水资源量 2100 立方米,森林覆盖率 17%,都与我国近似。尼日利亚矿产资源丰富,石油蕴藏量达 50 亿吨,煤储量约 28 亿吨。

尼日利亚现有 1.33 亿人,是世界第 9 个人口大国,民族主要是北部的豪萨-富尼族,占全国人口的 29%;西南部的约鲁巴族,占全国人口的 21%;东部的伊博族,占全国人口的 19%。官方语言为英语,50% 的居民信奉伊斯兰教,40% 的居民信奉基督教。全国第一大城市拉各斯有 1300 万人口,居世界前 20 位,首都阿布贾有 200 万人。

## (一) 尼日尔河流域莽莽森林变漠野

尼日尔河是西非最大的河流,也是非洲第三大河。它发源于几内亚佛塔扎隆高原海拔 910 米的深山丛林里,源头距大西洋仅 250 千米,但蜿蜒曲折地流了 4197 千米才流入大西洋,真是"犹抱琵琶半遮面","千呼万唤始出来"。尼日尔河流域面积达 210 万平方千米,干流流经几内亚、马里、尼日尔、贝宁和尼日利亚,最后注入大西洋几内亚湾,支流还遍及科特迪瓦、布基纳法索、乍得和喀麦隆等多个国家。从飞机上看,尼日尔河九曲十折,在广阔的原野上盘旋,像游龙一样在西非纵横。"尼日尔"从法语音译而来的,是"黑色"的意思,即"黑人地区的河流"。在尼日尔和尼日利亚境内,豪萨族人把尼日尔河称之为"库阿拉河",在豪萨语中,"库阿拉"意为"巨大的河流",但是今天尼日尔河的现状让人实难称之为巨大。

尼日尔河从河源至马里的库利科罗一段长 800 千米,为上游,至今人迹罕至,原始生态保护较好。

尼日尔河从库利科罗至尼亚美为中游,全长约 2000 千米,河道的形状呈弧形,跟中国黄河河套很相似。

尼日尔河自尼亚美以下,在流经尼日尔与贝宁交界处之后,进入尼日利亚,这一段为下游。尼日利亚节流修筑了卡因吉水库,此后汇入了最大支流贝努埃河,贝努埃河发源于乍得,流经尼日利亚东中部,全长 1000 多千米,除旱季外均可通航。贝努埃河中下游地区和尼日尔河下游是尼日利亚重要的商品粮主产区,用两河水灌溉。同时,其谷地还是尼日利亚的传统产盐地。每年干季的 3 个月,妇女从盐泉中采盐并销售。尼日尔河与贝努埃河汇合处的诺克盆地,也是公元前诺克文化的发祥地。

　　尼日尔河中游属热带雨林气候,本应是森林茂密,河水充沛;但当我们在 9 月中旬到达时,看到这里大片土地上只有草没有树,由于水土含蓄保持能力降低,土壤流失比较严重,河水又浑又黄,河水也不充沛,因此这条处于降雨很多、植被很好的热带地域河流却很像我国的黄河。这条西非的母亲河,现在看来已经伤痕累累。近两百年来对原始森林的过度砍伐,是造成如今状况的主要原因。看来若不及时进行生态修复,这种情况有愈演愈烈之势。

　　尼日尔河在奥尼查以南,就进入了尼日尔河三角洲。三角洲和附近的大陆架上蕴藏着丰富的石油,使尼日利亚成为非洲产油最多的国家,而且也是世界主要石油出口国。

　　尼日尔河两岸,很早以前就是可可、咖啡、香蕉、花生等农作物的盛产区,加上河中多鱼产,素有"西非鱼米之乡"的称号。但是今天尼日利亚人均粮食产量仅为 210 公斤/年,粮食需要大量进口,尼日尔河流域"粮仓"不再殷实;原来良好的生态系统被破坏,生态承载力大为降低的恶果显现无遗。

## (二) 尼日利亚的原野

　　尼日利亚幅员辽阔,有 92 万多平方千米土地,国土的形状大致像一个长宽各 1000 平方千米的方形。在这片热带土地上森林覆盖率居然只有 17%,可见植被破坏的严重。作者从空中进入尼日利亚,飞机先过浩瀚无垠的撒哈拉大沙漠,这个世界最大的大沙漠,如果你不乘飞机穿一次,是不能有深切体验的。整整 3 个小时的飞行,沙丘连着沙丘,黄沙接着黄沙,看不到一点别的颜色,杳无人迹,毫无声息,让人惊叹,让人窒息,盯着多看一会儿再看别的东西都是黄的。正如喜马拉雅山隔开了中国和印度一样,撒哈拉大沙漠隔开了南非和北非。

3 个小时的沙海飞行后,我们进入了尼日利亚,看到了绿色,看到了生命的绿色,真是让人惊喜,如果是外行,一定被这翠绿的原野所激动。作者在短暂的激动之后,马上看到尼日利亚的森林遭到了严重的破坏,本应该是黑绿的热带雨林,却是翠绿的灌木丛;本应该是清澈的尼日尔河,由于水土流失,却如一条黄色的游龙。

在地面上,从阿布贾到机场的路上,作者的空中观察得到了证实。机场大道宽达 50 米,中间有自然隔离带,路长达 20 多千米。路两边一望无际的原野实际上是城市的自然保护区,但这本该是热带丛林的地方却几乎没有树,都是些灌木丛。那些热带雨林的参天大树都到哪里去了呢?都被伐掉了,连一棵老树也看不到,有些新树不过 30~40 年。仅仅在 200 年内就把热带雨林变成了热带草原,这给资源带来了多大的毁灭,对气候又是何等的影响啊! 在中部的阿布贾尚且如此,在南部沿海开发早的地区呢?

南方的尼日利亚原野作者也得以亲历,因为我们要乘车从拉各斯西行 80 千米从陆路进入贝宁。我们先进入了拉各斯郊区,向北过了泻湖大桥就看到寸草不生的大广场,上面都是熙熙攘攘的人群,有送货的、有摆摊的、有转运的,还有些人你看不出来他在干什么,悠闲地荡来荡去。这片大市场大约有 10 千米方圆,如此大的市场也是世界仅见。这样的自由市场占用了多少宝贵的土地啊! 而这里的秩序、卫生又如何保持呢? 但是,10 平方千米土地的市场是多少人的衣食父母啊,谁又能把它取缔呢? 看到了穿制服的人,说明市场还是有人管理的。严格管理呢? 自然谈不到了。

再向前就进入了拉各斯的远郊,路一直通向贝宁,沿路看到的景色和阿布贾郊区差不多,原始森林已不复存在。不过由于沿海雨水较多,有一些大型灌木,如金合欢,形成了丛林,但也是东一块、西一块地连不成片。

沿途人口稠密,村庄很多。

### (三)西非热带雨林印象

人们的印象中非洲的热带雨林是世界上保存最好的生态系统,古树参天、灌树茂密、河流纵横、湿地成片;野兽出没,飞禽起落。而西非尤其是尼日利亚更是非洲热带雨林的典型。

本章记述的是没有到过的读者难以想象的。这里已经遭到巨大的破坏。原始森林已经难以见到,见到的都是不高也不壮的次生林,由于新树遮阳和涵养水源的能力无法与古树相比,灌木长得很稀疏。林中被开出了多条公路,还好,是土路而不是几车道的公路,占地还不多;但由于人口激增,林中出现了很多村庄,村庄大肆砍伐森林,用地无度扩张。我们在热带雨林穿行了一整个白天,没有见到一只野生动物,只是偶尔惊走了几只树上的飞禽。几乎所有亲历者都要问:"这里是尼日利亚的热带雨林吗?"正像作者在大兴安岭穿进穿出看不到原始森林一样。

目前尼日利亚的人口密度从 1999 年的每平方千米 130 人增加到 2014 年的 190 人,15 年增加了 46%。如果照此增长下去,到 2030 年就要增加近 1 倍,尼日利亚将从一个人口密度不大的国家,变成一个高人口密度的国家;如果照现在的发展模式继续下去,就要成倍的毁森林、填湿地、断河流,那尼日利亚的热带雨林就真的要荡然无存了,而人民会变得更加贫困。解决这个问题只有双管齐下,节制生育,控制人口;转变生产方式,提高劳动的附加值。

## 九、实地考察美国西部开发"宜荒则荒"政策

"宜荒则荒"不是无所作为,而是保护荒漠生态系统的科学政策,也是一种生态文明的理念。

100 年前的美国,在与我国西北自然状况十分相似的西部大开发中生

态文明的发展措施是有很多经验值得我们借鉴的。

① 对于任何一个地区的开发都要有一个科学的社会经济发展与自然生态相协调的综合规划,对于缺水等生态系统脆弱地区的规划更为重要,其科学性尤为重要。

② 缺水地区的基础设施建设必须建筑在生态建设的基础之上,生态建设是基础的基础,先有生态建设规划,再有基础设施建设规划,两者相互协调,互相补充,融为一体,不能搞成两张皮。

③ 缺水地区的开发应以中心城市为主,量水而行,向外辐射,不能盲目扩大,遍地开花,各自为战,急功近利,在水资源总量没有增的情况下,造人工绿洲或盲目扩大绿洲,必然会造成另一处自然绿洲或过渡带的覆灭,最终新绿洲也将会被沙海再吞没。其指导原则是以维护原有自然生态为主,"宜林则林,宜灌则灌,宜草则草,宜荒则荒。"

④ 荒漠地区开发更要充分利用生命科学和生态科学知识,要有所创新。例如美国上述几个州都从全世界引进适宜的耐旱树、草和灌木种,取得了很好的效果,现在更大力开发转基因耐旱物种;同时,必须进行引进物种生态影响的前期研究,保证不产生负面影响。借鉴这些经验,将使我国的西北部开发,比美国一个世纪前的西部开发高一个层次。

⑤ 水权是在开发时必须解决的问题。

早在 19 世纪末,以淘金热为先导的美国西部大开发带动了农业在这片原本荒芜的土地上的发展。在当时看来,这里的土地是无尽的,缺的是水,只要有水就可以开荒种田。但是水是谁的呢？这就带来了水权的问题。1922 年 11 月科罗拉多河上游的科罗拉多、怀俄明、犹他和新墨西哥四个州和内华达、加利福尼亚、亚利桑那三个州在联邦政府商务部长的主持下经过 15 天的 17 轮谈判,最后达成具有历史意义的《科罗拉多河协议》。上游四个州共分约 92.5 亿立方米水,下游三个州也分得 92.5 亿立方米的水,与格兰德河上下游美国和墨西哥按农田面积分水的原则不同,采取了上下游等分的原则,这也是迄今为止世界通行的两个分水原则。实际上签字的只有六个州,亚利桑那州的利益未得到满足,拖到 22 年之后,即 1944 年才由联邦政府协调签字,可见水权之争夺绝不亚于地权。

随着生产的发展,1963 年下游三个州又不得不再次明晰水权,结果加利福尼亚州为 54.3 亿立方米,亚利桑那州为 34.5 亿立方米,内华达州为 13.7 亿立方米,基本上是按农田面积分水的。

当然,只有分水是不够的,人口、经济和农田都在发生变化,初始水权分配后要形成水市场,通过交易重新配置。后来经济和城市迅速发展,人口超过 1000 万的加利福尼亚州的洛杉矶就提出帮助英皮里尔县的帝国灌区以水渠加水泥防漏层节水,投资 2.33 亿美元,每年节水 1.36 亿立方米,达成协议在 35 年内这 1.36 亿立方米水权归洛杉矶。最近圣迭戈市又与灌区达成类似协议,水市场正在逐渐形成。

绿化的科学原则应该是“宜林则林、宜灌则灌、宜草则草、宜荒则荒。”只有这样才是真正人与自然和谐。1999 年作者参加在华盛顿美国国务院举行的第二届中美环境与发展论坛,作为中国代表团成员在会上作了首席发言,并得以考察了缺水的美国西部。

美国是世界上仅次于我国的水资源总量第五大国,多年平均值为 24780 亿立方米;人均水资源量为 8801 立方米,是我国的 4 倍。水资源总量折合地表径流深 271 毫米,刚好超过维系良好生态系统 270 毫米的标准,与我国相近,所以在美国看到的植被也与我国类似。而且美国也有与我国相似的问题,水资源空间分布十分不均,中西部缺水,部分西部地区严重缺水。美国西部缺水地区的开发及其水资源配置,对于我们的西北部开发和水资源配置是有借鉴意义的。

## (一)西部亚利桑那州荒漠生态系统考察

亚利桑那(Arizona)州在美国的西南部和墨西哥毗邻的地方。亚利桑那州有近 30 万平方千米的土地,为甘肃省的 3/4;而人口却只有 270 万,是甘肃省(2300 万)的 1/9。亚利桑那是比甘肃省荒凉得多的地方,平均每平方千米只有 8 个人,比自然保护区过渡带的标准还低。在美国“亚利桑那”几乎就是“荒凉”的同义语。

亚利桑那州就在美国西南和墨西哥北部的北美大荒漠的中心地带，从洛杉矶乘飞机东行不远就开始进入浩瀚无边的北美大荒漠。先映入眼帘的是索尔顿湖（Salton sea），英文原意是"咸海"。索尔顿湖周围是黄绿相间的地貌，黄的是荒漠，绿的是人工营造的树林，远处的黑色山峦上还有墨绿色的稀疏植被，墨色的岩石与绿的旱地植物连成一片。

山顶的水库像一块巨大的淡绿色的宝石，水库边有一块翠绿的草地，周围是紫褐色的山石，寸草不生。加利福尼亚州南部有高山，山顶积雪，时已早春，雪开始融化，好像在山顶上不均匀地撒了许多白面。索尔顿湖是一片灰绿色的水池，由于水很浅，有的地方已呈灰色，无数条小河像弯曲的小灰蛇一样游入索尔顿湖，不少小河已经干涸，像蛇脱了一层皮留在荒漠上。过了索尔顿湖，其荒凉就更可想而知了。

看到这与19世纪末美国西部大开发前几乎没有多大差别的景象，人们不禁要问，开发了100多年，为什么大部分地区还是这样，以美国的财力和技术，为什么不改造沙漠？这恐怕更是一些中国专家的感慨。美国为什么采取了"宜荒则荒"的西部开发政策，它是不是科学呢？

飞过了索尔顿湖，就是加利福尼亚州东南、亚利桑那州西南和墨西哥北部的大沙漠，南部有世界闻名的全美国最大的武器试验场——尤马武器实验场（Yuma proving ground），可见这一带荒凉至极，实验什么武器也打不着人。从飞机上望去是一片黄色的荒漠，平地上呈浅黄色，山坡背光的地方沿山梁形成褐色的皱褶。向西朝菲尼克斯（Phoenix）飞去，开始有了人烟，地面像一幅黄绿相间的地毯，绿色的是牧场或农田，黄色的则是荒原，公路像一条条带子，构成牧场和农田图案的边线。黑色的山峦之下，有不少小镇，在这里不仅人，连植被也全靠取地下水或引雪山雪水浇灌，这里的水利工程也是世界上的一个奇迹。

临近有较多华人居住的凤凰城——菲尼克斯，又出现了绿色的谷地，被笔直的道路切成方形的牧场，水源全靠旁边的一条线一样细的小河，仿佛一阵风就能把它吞噬。这些小内陆河不知从何处来，不知向何处去，也不知在哪里断，时隐时现，江河断流在这里是很常见的现象。在凤凰城附近，从飞机上已经看得出沙地骆驼刺。骆驼刺是一种极耐旱的灌木，它虽然不成风景，却对固沙起着极大的作用，使风吹不走沙，不会形成不断游离的沙丘来吞没城镇和绿洲。这里非常像我国的柴达木盆地内的荒漠，但那里因修公路缺燃料，砍了沿线上千米纵深的索索（一种固沙的植物），周围已经形成了沙丘，不断向路边移动，采取这种杀鸡取卵的办法，千辛万苦修的路不是也要在若干年后被沙埋掉吗？看来最大的问题还不在扩大开发，而在于以什么方式开发，是不是符合生态的原则，属不属于真正的生态建设。

飞机在凤凰城降落。菲尼克斯这座大漠中的孤城很像作者到过的蒙古首都乌兰巴托，整个城市很像沙盘中的一个模型。城中高楼群边上有人工种植的矮小耐旱树木，尽管稀疏，还是露出点点生机；城外就是一望无际的荒漠，仿佛一切都已经死去。

凤凰城因凤凰而得名，城市的象征是"凤凰"，机场上也到处卖凤凰的纪念品，既然这里当年有"凤凰"，想必不是太荒芜的地方。不知是这里的原始居民印第安人过度垦殖把它"垦殖"荒了，还是后来的美国人过度开发把它"开发"荒了？好在今天亚利桑那向荒原夺田，变荒漠为绿洲的工作的确是卓有成效的，从飞机上看这里已出现块块"绿洲"，尽管在大漠之中小得可怜。到图森后，我们又驱车北上来到靠近凤凰城的卡萨格兰德（Casa Grande）小镇，这里有美国农业部的实验农场，上千公顷的玉米地只有十来个人耕作管理。旁边就是印第安人的保留地，也在耕作，不过是粗放耕作，远比不上实验农场的精耕细作，印第安人还把土地租给农场做泵站，他们住的房子也看不出和农场员工的有太大差别，初步实现了不同文明的协调和谐。很遗憾，由于时间仓促无法进门造访一家，但我毕竟踏上了印第安人的保留地。离开了凤凰城又是一片荒漠，间或出现绿斑。

亚利桑那的州花是仙人掌花，仙人掌绿色的刺棒上开出红心粉瓣的花，非常美丽。在一望无际的黄色荒原上，这三种颜色都是难以见到的，仙人掌花不仅给荒原增加了鲜艳、奇异的色彩，还给人带来无限生机。

自1539年印第安人第一次把西班牙探险者德·尼扎因引来亚利桑

那以后,1541 年起就有人陆续来到此地。1846 年爆发了美国和墨西哥之间的战争,1848 年墨西哥战败又割让了新墨西哥、亚利桑那和加利福尼亚,共 100 万平方千米的土地,足足有中国的西藏大。而后到 1913 年新墨西哥成为美国的第 47 个州,亚利桑那成为美国的第 48 个州。美国真正有规划的西部开发,大概要从这个时候算起。

"亚利桑那"是西班牙文,是西班牙拓荒者起的地名。尽管由印第安人、西班牙人和美国人在亚利桑那先后几次开发,今天的亚利桑那依然荒凉。首府菲尼克斯有 78 万人,图森有 68 万人,两个城市的人口就占了全州人口的一半以上,其他地方的人烟就真稀少到自然保护区的标准了。

在亚利桑那的荒原上奔驰,路上几乎没有过往车辆,当然更没有行人;荒原上没有人来耕作,连房屋也几十千米才能看到一幢。荒原上没有树,在沙地上顽强生长的骆驼刺也没有几棵,天地之间的荒凉给人一种苍茫的感觉,中间带几分悲切。我们的有些专家到了这里不知会不会提出改造沙漠的建议,但美国人没有这样做,是缺乏开拓精神? 还是尊重自然规律? 让历史去评说吧。

## (二) 新墨西哥州生态考察

从凤凰城向东飞,山势雄伟,山的东面是大片荒漠,荒漠之中有宽阔的绿谷,这是人类在开发濒于荒漠化的谷地。越向新墨西哥州飞,水土流失越严重,较之我国西北的黄土高原有过之而无不及;山上怪石嶙峋,原上千沟万壑,断流河流的谷地像在黄色的荒原上爬行的长蛇。如果说亚利桑那还是绿色点缀的荒漠的话,那新墨西哥州则真是黄沙千里,浩瀚无边了。

新墨西哥(New Mexico),顾名思义就是从墨西哥来的土地,有 31.5 万平方千米土地,仅有 130 万人,每平方千米仅 4 人,不到亚利桑那州的一半,是美国仅次于阿拉斯加(0.26 人/平方千米)、怀俄明(1.85 人/平方千米)、北达科他(3.6 人/平方千米)和南达科他(3.5 人/平方千米)的第五荒漠州了。

进入新墨西哥,首先看到的是一大片真正的沙漠,只有棵棵骆驼刺在沙漠中顽强不屈地挺立,随风摇曳。偶然也看见一小片绿色实验田,仿佛在沙漠中挖了一个小洞。荒漠中突然出现一座小城,小城过后,山势雄伟,山后又是荒漠,难怪美国最著名的核试验室洛斯阿拉莫斯(Los Alamos)设在新墨西哥州了。新墨西哥是一片比亚利桑那更为荒凉的土地。然而在这一片荒原之中,也偶尔出现一片绿谷,就像无际荒原上的童话国。这就是在空中看到的新墨西哥州。

为了考察格兰德河,印第安人司机驾驶大轿车,沿格兰德河行驶了不过 30 千米,我们就从得克萨斯州又绕回到了新墨西哥。沿途的格兰德河并不宽阔,宽处也就像北京郊区的潮白河,有人把格兰德河比做黄河,大概是由于其上游类似黄土高原的缘故,以大小计则无从比拟。然而对格兰德河的走访,却给我们留下深刻的印象,格兰德河管理得比黄河好得多。在干旱地区的格兰德河却有春江水满的景象,两岸树木成行,支、干渠纵横交错,都没用水泥砌衬。渠侧并不一定要用水泥衬砌,长年流水形成的细砂壳层就能起到防渗的作用。沿着渠网是大片的农田,平整得有如球场,田间有着式样不一、多姿多彩的农舍,如果不看远处光秃秃的黑山和山下黄漫漫的荒原,还真有些中国江南的味道。这里广泛采用喷灌和滴灌等节水灌溉的手段,如果大小漫灌的话,有多少水在这茫茫大漠中也是不够用的。

格兰德河的科学管理得益于法制。早在 90 多年前,1906 年老罗斯福总统时代,美国就立法确立了在该河与墨西哥的国际分水方案,当时根据两国在流域内耕种的农田面积进行分水,美国在上游为 57%,墨西哥在下游为 43%,这一分水方案顺利地执行了 93 年。依同样原则建立的新墨西哥州与得克萨斯州的分水方案,也执行了 64 年。执行这些方案,要靠分水的具体手段——配套水利工程的建设,包括水库、取水口、引水渠等;要靠实际分水的监测——一系列的监测站点和成套的设备;但是更要靠完备的、定量的法律体系和严肃守法、严格执法的精神。上面分的只是水量,不管水质,实际分的应该是保证质量的水才真正合理,如果下游用的是污水怎么行呢？目前，美、墨两国和新、得两州又开始着手解决这个问题。

沿途我们看到了世界上最大的一片山核桃林，在 16 平方千米的土地上有 18 万棵山核桃树，在高大的山核桃树浓荫下绿草如茵，笔直的公路从林中穿过。置身之中，仿佛在热带丛林，全然没有处身荒原的感觉，人类改造世界的力量真是奇大无穷，但在一定时期内又是有限的。路旁有个小商店，店里当然卖山核桃，像大腰果一样，据说是种补品，不过价值不菲。店里还卖明信片，画片中有夏季葱绿的景色，也有秋季青黄的景色，实物与照片相比较，给人留下深刻的印象。

在新墨西哥的原野上奔驰，那一望无际的荒野，那怪石嶙峋的大山，形成了荒原的基调。格兰德河从科罗拉多高原流来，纵横新墨西哥州，沿得克萨斯作为美国和墨西哥的界河向墨西哥湾流去，全长 2000 多千米，是这荒原的救命水。它平静地流淌，以自己并不丰沛的水量给人以生机，那成片的山核桃林，那茁壮的玉米地都靠这点水。然而对这点水的分配是靠巧取豪夺，靠战争，还是靠科学分配，靠法制管理，这就不是格兰德河，而是人的事了。

靠传统工业文明发展起来的美国，在 19 世纪末开始了"西部大开发"，但在刚达到小康的 20 世纪初，就初步认识了"生态文明"的理念，停止了对西部的掠夺性开发，实行了"宜荒则荒"的人与自然和谐的政策，并且采用了铁路修到哪里，燃料、煤就运到哪里，而不是采挖千年形成的固沙植物作为施工燃料的措施。这种认识、这种政策和这些措施是十分值得我们今天的开发借鉴的。

我们要修复生态系统、实现生态文明，但是许多次原生生态系统已经被我们破坏，又没有历史数据可查，甚至连文字描述也难以寻觅，我们根据什么来修复呢？绝不是"大师"的臆想和专家的"模型"这些"非文明"的办法，而是深入实地考察世界上生态系统的主要类型，尤其是与我们要修复的生态系统具可比性的较好生态系统。不做这种艰苦的工作就忙着修复要比"闭门造车"还可笑，因为"闭门者"至少是见过"车"的。

# 后 记
## ——如何做一个生态文明时代的人

时代是对社会而言的,而社会是由人组成的,只有大多数人都做一个生态文明时代的人,人类才能进入生态文明时代。

做一个生态文明时代的人有三个基本点:一是要明白更多的事,即"活得明白";二是做自己想做的事,即实现"人生价值";三是为社会做点儿事,即"回馈社会"。

明白更多的事,活得明白,即用脑生活。这才符合人在生态系统金字塔顶端的规律,人与动物最根本的区别是人用脑指挥行为。这其中又有两个基本点:一是用脑来科学对待未知,如死亡是最大的未知;二是用脑认识人类社会的走向,人类社会必然进入以公有制为主体的、与自然和谐的生态文明时代。

做自己想做的事,即实现"人生价值",这也是人与动物最根本的区别。其中也有两点。一是以什么人为榜样,文体明星和媒体人已日渐成为80后和90后心中真实的榜样,这并不庸俗,关键是要有判定标准。标准就是他为社会付出的多,还是从社会得到的多,多多少。如果人人都从社会得到的更多,那其他人就无法实现其价值。二是做自己想做的"事",要符合做人道德和社会行为规范;也并不是被他人"娱乐人生",只有自己才能给自己持久的、真正的快乐,而这只能从做自己想做的事中得到。古今中外的历史证明,没有一个人,包括帝王能够娱乐终生的。人最怕失去的不是亲人、金钱和机会,而是时间。失亲之痛可以用时间平复,金钱失去了可以再挣,机会失去了可以再等,唯有时间失去了就无法追回,要抓紧做事。

为社会做点事,即"回馈社会"。其实不少的动物也为群体付出,但那